Callwey

Reparieren

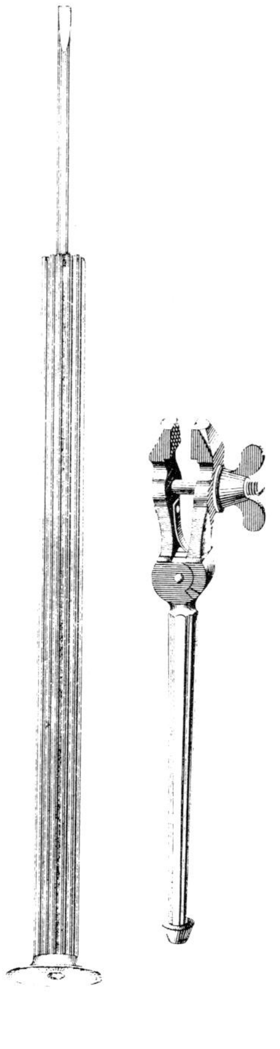

Eric Smith

alter Uhren

Eine Anleitung für Restauratoren,
Sammler und Liebhaber

Callwey

Die englische Originalausgabe erschien 1973 unter dem Titel »Repairing Antique Clocks. A Guide for Amateurs« bei David & Charles, Newton Abbot.
Übersetzung Suzanne Annette Gangloff

CIP-Kurztitelaufnahme der Deutschen Bibliothek
Smith, Eric:
Reparieren alter Uhren: e. Anleitung für Restauratoren, Sammler u. Liebhaber / Eric Smith. [Übers. Suzanne Annette Gangloff]. – 5. Aufl. – München: Callwey, 1985.
Einheitssacht.: Repairing antique clocks <dt.>
ISBN 3-7667-0774-4

5. Auflage 1985

Umschlagentwurf Baur + Belli Design, München
Satz Fotosatz Tutte, Salzweg-Passau
Druck Grafik + Druck, München
Lithos Brend'amour, Simhart & Co., München
Buchbinder Auer, Donauwörth
Printed in Germany

Inhalt

Vorwort

Dieses Buch wurde für alle diejenigen geschrieben, auf die Uhren, ganz gleich aus welchem Grunde, eine unwiderstehliche Anziehungskraft ausüben. Vielleicht hat der eine oder andere einmal eine Uhr gesehen, deren Alter und Aussehen ihn faszinierten, die zu kaufen er sich jedoch außerstande sah, da sie durch ein Schildchen als »reparaturbedürftig« bezeichnet war; oder aber er hat in seiner Jugend das Familienerbstück auf dem Küchentisch auseinandergenommen, um es, nicht allzu erfolgreich, wieder zusammenzusetzen. Nach der Lektüre dieses Buches wird er natürlich immer noch Fehler machen, aber möglicherweise nicht mehr ganz so viele oder so schwerwiegende. Und außerdem hoffe ich, daß das Buch seine Liebe zu alten Uhren beflügeln und seinen uhrmacherischen Ehrgeiz zu weiteren Unternehmungen in dieser Richtung anstacheln wird, ganz gleich wie bescheiden der Gegenstand seiner Bemühungen auch sein mag.

Die Bibliotheken verfügen im allgemeinen über einen ansehnlichen Bestand an Literatur über Uhren – Uhren sowohl als Antiquitäten als auch als Kunstwerke betrachtet. Auch gibt es eine Reihe ausgezeichneter, detaillierter Arbeiten über Reparaturmethoden, obgleich offensichtlich nur wenige von ihnen sich an armselige Stümper auf diesem Gebiet wenden. In jedem Fall aber existieren nur äußerst wenige Bücher, die sowohl die antiquarische als auch die technische Seite der Uhrmacherkunst behandeln.

Ich bin der Überzeugung, daß diese beiden Aspekte des Sammelns alter Uhren – das praktische, technische Interesse und das Interesse des Liebhabers von Antiquitäten – bei vielen Menschen eng miteinander verknüpft sind. Sie können jedoch auch miteinander in Konflikt geraten. Ohne Zweifel werden viele der in diesem Buch gegebenen Anregungen, eine alte Uhr zu neuem Leben zu erwecken, von einigen Lesern als Mißhandlung eines Kunstwerks und als Verstoß gegen das geschichtliche Bewußtsein empfunden werden. Ich selbst habe große Hochachtung vor einer solchen Einstellung und möchte daher auch meinen Lesern ans Herz legen, bei einer Reparatur Geschmacksempfinden und Vorsicht walten zu lassen. Es können durchaus Kompromißlösungen gefunden werden, denn derjenige, der eine alte Uhr gekauft hat, besitzt, nachdem er sowohl ihren

Antiquitäten- als auch ihren Gebrauchswert in Relation zu seinen eigenen Verhältnissen überprüft hat, jedes Recht, so mit ihr zu verfahren, wie er es für richtig hält. Nur er kann darüber entscheiden, wie stark er sich einem historischen Erbe gegenüber verpflichtet fühlt, wie gut er es durch sachgemäßes Restaurieren bewahren kann oder wieviel besser es sich dadurch erhalten läßt, daß er die Uhr stillstehend und in unvollkommenem Zustand beläßt, – all das bleibt seinem Gutdünken überlassen.
Ich hoffe daher, daß die kurze Beleuchtung beider Aspekte des Uhrensammelns, die dieses Buch zu geben versucht, sowohl diejenigen zu interessieren vermag, deren Interesse entweder nur dem einen oder nur dem anderen Aspekt gilt, als auch diejenigen, die, wie ich selbst, von beiden Aspekten gleichermaßen fasziniert sind.

Der Uhrenbastler

Es ist sehr die Frage, ob man den Begriff »Bastler« in einem Konversationslexikon definiert findet, und selbst wenn dies der Fall wäre, würde man seine Definition kaum für sehr zutreffend halten. Tatsächlich sind Bastler reichlich undefinierbare Leute. Sie mögen zwar einem Klub oder einem Verein Gleichgesinnter angehören, aber sie genießen keinerlei Privilegien, erhalten keine Subventionen und werden in ihrer Eigenschaft als Bastler von ihren Bankdirektoren nicht etwa mit besonderer Zuvorkommenheit behandelt. Sie sind meist nicht sehr betucht und können in ihrem Hobbyfach keinerlei Ausbildung nachweisen. Unterziehen sie sich einem Examen auf ihrem Gebiet, so geschieht dies zumeist nicht um einer fachlich-offiziellen Anerkennung willen, sondern vielmehr, um sich in ihrem Hobby zu vervollkommnen, d. h. einfach, um bessere Bastler zu werden, und selbst dieser Schritt wird von manchen unter ihnen als Kapitulation vor den Konventionen angesehen.

Bastler sind gewöhnlich Einzelgänger. Ihre Bestrebungen sind individualistisch und einzig und allein darauf gerichtet, ihnen selbst zur Freude zu gereichen, obgleich ein sicheres Mittel, sich selbst zu erfreuen, das der Genugtuung ist, anderen eine Freude gemacht zu haben. Bastler tragen keine Uniform und unterstehen keiner Berufsgenossenschaft – sie haben Glück, wenn sie nicht unter dem Pantoffel stehen. Ihre eigentliche Lebensarbeit wird nicht in einem Betonkasten geleistet, der vor kostspieliger, sie kaum interessierender Maschinen förmlich bebt und in dem Stechuhren ihren Ein- und Ausgang kontrollieren. Im Gegenteil – der Bastler arbeitet auf dem Tisch oder, wenn er Glück hat, an einer Werkbank in der Garage oder in einem winzigen Schuppen ganz hinten im Garten. Außer, daß er zu bestimmten Zeiten seinem Sekundärberuf als Brotverdiener nachgehen muß, ist der Bastler an Zeit- und Bewegungs- oder ähnlichen Studien nicht interessiert. Es mag ihn zwei Abende kosten, eine Arbeit nur unvollkommen auszuführen, die der Fachmann mit einer lebenslangen Erfahrung in einer halben Stunde sehr viel besser hätte erledigen können; aber das fällt nicht ins Gewicht, wenn die Arbeit nur getan und vor allem von ihm selbst getan worden ist.

Das Wort »Bastler« ist handwerkliches Rotwelsch, und der Bastler ist tatsächlich ein Amateur-Handwerker. Früher gab es ihn nicht, denn seine Existenz in der jetzigen Form begann erst, als die alten Kunstfertigkeiten,

die der geschickten Hand und des sehenden Auges bedurften, zum Zwecke der Massenproduktion nützlicher Gegenstände systematisiert und mechanisiert wurden. Ein solcher Prozeß löst zwangsläufig das Gefühl aus, daß dem Individuum in zunehmendem Maße die einfachen körperlichen und geistigen Freuden des Erzeugens versagt werden; das Phänomen »Bastler« kann somit als Ergebnis dieser Reaktion angesehen werden. Er ist der bescheidene Imitator des Entwerfers, des Technikers und des Herstellers in einer Person. Im wesentlichen jedoch dient er niemand anderem als sich selbst.
Auf seinem Interessengebiet und vorangetrieben von dem Wunsch, seine Arbeit zu vollenden und das fertige Erzeugnis vor sich zu sehen, erkundet der Bastler stets Wege, die im allgemeinen als unbegehbar oder unergiebig angesehen werden. Die Zeit ist knapp, und in seinen Bestrebungen bedient er sich aller erdenklichen Hilfsmittel. Wenn schließlich sämtliche Möglichkeiten und Improvisationen ausgeschöpft sind, wieviel muß er sich dann selbst vormachen, wieviel Verschönerungen noch anfügen und wieviel kleine Veränderungen treffen, um den Moment hinauszuzögern, da alles fertig ist und nichts zu tun mehr übrig bleibt! Nach außen hin führt er eine normale und respektable Existenz, geht tagsüber seinem Broterwerb nach, sieht abends fern und pflegt am Wochenende seinen Garten oder verschönert sein Haus; aber in seinem Innern weiß der Bastler sehr wohl, daß der Schein der Ruhe trügt und daß bald wieder eine neue »Idee« von ihm Besitz ergreifen wird, die zu verfolgen er gezwungen ist. Er ist weder ungeschickt, noch selbstsüchtig, noch gar ein frustrierter Professioneller, sondern er fühlt sich verpflichtet, das zu verwirklichen, was in ihm ist. Er weiß zwar eigentlich nicht, warum er sich so sehr verpflichtet fühlt, aber er widmet seinen speziellen Interessen den größtmöglichen Aufwand an Zeit und Energie.
Der Uhrenbastler ist ein Mensch, für den Uhren lebensnotwendig sind. Erblickt er ein düsteres Schaufenster – möglichst mit Spinnweben und abblätternder Farbe – und erspäht er im Halbdunkel ein hochragendes Etwas mit einem kreisrunden Fleck oben, der verzweifelt das Licht auf sich zu ziehen sucht, dann entschließt er sich, die Straße zu überqueren. Hierin ist er dem reinen Antiquitätensammler sehr ähnlich – aber danach trennen sich ihre Wege. Stellt es sich heraus, daß es sich um ein glänzendes Messingzifferblatt handelt, das in etwa die korrekte Zeit angibt, und daß das Gehäuse eine schön patinierte Politur aufweist oder – schlimmer noch – ein Schild, auf dem, neben anderen und mehr als drei Lettern oder sonstigen Hieroglyphen, »Gould« oder »Knibb« geschrieben steht, dann wendet sich unser Bastler traurig ab. Er bevorzugt ein Gehäuse mit

Sprüngen oder eines, bei dem der Aufsatz fehlt, und ein Zifferblatt, dem man ansieht, daß es schon viele Jahre lang die Zeit nicht mehr angezeigt hat. Schlummernde Schönheit und Proportion, wohlverborgen unter einer dicken Schmutzschicht und natürlich nur für ihn allein erkennbar – das ist sein Ideal. Außerdem schätzt er ein unzweideutiges Preisschild mit höchstens zwei Ziffern darauf oder sähe am liebsten überhaupt kein Preisschild, sondern ein deutliches Kreidezeichen, das den Gedanken an irreparable Schleuderware aufkommen läßt oder gar an den Schatz für den berühmten Pfifferling – Wunschtraum all derer, die den Wert in glücklichen, dem eigenen Vergnügen gewidmeten Stunden messen und nicht etwa in kostspieliger, an Irreparables verschleuderter Zeit.
Auch ist der Uhrenbastler ein Feilscher, obschon ein Feilscher besonderer Art, denn er feilscht immerhin um Dinge, die eigentlich wertlos sind. Nur er kann sich ein mögliches Wiederaufleben vergangenen Glanzes vorstellen, und er allein kann daher den wahren Wert dessen, was er kauft, einschätzen – so hofft er jedenfalls. Es wäre weder wahr noch gerecht zu behaupten, er sei an Tompions und Grahams nicht interessiert – natürlich ist er das. Stieße er auf eine etwas altersschwache derartige Uhr, so wäre er entzückt. Aber er ist Realist. Er weiß, daß ein solches Glück nur denen beschieden ist, die Geld wie Heu haben, und daß diese Stücke für die Häuser der Reichen bestimmt sind oder für Museen. Ebenso weiß er, daß es Mittelsmänner gibt, deren Rolle es ist, derartige Schätze an solche Orte zu dirigieren und auf dem Wege dorthin ihren Profit einzuheimsen, und daß diese lange vorher schon wissen, wann eine Tompion oder eine Graham auf den Markt kommen wird.
Gewiß macht der Uhrenbastler zuweilen ein gutes Geschäft, und vielleicht hat er auch eine Begabung fürs Kaufmännische; aber die Art und Weise seines Vorgehens und seine Ziele sind bescheiden. Er muß lediglich den Händler davon überzeugen, daß das, was da jahrelang in der Ecke gestanden hat, so wertlos ist, wie es aussieht. Er ist nicht an dem Objekt interessiert, das der Händler für ein Butterbrot eingekauft hat mit der Absicht, es herzurichten und mit einem dicken Gewinn wieder zu verkaufen. Daher frequentiert er im allgemeinen auch keine Uhrengeschäfte und schon gar keine Antiquitätenläden, sondern Ramschläden und Lager von Händlern, die den Inhalt ganzer Häuser aufkaufen und alsbald wieder loswerden müssen. Er sieht allwöchentlich die Zeitungen durch und besonders die Lokalblätter, da dort hin und wieder noch immer ein echter Gelegenheitskauf annonciert ist. Und dann geht er rasch vor, denn Händler pflegen keine Zeit zu vergeuden.
Nichtsdestoweniger herrscht zwischen Bastlern und Händlern keine

Feindschaft. Sicherlich besteht eine gewisse Konkurrenz, denn keiner von ihnen wird ein Geschäft auslassen, und sehr oft haben sie dann das gleiche im Auge. Es gibt Händler, zu denen der Bastler niemals geht, weil sie gleich ein paar Mark draufschlagen, wenn sie denken, der Kunde möchte etwas für billiges Geld. Es gibt jedoch auch solche, die wissen, daß Händler und Bastler in zwei verschiedenen Welten leben, die nur von Zeit zu Zeit miteinander in Konflikt geraten, und dann meist irrtümlicherweise. Händler sind ebenso Menschen wie Bastler und möchten lieber fünf oder zehn Mark Gegenwert haben als einen totalen Verlust. Eine häßliche, unverkäufliche Kalenderuhr mag wertlos sein für einen Händler, der nicht die Zeit oder gar die Verbindungen hat, ein geeignetes Gehäuse für sie aufzutreiben; aber der Bastler kann von dem Uhrwerk fasziniert sein und wird dann wahrscheinlich die Zeit opfern, selbst ein passendes Gehäuse herzustellen. Andererseits tätigen viele Händler bei Auktionen Großaufkäufe, deren Lückenbüßer für den Bastler von größerem Interesse sind als die wesentlichen Posten, die der Händler sucht und behalten wird.
Es lohnt sich, die richtigen Händler kennenzulernen. Von Zeit zu Zeit kann man ihnen einen Gefallen tun, wenn man von einem interessanten Objekt hört, das die eigenen Möglichkeiten weit übersteigt, und sie entsprechend informiert; sie revanchieren sich dann oft, indem sie einen von einem kuriosen, mehr innerhalb der eigenen Reichweite liegenden Einzelstück unterrichten, bevor es auf den Markt gelangt. In einem solchen Fall ist es unsinnig, dem Mittelsmann seinen Profit zu mißgönnen; vielmehr sollte man sich glücklich schätzen, in ihm einen Freund zu haben. Der berufsmäßige Antiquitäteneinkäufer oder -händler hat die Möglichkeit, das Land zu durchkämmen, während man selbst im Büro sitzt, und kann einem auf diese Weise viel Mühe ersparen. Dadurch bringen er und seinesgleichen einen natürlich mit der Zeit um wirklich vorteilhafte Gelegenheitskäufe, aber dafür bilden sie auch eine sicherere Nachschubquelle. Darüber hinaus sind Auktionen, und besonders solche auf dem Lande, zwar eine ausgezeichnete Fundgrube; aber gewöhnlich hat der Bastler nicht die Möglichkeit, sie unter der Woche zu besuchen.
Ich sagte, der Uhrenbastler sei nicht in Uhrengeschäften herumschnüffelnd anzutreffen. Das ist natürlich nur die halbe Wahrheit, denn es gibt solche und solche Uhrengeschäfte. Obgleich der Bastler von allem, was tickt, angezogen wird und daher sicherlich einen gelegentlichen Blick riskiert, glaube ich nicht, daß der durchschnittliche Uhrenbastler in Uhrengeschäften vieles finden wird, das ihn interessieren könnte. Als Anfänger denkt er sich vielleicht, daß das eine oder andere Interessante da hinten im Laden sein könnte, wo der Kaffee gekocht wird, aber er wird bald heraus-

finden, daß das im allgemeinen nicht der Fall ist und daß die Angestellten nur im Verkauf von elektrischen Weckern usw. versiert sind. Meist werden Reparaturen außer Haus gegeben oder bestenfalls nur bei solchen Uhren im Geschäft selbst durchgeführt, für die Ersatzteile verfügbar sind. Ich erinnere mich, daß ich einmal von einem Freund eine Pendeluhr des späten 19. Jhs. geschenkt bekam – nichts Besonderes, aber ein hübsches Stück in einem Eichengehäuse mit verglasten Seiten. Er hatte sie von einem Urlaub mitgebracht und bei seiner Rückkehr entdeckt, daß sie weder ging noch schlug. Er wandte sich an ein Uhrengeschäft in der Hauptstraße, wo er jedoch den Bescheid erhielt, daß diese Art Auftrag außer Haus erledigt würde und daß man einen Kostenvoranschlag einholen müsse. Dieser kam auch zu gegebener Zeit. Vierzehn Tage später wurde die Uhr mitsamt der Anzahlung und mit der Diagnose »nicht zu reparieren« zurückgegeben; vermutlich lohnte die Reparatur die Arbeitszeit der Vertragswerkstatt nicht. Nach kurzer Beobachtung stellte es sich heraus, daß die Uhr deshalb nicht ging, weil die Zeiger einander blockierten, und daß sie nicht schlug, weil einer von ihnen verbogen war. Ich habe das Werk nicht gereinigt, aber es kostete mich nicht mehr als zwanzig Minuten, es ordnungsgemäß zum Gehen und Schlagen zu bringen.

Immerhin finden sich landauf landab und abseits der großen Geschäftsstraßen noch wirklich interessante Uhrenläden, deren Zahl allerdings ständig abnimmt. Sie sind meist reichlich antiquierte Ein-Mann-Betriebe, und diesen einen Mann sieht man gewöhnlich – über eine Werkbank gebeugt – mit einer Pinzette eine knifflige Arbeit verrichten. Er führt seinen Laden mit Sicherheit nicht, um Uhren zu verkaufen, sondern um sie zu reparieren. Gelegentlich verkauft er vielleicht die eine oder andere, aber diese sind höchstens aus zweiter Hand oder nicht abgeholte Reparaturen. Er weiß wirklich Bescheid, kennt sich bestens aus und kann ein äußerst wertvoller Verbündeter sein, obzwar mit seinen sturen Ansichten darüber, was getan und was nicht getan werden kann oder soll, zuweilen auch reichlich entwaffnend. Er ist ein leidenschaftlicher Fachmann, und wenn er sich mürrisch gibt, dann nur, weil so wenige Leute kunsthandwerkliche Arbeit zu schätzen wissen oder ihren Wert auch nur zu ahnen scheinen. Als Fachmann braucht er für eine Reparatur natürlich nicht die gleiche Zeit wie der Bastler; nichtsdestoweniger geht seine Arbeit langsam vonstatten und ist zeitraubend: er ist nämlich – und war stets – ein Perfektionist.

Es ist ratsam, sich diesen Leuten vorsichtig und bescheiden zu nähern. Steckt man die Nase durch die Tür, so wittern sie entweder Arbeit oder eine Störung; man sollte ihnen auf möglichst freundliche Art zu verstehen

geben, daß man sie weder in der einen noch in der anderen Weise belästigen will. Es kann natürlich sein, daß man tatsächlich etwas repariert haben möchte, da man oft gezwungen ist, auf diese Leute zurückzukommen, wenn man etwas gemacht haben will, was man selbst ohne erheblichen Kosten- und Zeitaufwand einfach nicht fertigbringt.
Hat man versehentlich die Zugfeder entspannt oder einen Fehlkauf getätigt, weshalb man sich nun im Besitz eines Zahnrads befindet, dem ein halbes Dutzend Zähne fehlen, wird man das unsymmetrische Überbleibsel höchstwahrscheinlich in solch einen Laden bringen, wo Wunder vollbracht werden, die die eigenen Fähigkeiten übersteigen, wie etwa ein neues Rad anzufertigen. Ist man in einer solchen Lage, muß man äußerst behutsam vorgehen. Das Innere einer Uhr ist für einen solchen Mann fast etwas Heiliges. Er wird kaum davon entzückt sein, daß man an einem Mechanismus herumdoktert, den zu ergründen und kennenzulernen er ein Leben lang gebraucht hat. Der Kunde wird daher praktisch gezwungen sein, seine angeborene Ehrlichkeit zu vergessen und eine bescheidene Notlüge vorzubringen – etwa, das Rad sei herausgefallen, oder er habe es vorbeigebracht, um einem Freund einen Gefallen zu erweisen. Selbstverständlich glaubt der Mann kein Wort davon, aber wenn er der richtige Mann ist, wird er aus dem Vorgebrachten auf Taktgefühl schließen und dieses respektieren. Vielleicht sagt er dann, das lohne seine Mühe nicht. Dann wird man eindringlich werden müssen, so,als ob die Sache von größter Bedeutung sei, worauf er schließlich erwidern wird, da hätte man schon die Platinen und das Trieb mitbringen müssen. Damit meint er, daß er kein neues Rad anfertigen kann, wenn er nicht weiß, wie lang dessen Achse (»Welle« in der Uhrmachersprache) sein muß, damit es mit dem nächsten Trieb im Räderwerk ineinandergreift, und wenn er die exakte Form und Größe seiner Zähne nicht kennt. Er gibt damit auch zu verstehen, daß er bei einigem guten Zureden die Arbeit übernehmen wird. Man verlange dann nicht einfach von ihm, er solle lediglich eine exakte Kopie des mitgebrachten Rades anfertigen, sondern man erröte stillschweigend in Ehrerbietung vor seiner Kunst und fördere die Platinen und das Trieb aus der Aktentasche zutage. Nun wird er einen als Freund akzeptieren.
Andererseits kann es auch vorkommen, daß man nichts zu reparieren hat. Die Gründe dafür, daß ein Uhrenbastler von dem »richtigen« Uhrenladen magnetisch angezogen wird, sind unerforschlich und dunkel. Zuweilen kann er ohne die Gesellschaft von Uhren und deren Spezialisten einfach nicht sein. Die Zeit dieser Ladenbesitzer ist kostbar – wenn auch nicht so kostbar, wie sie einen glauben machen möchten –, weshalb sich oft eine indirekte Annäherung, über einen vorgeschobenen Kauf, empfiehlt.

Ich pflegte von Zeit zu Zeit solch einen Laden in der Gegend von Cambridge aufzusuchen. Als ich ihn das erstemal bemerkte, hielt ich ihn für ein ziemlich heruntergekommenes Friseurgeschäft, denn in dem unbeleuchteten Schaufenster stand eine Reklame für ein Haarpflegemittel; doch dann entdeckte ich in einer Ecke die Silhouette einer Standuhr. Sonst war nichts ausgestellt. Der lange, unaussprechliche polnische Name des Besitzers war in mit der Zeit glanzlos gewordenen Lettern über das Schaufenster gemalt. Ich spähte durch die Tür. Der Blick wurde von einer Batterie Bodenstanduhren eingeengt, und ich war gezwungen einzutreten, was mir durch die im Wege stehenden Großuhren nicht gerade leicht gemacht wurde. Schließlich stand ich vor einem behelfsmäßigen Ladentisch, wo eine alte Bürolampe ihr schwaches Licht auf einen kahlen Schädel warf und ein zusammengekniffenes Auge ein winziges Teilchen aus einer Armbanduhr fixierte; das andere Auge war von einer schwarzen Augenklappe bedeckt. Das Ganze machte einen etwas beunruhigenden Eindruck, den ich eine Zeitlang auf mich wirken ließ. Eine mechanische Ladenglocke hatte mein Eintreten angekündigt, und ich nahm an, daß dies genügte. Dem war jedoch nicht so, denn, wie sich später herausstellte, mußte man beim Hereinkommen sein Anliegen vorbringen und, wenn man keines hatte, eines erfinden, um ein Gespräch in Gang zu bringen. Dieser Mann war ein hervorragender Könner. Er wußte es auch, und man hatte ihm daher mit dem gebührenden Respekt zu begegnen. Ich entdeckte jedoch bald, daß wir einiges gemeinsam hatten, denn er fühlte sich zur Fron des Reparierens von Taschen- und Armbanduhren für eine knauserige Kundschaft verurteilt, während sein wahres Interesse alten Standuhren galt. Es war dies ein ausschließlich berufliches Interesse und somit von dem meinen grundverschieden. Seine geschichtlichen Auskünfte blieben stets sehr vage, und meines Wissens hat er nie eine antike Uhr verkauft, jedenfalls gab er nie zu erkennen, daß er dies jemals zu tun beabsichtige. Ich habe ihn mehr als einmal über Standuhren ausgefragt. Wir pflegten uns dem Problem eines Verkaufs gewöhnlich auf indirektem Wege zu nähern, mit einer allgemeinen Unterhaltung über die Vorzüge von Standuhren beginnend, danach zu ihrem Alter übergehend, um schließlich, so dachte ich wenigstens, bei der Preisfrage zu landen. Aber wir schafften nie die ganze Strecke. Gewöhnlich geriet er in Verzückung und erzählte mir dann, daß die eine da ein besonders schönes Exemplar aus Nußbaumfurnier sei, aber daß man das jetzt natürlich nicht sehen könne, da noch ungeheuer viel an ihr zu tun sei; oder von einer anderen, daß sie ein ganz ungewöhnliches Schlagwerk habe, usw. Aber wenn ich – in weiser Voraussicht Unwissenheit vortäuschend – irgendeine nichttechnische Frage riskierte, etwa, wie alt eine bestimmte Uhr sei, erwiderte er immer nur traurig »sehr alt, wirklich sehr, sehr alt«, und mit diesem Prädikat bedachte er sowohl eine vierschrötige, häßliche viktorianische Uhr mit schreierischem Email-Zifferblatt als auch eine sehr schöne Londoner Uhr mit 30-Stunden-Werk und den gedrechselten Säulchen des späten 17. Jhs. Gleichwohl schien er unsere Unterhaltungen, wie unproduktiv sie auch immer sein mochten, auf eine seltsame Art zu goutieren. Ich nehme an, er hatte die Gleichgültigkeit seiner Zeitgenossen gegenüber seiner Kunst, wie er sagte, »gründlich satt«, und war darüber hinaus einfach einsam, denn ich sah nie jemand anderen in seinem Laden. Mir jedenfalls bereitete jede Minute, die ich dort verbrachte, großes Vergnügen, denn der ganze Raum war voll von Bodenstanduhren aller Arten, und wie jeder Bastler sehe auch ich gern dabei zu, wie gewisse Arbeiten von jemandem ausgeführt werden, der sich auf sie versteht.

Ich erstand nie etwas, das er als »Uhr« bezeichnet hätte, aber ich tätigte bei ihm einen ganz außergewöhnlichen Kauf. Diese Sachen befanden sich eines Tages oben auf seinen Ersatzteilschachteln am Ende des Ladentisches. Wie für alle Bastler ist auch für mich der Anblick von Überbleibseln und Einzelstücken, die zu einem Schleuderpreis zu haben sind, unwiderstehlich, und solche Erwerbungen sind es sicherlich, die einem schließlich Jahre hindurch viel Geld ersparen. Ich berührte das Thema wie zufällig am Ende unserer Unterhaltung, als ich mich schon zum Gehen wandte, und fragte ihn, wieviel er »für den Kram« haben wolle. »Kram«, sagte er mit seinem ausländischen Akzent, »mein Freund, wie recht Sie haben, das ist vielleicht ein Kram!« Es war schwer zu durchschauen, was er wirklich damit meinte, aber ich glaubte daraus schließen zu können, daß er über den zur Diskussion stehenden Gegenstand in keiner Weise erfreut war. Und ich hatte recht. Er fuhr fort, in sonderbarer, unzusammenhängender Weise über den »Kram« zu schimpfen. Anscheinend brachte er ihn mit irgendwelchen tragischen Umständen in der Vergangenheit seines Volkes in Verbindung. Ich zögere, seine Worte zu zitieren, aber zum Schluß sagte er, es sei »deutscher Mist. Nix gut. Nie gut. Alles Quatsch«. Das war ein vielversprechendes Urteil, und so verfolgte ich die einmal eingeschlagene Richtung, um schließlich eine Sammlung von rostigen und schmierigen Teilen davonzutragen, die jedoch, wie stets bei ihm, sorgfältig in Seidenpapier eingewickelt waren. Als ich nach Hause kam, packte ich überrascht ein fast vollständiges Uhrwerk aus und dazu noch eines von jener Art, die gewöhnlich unter einem Glassturz stehen, weshalb das Fehlen eines Gehäuses auch kein Unglück war. Es stellte sich heraus, daß dies ein »sehr altes« 40-Tage-Werk war, eines der frühesten, komplett mit Schlagwerk.

Es kostete mich drei Monate, es zu säubern und mit Sockel, Zifferblatt, Glassturz, Zeigern und ein paar anderen Kleinigkeiten zu versehen; aber danach ging die Uhr ganz korrekt, bis ich sie in einer finanziellen Notlage verkaufen mußte.

Das war, glaube ich, ein Bastlerkauf, wie er im Buche steht. Das Stück war in dem Zustand, in dem es sich befand, ohne Zweifel völlig wertlos. Mein Uhrmacher-Freund hatte es aufgegeben, und die Müllabfuhr hätte es in der darauffolgenden Woche mitnehmen sollen. Ich gab ihm sechs Mark dafür, und an dem Glitzern seines einen Auges merkte ich, daß er mit der Transaktion höchst zufrieden war. Das Werk war eine Rarität, und, da von zweifelhafter Verläßlichkeit in Konstruktion und Entwurf, nicht eigentlich wertvoll, zudem, was das Aussehen anbelangt, durchaus unsympathisch; aber es war ein Sammlerstück, und ich verkaufte es für das 50fache des Kaufpreises an einen Händler, der über diesen Handel ebenso erfreut erschien. (Ich sage das nicht aus Stolz – aller Wahrscheinlichkeit nach verlangte der Händler später das Doppelte meines Preises –, sondern um Uhrenbastlern vor Augen zu führen, daß, wenn wir gezwungen sind, uns von einem unserer Schätze zu trennen, dies nicht unbedingt in jedem Fall ein Verlustgeschäft für uns sein muß, obgleich das meines Erachtens traurigerweise fast stets die Regel ist.)

Selbst wenn der Uhrenbastler auf seine bescheidene Weise feilscht und ständig auf der Jagd nach obskuren Seitenstraßenläden ist, wäre er dennoch verloren, wäre er nicht von Natur aus ein Hamsterer, der bei von anderen nicht beachteten Kleinigkeiten rasch zugreift. Dazu ist nicht viel zu sagen. Diese Eigenschaft ist unerläßlich, und auch der Neuling auf diesem Gebiet wird sie sich mit Sicherheit innerhalb kürzester Frist zulegen. Sie macht auch einen der feinen Unterschiede zwischen dem berufsmäßigen Uhrmacher und dem Bastler aus (obgleich es auch Leute gibt, die etwas von beiden haben). Der Fachmann hat natürlich sein Ersatzteillager; aber hier sind die einzelnen Gegenstände meist sorgsam voneinander getrennt in Reihen von säuberlich beschrifteten Kästen aufbewahrt, die den Bastler ob seiner Schuhkartons und Butterbrotbüchsen vor Scham erröten lassen. Allerdings sind Sinn und Zweck dieser beiden Ersatzteilbestände völlig verschieden voneinander.

Hier muß gesagt werden, daß die massenproduzierte Uhr unserer Tage sich von der handgearbeiteten vergangener Zeiten wesentlich unterscheidet. Der Begriff »massenproduziert« bedarf einiger Erläuterung. Frühestens seit Beginn des 18. Jhs. wurden Uhren massenproduziert; damals wurden nämlich zahlreiche Teile von Spezialfirmen in größeren Mengen hergestellt, anschließend von einem Fachmann zusammengesetzt, dessen

Name (oder vielfach auch nur der des Wiederverkäufers) dann auf dem Zifferblatt eingraviert war. Die besten Hersteller waren in der Tat meist Firmen, die viele Leute beschäftigten, von denen jeder Mann für ganz bestimmte Bestandteile verantwortlich zeichnete, so daß selbst da, wo es sich vorwiegend um Direktverkäufe durch den Hersteller handelt, wir heute nicht notwendigerweise den für eine ganze Uhr oder doch für ihren größten Teil Verantwortlichen identifizieren können.

Ebenso schwierig ist es, zwischen handgefertigten und maschinell hergestellten Teilen zu unterscheiden. Die Drehbank ist ein mehrere tausend Jahre altes Instrument (älteste bekannte Darstellung auf einem ägyptischen Grabrelief aus dem Jahre 300 v. Chr.), dessen Betrieb manuelle Geschicklichkeit verlangt, und die automatische Schrauben- und Gewindeschneidbank ist eine relativ moderne Erfindung. Aber es erfordert Zeit, eine Drehbank – bzw. den Drehstuhl, die manuell getriebene Drehbank des Uhrmachers – für einen bestimmten Arbeitsgang einzustellen, und alles spricht dafür, daß sie, einmal eingestellt, zur Entwicklung einer zumindest rudimentären Form von Serienproduktion gedient hat, d. h. man wird sie zur Herstellung einer größeren Anzahl gleicher Teile benutzt haben, bevor sie für die Fertigung anderer Stücke wieder neu eingestellt wurde. Gewiß, je weiter man zeitlich zurückgeht, desto größer ist die Wahrscheinlichkeit, daß eine Uhr für eine bestimmte Person und im wesentlichen ganz und gar von einem einzigen Mann gearbeitet wurde, aber es versteht sich von selbst, daß die Grenze zwischen individueller Facharbeit im eigentlichen Sinne und einer bescheidenen Massenproduktion fließend ist.

Am einleuchtendsten läßt sich dieser Unterschied wahrscheinlich an einem Zahnrad demonstrieren, das ursprünglich Zahn um Zahn von Hand gefeilt, später aus gewalztem Messing mit Hilfe eines an der Drehbank angebrachten Trennstücks geschnitten, aber dann gewöhnlich von Hand nachgefeilt wurde, und an seinen modernsten Versionen, die von starken Pressen aus Metallplatten ausgestanzt und stapelweise gezahnt werden. Der Unterschied ist meist augenfällig durch die schöner polierte Oberfläche des handgearbeiteten Rads, seine im allgemeinen spitzeren Zähne, sein gelberes, dickeres und weniger brüchiges Metall und seine weniger scharfen Kanten.

Ähnlich ist der Unterschied bei den Schrauben. Die älteren Schrauben sind meist runder, ihre Schlitze sind unten weniger breit, ihre Gewinde entsprechen nur selten genau denen der modernen und sind auch nicht so scharf geschnitten. Die qualitativ hochwertigen Schrauben des 19. Jhs. sind hochpoliert oder gebläut, während unsere modernen rauh und stumpf zu sein pflegen. Sehr alte Schrauben haben normalerweise viereckige Köpfe mit einem eingefeilten – statt eingesägten oder -geschnittenen – V-förmigen Schlitz. Sie lassen sich daher sehr schwer wieder einsetzen, denn die modernen Schraubenzieher springen immer wieder aus den unpraktischen und darüber hinaus durch jahrhundertelange Abnutzung ausgeleierten V-Schlitzen heraus.

Natürlich sind es gerade diese älteren Materialien, die der Uhrenbastler hamstert. Er ist nicht etwa am Fälschen interessiert, sondern er möchte den korrekten Eindruck vermitteln, und das kann ihm keinesfalls gelingen, wenn er einen alten Zeitmesser mit Schrauben zusammensetzt, die er abgepackt im nächsten Eisenwarengeschäft gekauft hat. Damit will ich nicht sagen, daß er solche Schrauben niemals benützt; wenn er keine anderen zur Hand hat, muß er sie nehmen, aber dann versucht er zumindest, ihnen ein altes, gebrauchtes Aussehen zu geben und sie an möglichst unauffälligen Stellen zu verwenden.

Er wacht eifersüchtig über seinen »Schätzen«, weil er weiß, daß viele von ihnen selten oder geradezu Mangelware sind, obgleich es sie einst in Fülle gab. Die meisten der heute noch vorhandenen Stücke spielen beim Zusammenhalten von Uhren wie der, die er gerade entdeckt hat und die er zu neuem Leben erwecken will, eine entscheidende Rolle. Wenn das schon bei Schrauben der Fall ist, so trifft es bei Rädern und anderen Teilen in verstärktem Maße zu. Manche kann er zu gegebener Zeit so, wie sie sind, verwenden. Andere wieder eignen sich besonders für kleine Abänderungen, oder sie werden zu unschätzbaren Vorlagen beim Arbeiten oder Anfertigenlassen eigener Ersatzteile. Und schlimmstenfalls haben sie immer noch ihren Altmetallwert. [Abb. 1] Neues Metall ist teuer, läßt sich oft weniger leicht bearbeiten und ist meist in der erforderlichen Größe und Dicke schwer erhältlich. Außerdem sieht ein Ersatzteil an einer alten Uhr immer besser aus und leistet auch bessere Dienste, wenn es aus altem Metall ist.

Wie er seine angehäuften Schätze verwendet, wird von dem jeweils Verfügbaren und vom Gewissen des Bastlers abhängen. Er wird kaum in der Lage sein, das Geld für eine Apparatur aufzubringen, mit deren Hilfe er ein ordentliches Rad selbst herstellen könnte, und wenn er einen solchen Betrag übrig hat, so wird er ihn in der Regel lieber für den Erwerb einer Uhr ausgeben. Hat er gute Beziehungen, so kann er sich ein Rad anfertigen lassen. Aber vielleicht hat er keine derartigen Beziehungen oder kann und mag den verlangten Preis nicht bezahlen. Oder aber er will nicht warten und, vor allem, die Arbeit selbst tun. Er kennt die Größe des benötigten Rads und weiß, wie viele Zähne es haben muß. Dann entdeckt er viel-

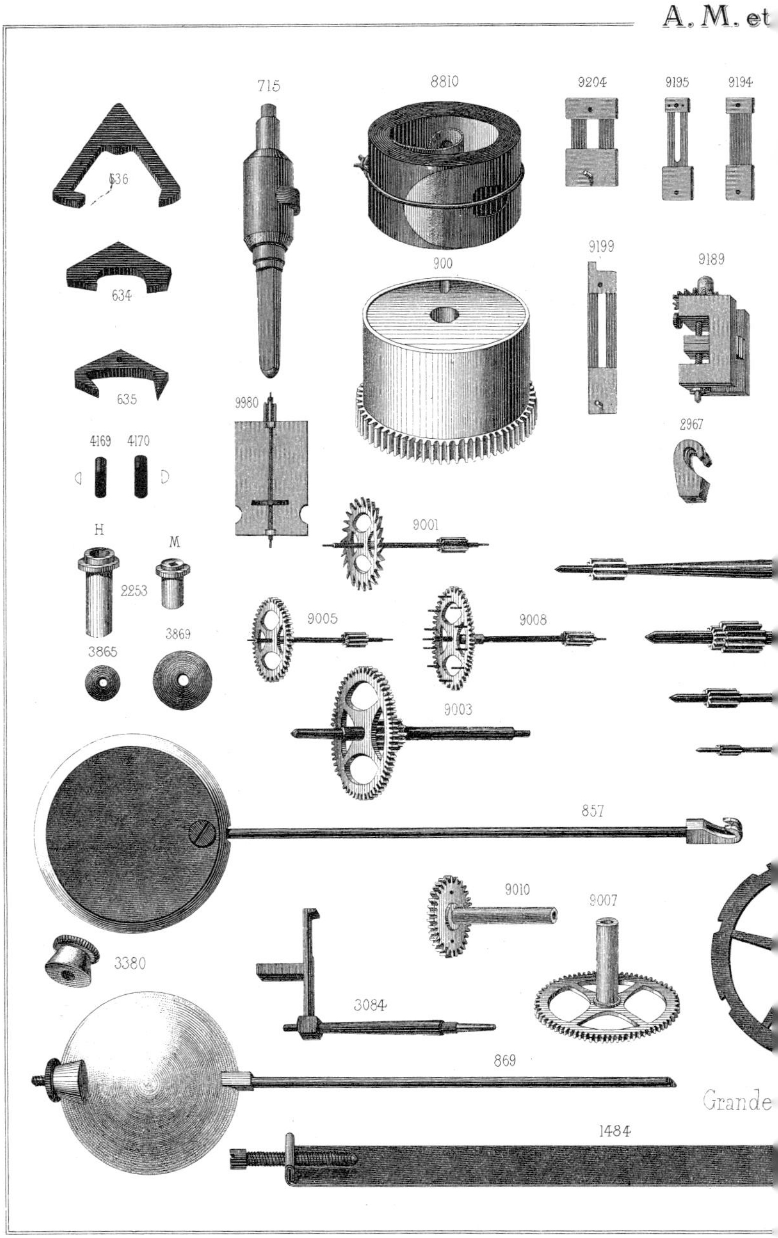

1 Furnituren (Ersatzteile) für Großuhren

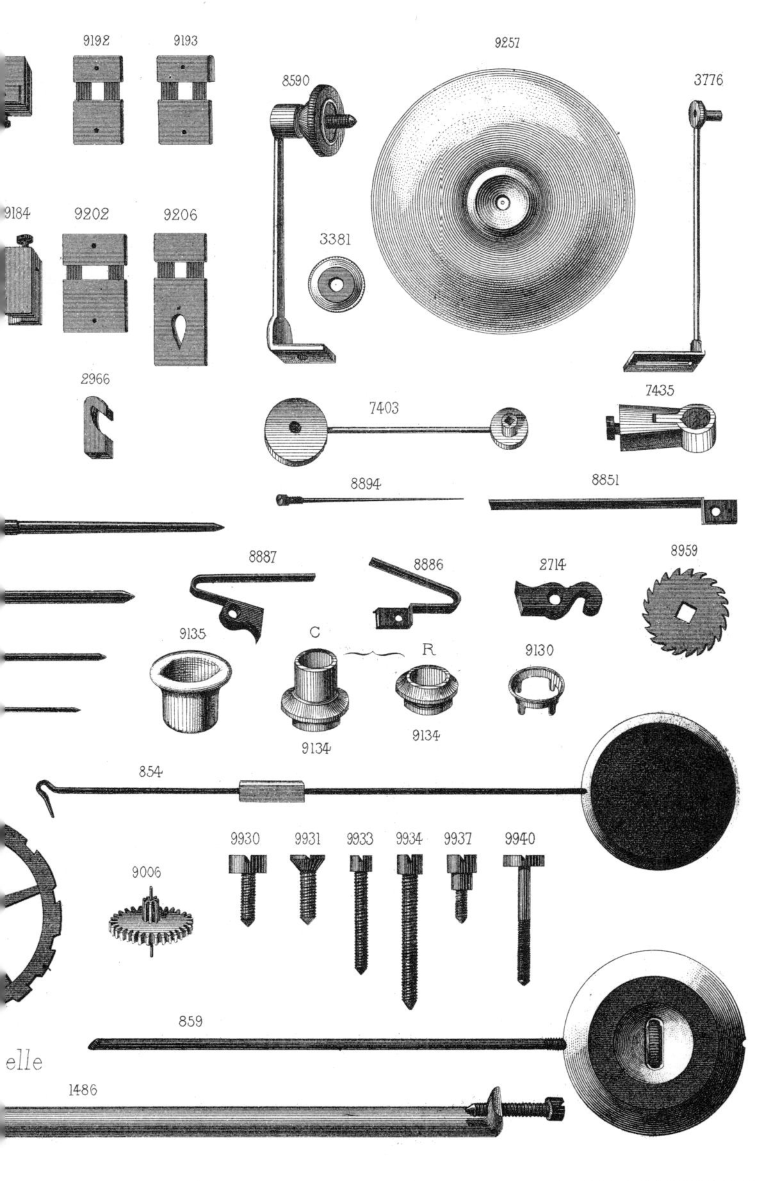

Lith. Girard à Fils & Cie. Impr. Claude-Decaen. Paris

leicht das genau passende Stück in seiner Kramkiste. Oder, noch wahrscheinlicher, er findet ein Rad, das zwar nicht die korrekte Größe, aber die richtige Anzahl von Zähnen hat. Dann wird er sich zu der Entscheidung durchringen, die Löcher in der Platine so zu versetzen, daß sein Ersatzrad aufgenommen und korrekt eingepaßt werden kann. Haben die Zähne des Ersatzrades die richtige Größe und Form oder wird ein neues Trieb, das mit ihnen ineinandergreift, ebenfalls eingepaßt, so kann eine solche Unternehmung zuweilen durchaus zufriedenstellend geraten. Vielleicht läßt er dann die ursprünglichen Löcher so, wie sie sind, oder aber er versucht, sie zu verstopfen, um sie unsichtbar zu machen, was ihm jedoch nicht gelingen wird. Aber das kann ihn nicht erschüttern: er hat nach bestem Wissen und Gewissen das getan, was er für richtig hielt.
So tut der Bastler sein Möglichstes, damit er schließlich eine Uhr dastehen hat, die einigermaßen stilgerecht aussieht und darüber hinaus richtiggeht. Was einigermaßen stilgerecht ist, ist Geschmacksache und darüber läßt sich bekanntlich nicht streiten. Das kann für den einen eine vollkommene, dem jeweiligen Stil entsprechende Restaurierung sein; andere werden sich mit weniger hochgesteckten Zielen zufrieden geben und wieder andere möglicherweise etwas zusammenstümpern, das den Fachmann zum Weinen bringen könnte. Aber der Bastler ist ein freier Mann. Die Uhr gehört ihm und er kann mit ihr tun und lassen, was er will – wobei er jedoch nach Möglichkeit vermeiden sollte, in die mißliche Lage zu kommen, zuerst zu improvisieren, um dann Jahre später zu seinem Leidwesen zu erfahren, wo die entsprechenden Materialien erhältlich gewesen wären und wie die Arbeit fachgerecht hätte getan werden müssen.
Trotz seiner reichhaltigen Ersatzteilsammlung ist der Bastler jedoch ohne einen Materiallieferanten meist hilflos. Die einschlägigen Läden sind zunehmend mehr auf Armbanduhren und deren Ersatzteile als auf Großuhren und Einzel- bzw. Spezialanfertigungen ausgerichtet. Die Lage ist jedoch nicht hoffnungslos, denn zuweilen werden alte Firmen von Lieferanten aufgekauft, deren Lager dadurch zeitweise um billige Werkzeuge, kaputte Gehwerke, Einzelteile und veraltete Materialien angereichert wird. Oder ein Lieferant steht mit einer für den Bastler nicht unmittelbar erreichbaren Spezialfirma in Verbindung, die er mit der Ausführung einer besonders schwierigen Arbeit zu einem tragbaren Preis betrauen kann. Heutzutage müssen solche Firmen noch nicht einmal n der Nähe sein, da viele von ihnen mit Katalogen per Post arbeiten und das Erforderliche meist gegen Nachnahme oder sogar auf Kredit liefern. Der Nachteil hierbei ist lediglich, daß der Hauptspaß des Bastlers, in ganzen Bergen von Materialien und Werkzeugen herumzuwühlen und sowohl das zu kaufen,

was ihn im Augenblick entzückt, als auch das, was er dringend braucht, dabei zu kurz kommt. Trotzdem ist es überraschend, was man alles in einem Sortiment bebilderter Kataloge finden kann, und so sind bei einem stetig wachsenden Vorrat an Ersatzteilen und mit ein paar Adressen aus dem Telephonbuch die Aussichten eigentlich gar nicht so düster.
Die möglicherweise etwas prekären Beziehungen zu Händlern wurden bereits erwähnt und damit stellt sich auch die Frage der eigenen Einstellung zum Geldanlegen. Gesetzt den – zugegebenermaßen außergewöhnlichen – Fall, dem Bastler wird zu einem annehmbaren Preis beispielsweise eine Quare-Uhr angeboten, so ist nicht anzunehmen, daß er ein solches Angebot ablehnen wird, ebensowenig wie das ein erfahrener und informierter Kapitalanleger tun würde. Bescherte mir der Zufall eine solche Uhr, so hätte ich große Hemmungen, selbst allzuviel an ihr zu tun; der Einsatz wäre mir offengestanden zu hoch. Die Sorge um die Sicherheit eines einmaligen Stückes, das keine Versicherung ersetzen und das man deshalb auch nur selten zeigen kann, würde zweifellos von den meisten Leuten geteilt. Das Interesse des echten Bastlers am Kauf eines perfekten Stücks – oder an der Reparatur eines solchen, die vernünftigerweise jemand Kompetenterem übertragen werden muß – ist daher relativ gering. Der Uhrenliebhaber muß somit die grundsätzliche Entscheidung treffen, wo sein Hauptinteresse liegt. Er kann sich natürlich auf Wanduhren, Türmchenuhren, Skelettuhren usw. spezialisieren und auf diese Weise seine Sammlerleidenschaft nur auf einen Teil dessen, was auf dem Markt ist, konzentrieren. Er kann also ein spezielles Interesse für ein ganz bestimmtes Gebiet entwickeln und sich ihm ein Leben lang widmen, denn Uhren ganz allgemein stellen ein zu verzweigtes, von einem einzelnen nicht zu beherrschendes Interessengebiet dar. Er muß sich aber auch im Hinblick auf die eigenen Möglichkeiten und Mittel entscheiden, wo seine wahren Interessen liegen: ob im Geldanlegen, im Sammeln großer Namen, im Sammeln um des Außergewöhnlichen oder der Vollständigkeit willen, ob er alles, was seines Weges kommt, sozusagen im Nebenberuf reparieren will oder einfach nur deshalb, weil es ihm ein besonderes Vergnügen bereitet, eine Hemmung, die viele Jahre lang nicht mehr richtig gearbeitet hat, plötzlich wieder ticken zu hören.
Ich persönlich handle mehr unter Zwang, als daß ich aus freien Stücken oder als Experte sammelte. Ich bringe es nicht übers Herz, eine Uhr wegzuwerfen, an der ich nützliche Arbeit getan und an deren gegenwärtigem Aussehen ich ein gewisses Verdienst habe. Ganz allgemein gesagt, bin ich um so glücklicher, sie wieder ticken zu hören, je länger sie geschwiegen hat. Ich denke dann gern an ihren oder ihre Erzeuger, aber es kümmert

mich nicht weiter, ob dies Personen mit illustren Namen oder einfache Dorfschlosser waren. Eine meiner Lieblingsuhren, ein 30-Stunden-Werk, ist eine der frühesten Bodenstanduhren, von schwerfälligem, aber höchst charaktervollem Äußeren. Ich habe keine Ahnung, wer sie gemacht hat und für wen. Ich muß sie allabendlich aufziehen, da jedes Trieb total ausgeleiert ist. Eines ihrer Räder habe ich selbst mühevoll Zahn um Zahn zurechtgefeilt und ihr Gehäuse eigenhändig angefertigt. Selbst für einen reinen Uhrensammler dürfte sie relativ wertlos sein. Aber für mich ist sie sehr wertvoll, denn schließlich war ich es, der vor die Entscheidung gestellt war, daß entweder jedes Rad ersetzt werden und das Original mit Ausnahme des Zifferblatts fast völlig ausgewaidet werden mußte oder daß sie eben so, wie sie war, unverändert weiter zu knirschen hatte. Ich war es auch, der zahllose Stunden auf das Anfertigen des fehlenden Rads und eines passenden Gehäuses verwandte. Und sind ihre Proportionen jetzt nicht etwa ganz so, wie ich sie mir vorgestellt hatte und wie sie denen des Originals ungefähr entsprechen? Natürlich würde ich, wenn ich zufällig ein stilgerechtes und für ihr kleines, ungewöhnliches Zifferblatt geeignetes Gehäuse fände, seine Verwendung in Betracht ziehen. Aber solche Gehäuse gibt es meist nicht ohne Gehwerke irgendwelcher Art; infolgedessen wäre mein Problem durchaus nicht gelöst, denn ich müßte mir nun für eines der beiden Werke immer noch etwas einfallen lassen. Die Frage des Geldanlegens taucht also für den Bastler zwar gelegentlich auf, ist jedoch gegenüber seinen wahren Interessen meist zweitrangig.

Infolgedessen ist dieses Buch auch kein Bildband über die Sammlung seines Autors. Wir alle kennen Bücher dieser Art. Sie erfüllen ihren Zweck, indem sie uns darüber unterrichten, was für eine bestimmte Stilperiode »korrekt« ist und welcher Eindruck angestrebt werden sollte; ebenso bilden sie natürlich eine Quelle der Information und Anregung für das, was an der jeweiligen Uhr besonders hervorzuheben ist. Nur allzuoft stellen sie jedoch keinen positiven Ansporn für den Bastler, ja noch nicht einmal für den Sammler dar, denn das Sammeln von Uhren ist heutzutage Mode und wird es immer mehr. Wir wissen aus Erfahrung, daß das, was angeblich gerade für ein Butterbrot zu haben oder soeben dafür verkauft worden ist, in Wahrheit ein üppiges Mahl kostet, und ebenso ist uns bekannt, daß der Vollständigkeit halber abgebildete Stücke mit dem Text »vormals Sammlung Blogg« heute in irgendeinem überseeischen (meist amerikanischen) Museum ausgestellt sind.

Dieses Buch ist also schon deshalb kein derartiger Bildband, weil ich keine Sammlung im eigentlichen Sinne besitze. Für mich ist es mehr eine Frage des Behaltens dessen, was ich nicht unbedingt verkaufen muß. Ich habe stets Uhren im Haus, die hinter dem Rücken von Besuchern unversehens zu schlagen beginnen, und es ist jedesmal ein Höllenlärm, wenn um Mitternacht allenthalben Glocken läuten und Gongs erdröhnen. Jede dieser Uhren hat ihre eigene Schönheit oder ihren Seltenheitswert, und doch liegt ihr bleibendes Interesse für mich viel mehr darin, daß sie mich an damals erinnert, als der Hund starb, weil er das Lösungsmittel aufgeschlabbert hatte, oder als die Spielsoldaten von gestern zu einer Pendellinse eingeschmolzen wurden oder als beim Nachpolieren des Standgehäuses das Werk sich von seinem zwei Meter hoch liegenden Schlitten löste und beim Herunterfallen den direkt darunter befindlichen Schädel erheblich in Mitleidenschaft zog.

Uhrenbastler lieben alte Uhren, und sie lieben es, an ihnen herumzuarbeiten. Weder die verachtete sog. »bäuerliche« Standuhr mit ihren laut über die Zähne rasselnden Ketten ist ihnen ein Greuel noch das reizvolle französische Werk in dem Gehäuse, das nicht zu ihm paßt und das auch niemals zu ihm gehört haben kann. Was ihnen wirklich wehtut, ist die Tischuhr in der Diele (»Ach die! Die ist schon jahrelang nicht mehr gegangen. Aber sie ist sehr alt, wissen Sie, ein Vermögen wert, glaube ich.«), das stille Zifferblatt über kunstvollen Intarsien in der Ecke, die Reiseuhr mit grande sonnerie ein Hochzeitsgeschenk, die nicht weiß, ob sie schlagen kann, weil man ihr nie erlaubte, es zu versuchen – von ihnen fühlen sie sich um Hilfe gerufen. Sie haben keine Aversion gegen Uhren als Sammlerstücke oder Uhren als Geldanlage, solange diese Uhren gesehen und gehört werden und, vor allem, ihre ständige Pflege erfahren. Für Menschen, die in dieser besonderen Weise auf Uhren reagieren, wurde dieses Buch geschrieben.

Das Handwerkszeug

2 Alte Uhrmacherwerkzeuge

Werkzeuge [Abb. 2, 3, 4, 5, 6]

Aus der Sicht des Handwerkers und des Fachmanns ist der Uhrenbastler sozusagen per definitionem ein schlechter Arbeiter. Er ist vor allem einer Vielzahl von Zufällen ausgesetzt, denn er führt ja nicht, wie der Fachmann, die gleiche Reparatur zum 2000sten Male in seinem Leben durch. Der überwiegende Teil der Aufgaben, die er sich selber stellt, sind Experimente: Er weiß zwar, wie das Endresultat aussehen soll, aber wie es erreicht werden kann, muß er erst noch herausfinden. Möglicherweise entdeckt er auf Anhieb den richtigen Weg. In jedem Fall aber ist er zufrieden und glücklich, wenn er sein Ziel überhaupt erreicht, ganz gleich auf welchem Wege. Der Fachmann, der die Schuld für eine nicht einwandfreie Reparatur auf seine Ausstattung schiebt, kann durchaus ein schlechter Arbeiter sein, denn er hat schließlich das notwendige Wissen, die erforderliche Ausbildung und eine jahrelange praktische Erfahrung, um Besseres zu leisten. Darüber hinaus besitzt er zweifellos ohnehin die geeigneten Werkzeuge. Für den Bastler hingegen liegen die Dinge völlig anders. Hält er seine Werkzeuge für unzulänglich, so hat er höchstwahrscheinlich recht. Nimmt er aber am nächsten Abend die gleiche Arbeit mit den gleichen Werkzeugen wieder auf, geht plötzlich alles wie am Schnürchen. Vielleicht hat er einen besseren Weg entdeckt; vielleicht hat er diesmal aber auch einfach mehr Glück. Und womöglich kauft er dann trotzdem keine besseren Werkzeuge (obgleich sie sehr wohl die Ursache allen Übels sein mögen), einfach deshalb, weil Werkzeuge bei ihm eben nicht an erster Stelle rangieren.

Selbst wenn der Bastler sich weder viel leisten kann noch viel ausgeben will, muß er doch ein Minimum an fachlicher Ausrüstung besitzen. Er braucht nicht gleich das Teuerste zu erwerben, aber es würde sich gewöhnlich doch als unklug erweisen, das Billigste zu kaufen. Es gibt, so erfährt er aus den Katalogen, Werkzeuge, mit deren Hilfe fast jede Arbeit, vor die er sich gestellt sehen mag, mit Leichtigkeit und zur Vollkommenheit geraten wird. Er kann sich eine Vorrichtung zum Aufziehen von Federn zulegen, die ihn vor zerschnittenen Fingern, einem gebrochenen Handgelenk oder einer verzogenen Feder bewahrt. Er kann alle möglichen Abheber (Zangen) kaufen, um das scheinbar so leichte Problem des Abnehmens von Uhrenzeigern zu bewältigen. Er kann – und viele werden sagen, er sollte – kleine bis riesige Sätze von Punzen für die verschiedensten Zwecke wie Nieten und Stiften kaufen. Er kann in eine Werkbank beliebiger Größe investieren (tatsächlich braucht er deren zwei) mit allem Zubehör, das den Preis der Werkbank mindestens verdoppelt, ohne das sie ihm aber kaum etwas nützt. Er kann sich einen oder mehrere Ölgeber anschaffen, die den erforderlichen winzigen Öltropfen auf die exakt vorgeschriebene Stelle abgeben. Wenn er darauf versessen ist, kann er auch einen Taschen-Blasebalg (Blasbirne) erwerben, um damit den Staub aus den gereinigten Uhrwerken herauszublasen, oder einen normalgroßen zum Schmelzen und Gießen. Will er sich mit dem Reinigen von Werken beschäftigen, so kann er sein Geld in Spezialgeräten für diesen Zweck anlegen, ist Oberflächenbehandlung seine Leidenschaft, dann ist eine galvano-technische Ausrüstung genau das Richtige. Der Zahl der arbeitssparenden Apparaturen, die man sich je nach Wunsch und bei entsprechenden finanziellen Mitteln anschaffen kann, sind kaum Grenzen gesetzt. Aber die meisten von uns Bastlern haben weder den Wunsch noch die Mittel. Gewiß besitzen Werkzeuge für uns eine gewisse natürliche Anziehungskraft. Jedesmal, wenn ein neuer Katalog ins Haus geflattert kommt, gibt man seinen Gelüsten wohl nach und bestellt dann zumindest ein neues Gerät. Nach einigen Tagen wird sich dieses dann wahrscheinlich doch als nicht ganz so dringend erforderlich, wie erwartet, erweisen und den Rest seines Lebens schließlich im Werkzeugkasten verbringen oder für einen anderen Zweck umfunktioniert werden müssen. Bei einem Bastler kommen die Arbeitsvorgänge, für die solche Geräte bestimmt sind, nicht sehr häufig vor. Erfahrungsgemäß gehen in seinem Leben nur ein paar hundert Uhren durch seine Hände, und diese spezielle Arbeit ist dann sehr wahrscheinlich nur bei wenigen von ihnen erforderlich. Die Aufmerksamkeit des Bastlers konzentriert sich gewöhnlich darauf, was getan werden *muß*, damit die Uhr geht, und nicht etwa darauf, was getan werden *müßte*, um den Leistungsvorschriften der Handwerkskammer zu genügen oder um eine erstklassige Generalüberholung durchzuführen, die mit einem Garantieanspruch seitens des Kunden einhergeht. Ist die Sache kritisch und funktioniert die Uhr längere Zeit hindurch nicht wie erhofft, so kann der Bastler sie immer noch einmal auseinandernehmen und wieder von vorn beginnen. Er möchte zwar eine Sache gleich das erste Mal und auf Anhieb richtig machen, aber er muß es nicht.

Unter diesen Umständen sind Geräte teuer, selbst wenn das richtige bestellt wird und korrekt funktioniert. Bei der nachfolgend aufgeführten Liste der notwendigen Werkzeuge beschränke ich mich daher auf die Dinge, die nicht zu besitzen der Bastler sich einfach nicht leisten kann. Sein eigener Werkzeugbestand wird von dieser Liste seinen persönlichen Zielsetzungen entsprechend natürlich abweichen und auch davon abhängen, wie weit er bisher gekommen ist (denn der Bastler stellt seine Werkzeuge immer wieder im Hinblick auf eine andere Aufgabe neu zusammen). Nichts-

3 Moderne Uhrmacherwerkzeuge

1 Doppelseitiger Stiftenkloben
2 Einseitiger Stiftenkloben
3 Backenschraubkloben
4 Pinzette
5 Zehntelmaß
6 Senksatz mit Einsätzen
7 Reibahlen
8/9 Große Reibahlen
10 Schraubenziehersatz
11 Benzindose
12 Gewindeschneideisen
13 Eingriffszirkel
14 Flachzange
15 Zwickzange
16 Rundzange
17 Feilenkloben
18 Nadelfeilensatz (Rund-, Vierkant-, Flach-, Messer-, Vogelzunge-Welzfeile)
19 Schraubstock
20 Bürste

destoweniger gibt es grundsätzlich notwendige Dinge, und er muß selbst darüber entscheiden, was er unbedingt noch braucht und inwieweit er einstweilen noch improvisieren kann.

Schraubenzieher [Abb. 4]

Eine alte Schraube kann so derb und grobschlächtig aussehen, daß sie kaum noch mehr kaputt gehen kann, und wenn sie stark durchgerostet ist, läßt sie sich entsprechend schwer entfernen. Moderne Schrauben sind meist hochpoliert und, bei einem qualitativ hochwertigen Uhrwerk, versenkt eingelassen. Soche Schrauben lassen sich mit dem Feder- oder auch mit dem Küchenmesser entfernen, was aber weder den Schrauben noch den Händen gut tut. Infolgedessen benötigt man eine größere Auswahl von Schraubenziehern. Ein Schraubenzieher mit einer 5 mm Schneide eignet sich für größere und Gehäuseschrauben. Ein kurzer, »rundlicher« kann sich als ebenso segensreich erweisen, da viele Gehwerke, und ganz besonders die modernen, von einem Zauberer oder von einem Mann mit unterentwickelten Händen in ihren Gehäusen verschraubt worden zu sein scheinen. Die kleinen Elektriker-Schraubenzieher finde ich besonders nützlich. Wenn sie noch neu sind, haben sie stumpfe und oft unregelmäßige Schneiden, die mit Hilfe von Schleifstein und Feile in die gewünschte Form und auf die erforderliche Schärfe gebracht werden können. Der Neuling wird von der Winzigkeit der selbst in großen Werken verborgenen Schrauben immer wieder überrascht, weshalb ein Satz Triebschraubenzieher von Anfang an absolut notwendig ist, auch dann, wenn man sich nur Großuhren vorzunehmen gedenkt. Es ist auch nicht einzusehen, weshalb ein solcher Satz nicht gekauft werden sollte, zumal er nicht teuer ist; man vergewissere sich jedoch, daß der Einsatz fest im Schaft sitzt, denn es gibt nichts Ärgerlicheres als eine Schraubenzieherschneide, die trotz allen Drehens des Schafts die Schraube nicht dreht. Diese Triebschraubenzieher haben einen beweglichen Drehknopf am Ende ihres Schafts; zu fachgerechtem Gebrauch lege man den Zeigefinger auf den Knopf, der nun unbeweglich fixiert bleibt und so eine Kontrolle ermöglicht, und drehe den Schaft zwischen Daumen und Fingern. Alle Schraubenzieher werden gelegentlich stumpf oder beschädigt. Sie lassen sich leicht wieder in Form bringen, wobei jedoch darauf zu achten ist, daß sie so spitz zulaufen sollten, wie es die notwendige Widerstandsfähigkeit der Schneide erlaubt. Ein stumpf gewordener Schraubenzieher springt leicht aus dem Schraubenschlitz heraus. Aßerdem sollte man, wo und wann immer ohne allzu großen Geld- und Zeitaufwand möglich, dem Fachmann weitgehend nacheifern und daher nach Möglichkeit einen Schraubenzieher benützen, der genauso breit ist wie der Durchmesser des Schraubenkopfs: ist er kleiner, nutzt er sich ab und macht die Schraube kaputt, ist er größer, greift er entweder nicht exakt in den Schraubenschlitz ein oder verletzt die umgebende Oberfläche.

4 Schraubenzieher mit verschiedenen Schäften

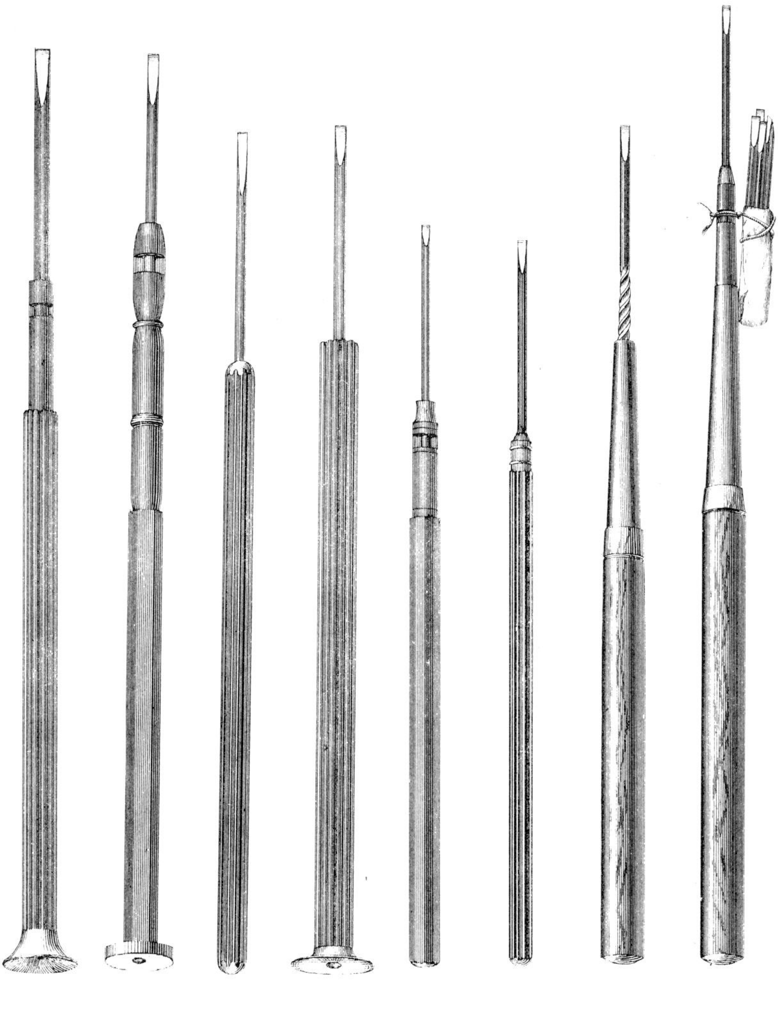

Gewindebohrer und Schneideisen (Gewindeschneidkluppen)

Am Anfang sind Gewindebohrer und Schneideisen nicht unbedingt erforderlich. Es wird sich jedoch bald herausstellen, daß man beim Fehlen einer passenden Ersatzschraube entweder eine solche anfertigen oder das vorhandene Loch mit einem Gewinde versehen muß, das eine vorrätige Schraube aufnehmen kann. Ein umfangreiches Sortiment Gewindebohrer und Schneideisen ist in der Anschaffung teuer, weshalb man sich einen kleineren Satz unterer Größen zulegen und diesen nach den jeweiligen Erfordernissen ergänzen sollte.

Zangen

Eine gute Zange – besser noch, mehrere – gehört zur Grundausrüstung. Sehr nützlich ist u. a. eine Zange mit Messingbacken für weiche Arbeiten, sowie eine Rundzange zum Biegen. Billige Zangen zu kaufen lohnt sich nicht, da ihre Scharniere sich nach ein paar Monaten lockern und die Backen dann nicht mehr parallel zueinander verlaufen; daß diese in geschlossenem Zustand fest aufeinanderliegen, ist aber unbedingt notwendig. Man halte daher die geschlossene Zange gegen das Licht und untersuche sie auf augenfällige Lücken zwischen den Backen. Ein etwaiger derartiger Zwischenraum darf, besonders bei feinen Zangen, nur gegen die Griffe hin und nicht in Richtung auf die Spitze vorkommen; werden feine Zangen nämlich fest zusammengepreßt, so federn ihre Angriffsflächen unter dem Druck ohnehin etwas, und bei Vorhandensein einer solchen Lücke an der Spitze würde der festgehaltene Gegenstand aus der Zange herausspringen.

Beiß- und Zwickzangen

Wie bei den übrigen Zangen gibt es auch bei den Beißzangen seitlich oder oben schneidende (Seitenschneider und Zwickzangen), einfache oder solche zum Einspannen in einen Drehstuhl. Man wird sich wahrscheinlich zunächst einfache Zwickzangen zulegen und sie je nach Bedarf durch Zukauf von anderen ergänzen. Die Schneidflächen einer gewöhnlichen größeren Beißzange kommen für uhrmacherische Arbeiten nicht in Frage, da sie viel zu stumpf und zu weich sind. Es wäre falsch, bei Beiß- und Zwickzangen sparen zu wollen, denn die Schneiden müssen exakt parallel zueinander verlaufen und scharf sein und bleiben. Es lohnt sich, für diese unerläßliche Genauigkeit und Widerstandsfähigkeit des Instruments etwas mehr auszugeben.

Pinzetten

Das soeben Gesagte trifft auch für Pinzetten zu. Man gebraucht sie hauptsächlich für feinere Arbeiten, etwa bei Reiseuhren und um die Zapfen in ihre Lage zwischen den Werkplatinen zu dirigieren. Sie sind jedoch auch äußerst nützlich beim Halten einer Schraube oder eines hochpolierten

5 Alte Uhrmacherwerkzeuge

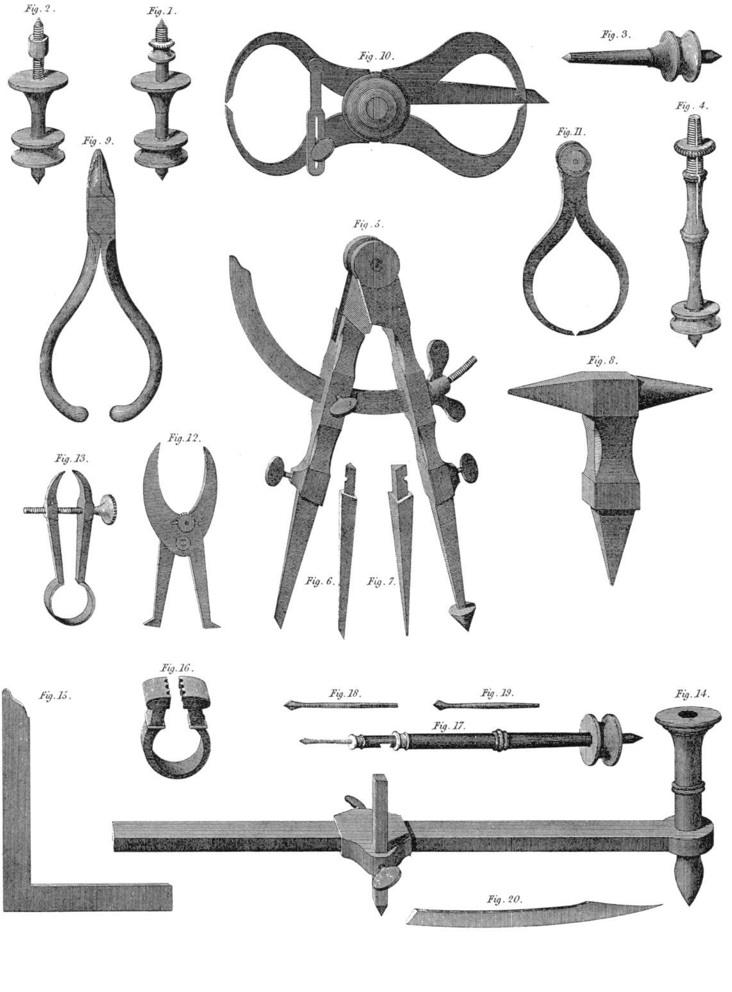

Teilchens und tragen somit durchaus dazu bei, daß man weniger oft auf Händen und Knien auf dem Boden herumrutschend nach diesen suchen muß. Beim Kauf von Pinzetten – und wenn man schon dabei ist, lege man sich lieber gleich zwei zu, eine große und eine ganz kleine – sollte man womöglich noch sorgfältiger vorgehen als bei Zangen und besonders scharf auf genauen Parallelverlauf und exaktes Aufeinandertreffen der Spitzen sowie deren Reaktion bei Ausübung von Druck achten. Man kann Pinzettenspitzen zwar durch Biegen aufeinander ausrichten, aber erfahrungsgemäß behält eine ursprünglich krumme und dann geradegebogene Pinzette stets die Tendenz, abzuweichen; deshalb empfiehlt es sich, Pinzetten gleich beim Kauf auf ihre Zuverlässigkeit hin zu überprüfen.

Feilen

Ein notwendiges Rüstzeug sind Feilen aller Formen und Größen – und auch jeden Alters. Neue Feilen eignen sich besonders für die Bearbeitung von Stahl. Zur Behandlung von Messing und weichen Materialien bestreiche man die Feile mit Tafelkreide, um ihre Schneidkraft zu mindern. Lange bevor die Feile wirklich stumpf wird, setzt sich der Feilstaub in den Rillen fest und verstopft sie. Durch Einlegen in Paraffin oder Benzin und anschließendes Abreiben mit einer steifen Drahtbürste läßt sich die Feile wieder reinigen. Hartnäckige Feilrückstände werden mit der Kante eines Abfallstücks aus Weichmetall entfernt. In der Hand des Laien können Feilen unberechenbar und gefährlich sein. Die Hauptgefahr besteht darin, daß sie hart und sehr spröde sind und daß sie gewöhnlich eine spitze Griffangel anstatt eines Hefts haben, weshalb es sich empfiehlt, separate Hefte oder einen verstellbaren Griff zu kaufen. Dickere Dübel- oder Besenstiellängen lassen sich zu brauchbaren Handgriffen für größere Feilen zurechtschneiden; man erhitzt die Feilenangel bis zum Rotglühen und treibt sie in den Griff ein, indem man das Werkzeugende kräftig gegen die Werkbank oder den Tisch stößt. Auch sollte man Feilen zu nichts anderem als zum Feilen verwenden, denn, als Hebelarm benutzt, können sie beängstigend springen und schnellen, und beim Erweitern von Löchern mit Hilfe von Feilen ist große Vorsicht am Platze. Fachgerecht gehandhabt läßt sich jedoch eine Rundfeile gefahrlos zum »Erweitern« von Löchern verwenden.

Es ist nicht einfach, eine flache Oberfläche glatt zu feilen. Mit der Zeit bekommt man ein Gefühl dafür, wie man den Druck jeweils dorthin verlagern muß, wo das Werkzeug auf den zu feilenden Gegenstand trifft, wobei es eine kleine Hilfe sein mag, sich die Feile wie eine Art Säge vorzustellen: sie feilt nämlich nur bei den Vorwärtsbewegungen. Man kann sich selbst eine Art Gehrungsschneidlade zurechtzimmern, so wie man sie zum Zusägen von Ecken verwenden würde (jedoch ohne Schlitze), und das zu feilende Teil an ihr oberes Ende anklammern. Auf diese Weise lassen sich alle drei Kanten gleichzeitig feilen mit einigermaßen zufriedenstellendem Resultat; hierbei muß die Holzschablone natürlich von Zeit zu Zeit nachjustiert werden, es sei denn, man fertigt die Gehrlade aus Kastenprofilstahl.

Feilen kommen mit grobem, mittlerem und feinem Hieb vor, und man benötigt alle diese Sorten sowie runde und flache und unterschiedlich breite

6 Alte Uhrmacherwerkzeuge

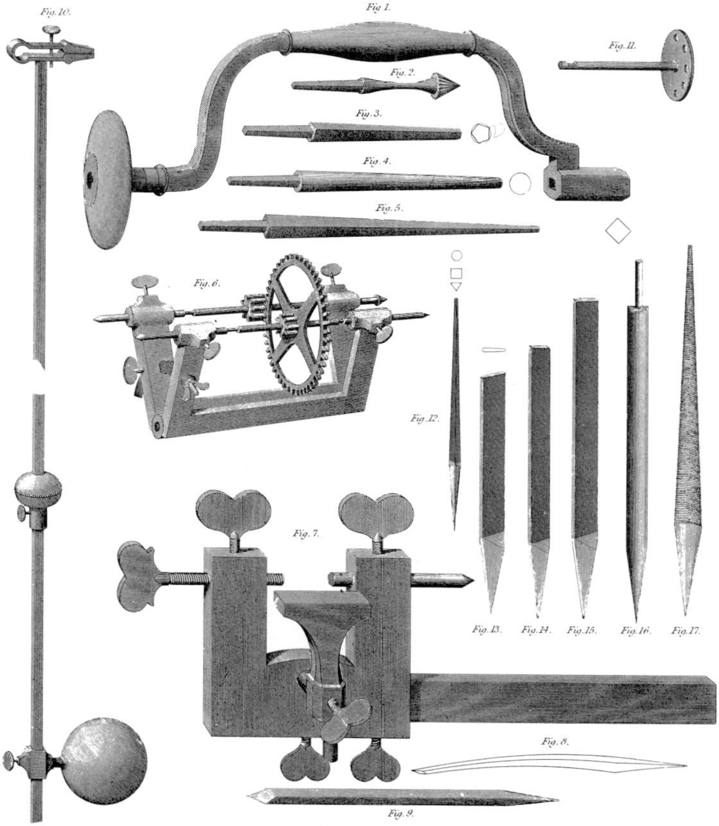

Feilen. Daneben kann eine Dreikantfeile sehr nützlich sein beim Entfernen von rauhen Metallrückständen in ungünstigen Ecken. Einige Feilen sollten auch glatte, hieblose Kanten haben, damit man eine Fläche schleifen kann, ohne die angrenzende zu verletzen. Ein Werkzeug mit einer glatten Seite, also eines mit einer Schneid- und einer Polierseite, eignet sich hervorragend zur abschließenden Oberflächenbehandlung.

Bohrer

Ein großer Vorrat an Bohrern verschiedenster Art und unterschiedlicher Größe ist wichtig, da das Bohren bei uhrmacherischen Arbeiten weitgehend einem Experimentieren gleichkommt. Flach- bzw. Spitzbohrer kann man selbst anfertigen; ich bezweifle jedoch, daß der Durchschnittsbastler dazu in der Lage ist oder es überhaupt der Mühe wert findet, selbst wenn die Werkzeugbücher dies auch noch so sehr empfehlen. Bohrer sind relativ billig in Sortimenten erhältlich, auch die – etwas teureren – Spiral- und Zentrierbohrer, mit denen sich leichter und schneller arbeiten läßt und deren Schneiden länger scharf bleiben. Der Schreiner-Handbohrer oder gar die Handbohrwinde sind für die meisten Arbeiten an Uhren, außer gelegentlichen Reparaturen an Gehäusen, nicht geeignet. Grundsätzlich sollte man sich eine Drillbohrmaschine zulegen oder aber eine an einen kleinen Motor angeschlossene biegsame Welle mit einem Bohrkopf benutzen. Eine gewöhnliche Handbohrmaschine ist kaum von Nutzen; sie ist zu schwer und hat zuviel Spielraum zwischen Führung und Bohrkopf. Der Bastler wird bald selbst herausfinden, daß es sich bei aller Dringlichkeit seines jeweiligen Anliegens stets lohnt, beim uhrmacherischen Bohren Zeit und Mühe nicht zu scheuen, denn selbst für den Anfänger ist die von einem abgerutschten Bohrer hinterlassene Spur kein schöner Anblick. Ein im Arbeitsteil abgebrochener Bohrer läßt sich äußerst schwer entfernen, da er naturgemäß ebenso hart ist wie der Bohrer, mit dem man ihn herauszubohren versucht, und weil er, wenn man ihn einmal herausgebohrt hat, ein erheblich größeres Loch als das ursprünglich gewünschte hinterläßt. Klugerweise sollte man daher niemals mit dem Bohren beginnen, ohne zuvor die Stelle mit einem scharfen Körner markiert und auf diese Weise einen Ansatzpunkt geschaffen zu haben, und ohne bei allen Löchern – außer denen, die weniger als 1 mm im Durchmesser betragen – zuerst ein Vorbohrloch oder gar eine Reihe von zunehmend größeren Vorbohrlöchern angebracht zu haben, so daß ein Bohrer der korrekten Größe sich schließlich ohne Schwierigkeit in das Bohrstück einfressen kann.

Reibahlen

Das korrekte Werkzeug zum Erweitern der meisten kleinen Löcher ist nicht die Rundfeile, sondern die Reibahle. Sortimente von Reibahlen sind satzweise abgepackt im Handel erhältlich; sie bestehen aus unterschiedlichen Längen spitz zulaufenden fünfkantigen Hartstahls mit scharfen Kanten. Ebenso wie kleine Feilen haben Reibahlen gewöhnlich scharfe Angeln, weshalb sie aus dem gleichen Grunde gefährlich sind. Griffe oder ein verstellbarer Stiftenkolben sind daher unbedingt erforderlich, wenn man sich ihrer überhaupt erfolgreich bedienen will, denn sie schneiden dadurch, daß sie im Metall gedreht werden. Man bedenke stets, daß die Reibahle konisch zuläuft und daß man das Loch daher von beiden Seiten mit ihr bearbeiten muß, wenn es nicht ebenfalls konisch werden soll. Bei einigen Arbeiten jedoch, etwa beim Bohren von Lagerfuttern und Löchern für Stifte, wird die kegelige Form ausgenutzt, und man bohrt hauptsächlich von einer Seite.

Punzen

Manch ein Stift paßt nicht exakt, und manch einer bricht beim Versuch, ihn herauszuziehen, ab. Eine der zahlreichen Verwendungsformen von Punzen ist daher das Ausschlagen von Stiften. Außerdem werden sie zum Markieren von Bohrlöchern, zum Zutreiben zu groß gebohrter Löcher und zum Nieten benutzt. Man kann Punzen selbst herstellen – ohne Drehbank lassen sie sich aber nicht exakt arbeiten –, und man kann improvisieren. Zweifellos haben so manche Uhrmacher und sicherlich viele Bastler mangels eines geeigneten Punzens zu einem dicken Nagel gegriffen. Trotzdem sind harte und spitze Punzen eine billige und nützliche Hilfe beim Markieren. Rundpunzen, wie sie zum Nieten und Zutreiben von Löchern verwendet werden, kann man ebenfalls selbst herstellen, aber auch hier zeichnet sich der handelsübliche Artikel durch größere Exaktheit und Widerstandsfähigkeit aus und ist daher sein Geld wert.
Es ist nicht leicht, einen Punzen absolut vertikal zu halten und senkrecht zu treffen, aber gerade das ist in den meisten Fällen leider unumgänglich notwendig. Der Bastler trifft, wie überall, so auch hier, seine eigene Entscheidung und schließt, wo und wann es ihm gerade paßt, einen Kompromiß. Man kann sich natürlich auf ein halbes Dutzend verschiedener Punzen und etwas Glück verlassen und, wenn man sich nicht allzuviel vornimmt, vielleicht sogar auch Glück damit haben. Aber andererseits können einem dauernd kleinere und empfindlichere Uhren mit feinen Toleranzen unterkommen. Dann wird man vielleicht doch in die Tasche grei-

fen und eine mehr oder minder teure Triebnietmaschine erwerben, die, zusammen mit einer großen Auswahl von Punzen, ein Werkzeug bietet, das den Punzen absolut senkrecht über einer Lochscheibe mit verschieden großen Löchern hält. Man wird gewiß darüber staunen, was man mit dieser Apparatur alles vermag, und sämtliche Vorkehrungen treffen, um sie vor dem Verrosten zu schützen; aber ob sich diese Anschaffung letzten Endes als wirklich lohnend erweist, hängt vom Umfang und Ausmaß der eigenen Unternehmungen ab. Wie immer man sich entscheidet, man braucht in jedem Fall einen gut geformten leichten Hammer, um die Punzen zu treffen, und ebenso ist ein stählerner Lochamboß mit verschieden großen Löchern durchaus wünschenswert. Am besten wäre ein Lochamboß, der aus zwei zusammengeschraubten horizontalen Hälften besteht; er kann dann nämlich um eine Welle herumgelegt werden, die beispielsweise ein Trieb am einen und ein Rad am anderen Ende hat.

Sägen

Über die Unerläßlichkeit von Sägen braucht kaum ein Wort verloren zu werden. Man sollte eine größere und eine kleinere Metall-Bügelsäge und einen reichlichen Vorrat an Sägeblättern haben (wobei ältere Blätter als Spezialfeilen und bei der Behandlung von Messing und weichen Materialien Verwendung finden können und – wie bei den Feilen – die schärfsten zur Bearbeitung von Stahl benutzt werden). Ebenso nützlich sind eine Laubsäge und zwei Blechscheren, eine kleine mit gebogenen Schneiden und eine etwas massivere.

Rollierfeilen, Schmirgellatten und Lederfeilen [Abb. 7]

Rollierfeilen sind äußerst feine, durch abschraubbare Hülsen geschützte Präzisionsfeilen mit Polierhieb am einen und Feilhieb am anderen Ende. Eine Kante der Rollierfeile ist stets abgerundet, um das Zufeilen eines Trompetenzapfens zu ermöglichen; mit der anderen, scharfen Kante wird ein Schulterzapfen gefeilt. In der bescheideneren Bastlerwerkstatt sind jedoch Schmirgellatten und Lederfeilen von größerem Nutzen. Sie sind zwar im Handel erhältlich, aber ich würde doch empfehlen, sie selbst herzustellen. Man umwickelt ca. 23 cm lange dünne Holzstreifen in einer Länge von ca. 15 cm eng mit Schmirgelpapier oder Schleifleinen (ohne daß dieses Falten wirft!), und zwar jeweils in einer anderen Körnung – von der feinsten bis zur gröbsten. Ein solches bescheidenes Werkzeug ist unerläßlich zum Polieren eines von Rost gereinigten oder reparierten Teils, sollte aber von den feinpolierten Zapfen französischer Uhren ferngehalten werden, da es sie nur beschädigen würde. Ebenso wertvoll sind kleine,

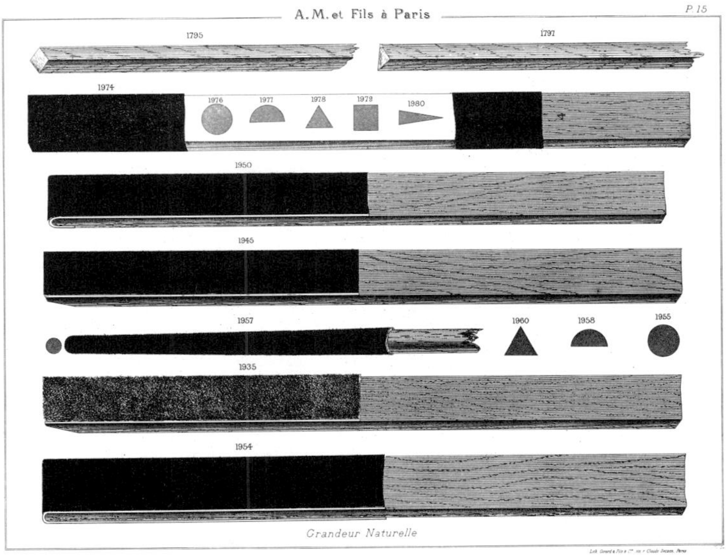

7 Schmirgel- und Polierplatten in verschiedenen Profilen

mit weichem Waschleder bezogene Hölzer, besonders wenn sie verschiedenartig geformt sind. Mit diesen Lederhölzern läßt sich poliertes Messing sehr viel besser nachreiben als mit einfach um den Finger gewickeltem Waschleder; auch können sie in Wasser mit milder Seife oder einem Spülmittel sehr leicht wieder gereinigt werden. Eine andere Improvisationsmöglichkeit, die man durchaus in Betracht ziehen kann, ist das in Kosmetikgeschäften erhältliche, äußerst feine und sehr preiswerte Schmirgelpapier zum Haarentfernen (Depilationspapier).

Bürsten

Für Reinigungszwecke ist eine Anzahl von Bürsten erforderlich, und zwar mittlere und feinere Uhrenbürsten, die sich durch alte Zahn- und Flaschenbürsten, Rasierapparat-Reinigungsbürsten usw. billig ergänzen lassen. Kleine Stahl- und Messingbürsten, wie sie zum Putzen von Wildlederschuhen benützt werden, bilden ebenfalls ein nützliches Beiwerk.

Elektromotor

Im Zusammenhang mit dem Bohren habe ich bereits die Verwendung eines kleinen Elektromotors erwähnt. Er gehört natürlich durchaus nicht zur Grundausrüstung, ist jedoch da, wo kein Drehstuhl vorhanden ist, äußerst nützlich und außerdem relativ billig. Man kann sich dazu noch eine Auswahl von Schlagbürsten und Polierscheiben zum Formen und Polieren von Metall anschaffen, für welche wiederum ein bewegliches Antriebsinstrument mit einem Dreibackenfutter als Halterung dienlich ist. Diese Motoren werden meist schon mit einem dazugehörigen Schleifstein verkauft – seine Verwendung ist offenkundig –, und können am andern Ende mit dem vielleicht am vielfältigsten verwendbaren und bescheidensten aller Geräte, einer Kratzbürste aus Messing, versehen werden. Mit ihr läßt sich zwar keine Hochglanzpolitur erzielen, aber sie ist unübertroffen als Schnellentferner von Schmutzrückständen, da sie das behandelte Teil dabei nicht verletzt. Eine rotierende Stahlbürste läßt sich kaum verwenden, da sie in ihrer Wirkung zu brutal ist. In das Dreibackenfutter des Antriebsinstruments können Bohrer eingespannt werden. Man sollte jedoch, besonders bei Stahl, darauf achten, daß die Automatik nicht mit einem durchgeht: läßt man nämlich den Motor zu hochtourig laufen, so preßt man lediglich eine hochpolierte und undurchdringbare Vertiefung in das Metall ein, ohne es jedoch zu durchbohren. Auch ein feingezahntes Kreissägeblatt läßt sich an einen solchen Motor anschließen, das einem kleinere Schneidarbeiten erleichtern kann; man muß aber sehr vorsichtig damit umgehen. – Von allen Geräten, die mehr zu den zweitrangigen Anschaffungen als zur Grundausrüstung gehören, ist ein solcher Elektromotor m. E. das wichtigste und amortisiert sich zudem am raschesten.

Schraubstöcke

Auch ein Schraubstock gehört zur Grundausstattung; gut geeignet wäre ein Parallelschraubstock mit 5 cm Backenbreite. Im allgemeinen ist an einem Schraubstock für Holzbearbeitung das Gewinde der Spindel zu steil für uhrmacherische Feineinstellungen, und häufig sind die Backen auch nicht exakt genug zueinander ausgerichtet. Man kann natürlich die kunstvollsten Gebilde an verschiedenartigen Halterungen und Schraubstöcken erwerben, wie solche, die sich unterschiedlichen Winkeln anpassen, die sich auf Knopfdruck öffnen, die sich mit Gummipfropfen am Tisch festsaugen und andere, ähnlich bemerkenswerte Dinge tun. In jedem Fall sollte man jedoch bedenken, daß die erste Forderung, die man an einen Schraubstock stellen muß, die ist, daß er fest zugreift und hält, ohne zu beschädigen. Ein Schraubstock mit einem dazugehörigen Sortiment von auswechselbaren harten und weichen Backen, oder einer, an dessen Backen Schutzklötzchen angebracht werden können, ist ideal. – Nach allgemeiner Auffassung ist der Arbeitsplatz des Uhrmachers ja die Werkbank,

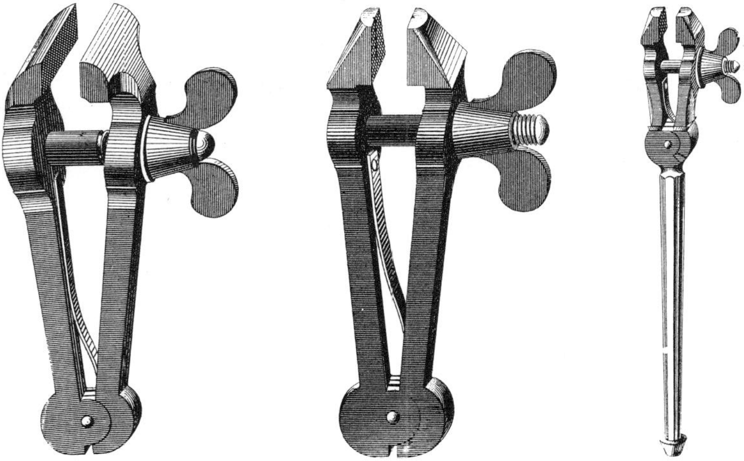

1 2 3

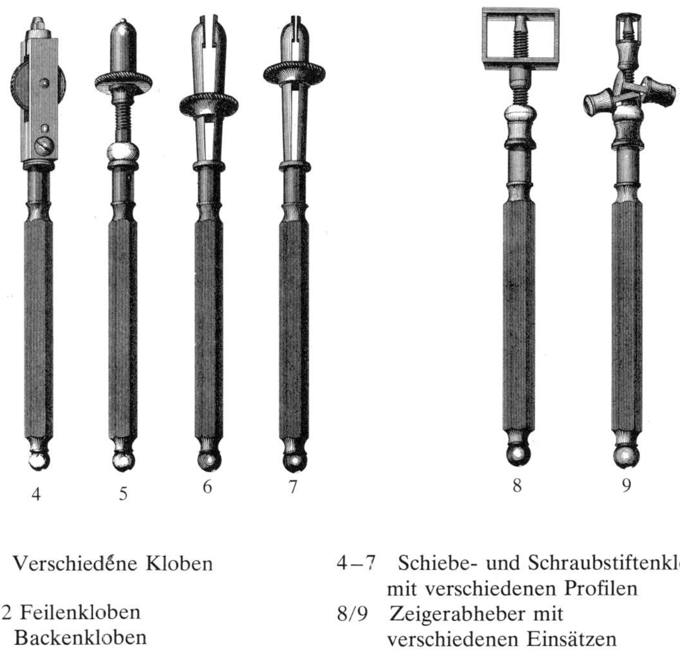

4 5 6 7 8 9

8 Verschiedene Kloben

1/2 Feilenkloben
3 Backenkloben

4–7 Schiebe- und Schraubstiftenkloben mit verschiedenen Profilen
8/9 Zeigerabheber mit verschiedenen Einsätzen

und die Anschaffung einer Werkbank von bequemer Höhe erweist sich gewiß sehr bald als wünschenswert. Für den Anfang ist jedoch ein guter, solider Tisch – natürlich mit einer schützenden Holzplatte darauf, um das Eheweib nicht zu ärgern – völlig ausreichend. Aber sei es nun Tisch oder Werkbank, man wird sich kaum hierauf als ausschließlichen Arbeitsplatz beschränken wollen, selbst dann nicht, wenn die Beleuchtungsverhältnisse an dieser Stelle schlechthin perfekt sein sollten. Ein kleiner Flaschenkloben, ein Stiftenkloben (ein winziger Schraubstock an einem Griff) und ein oder zwei Stiftenklöbchen (Vierbackenfutter an Griffen) sind äußerst nützlich zum Halten kleiner runder Gegenstände, die bearbeitet werden sollen. Beim Kauf von Flaschen- und Stiftenkloben achte man darauf, daß die Feder nicht zu hart ist, daß man sie aber auch nicht mit einer Zange stärker anspannen muß, sondern daß man genau fühlen kann, wieviel Druck auf den gehaltenen Gegenstand ausgeübt wird.

Lupen und Lichtquellen

Schließlich muß man beim Arbeiten auch gut sehen können. Dazu braucht man eine Lupe, besonders beim Reparieren der feiner gearbeiteten französischen Reiseuhren und deren Hemmungen. Eine Lupe mit einer Brennweite von 5 cm wäre ungefähr richtig. Man sollte sich einer Art entspannten Schielens befleißigen und dabei beide Augen geöffnet halten; es ist sehr ermüdend, einäugig durch eine Lupe hindurchzustarren, und es dauert dann auch nicht lange, bis dieses eine Auge zu tränen beginnt und man die Lupe wieder abnehmen muß. Natürlich gibt es auch zahlreiche Vorrichtungen zum Befestigen der Lupe an einer Brille, und einige von ihnen sehen sehr beeindruckend aus. Außer der Lupe braucht man vor allem gutes Licht. Tageslicht ist natürlich am besten, aber der Bastler tut naturgemäß den größten Teil seiner Arbeit am Abend, und eine verstellbare Lampe ist dann praktisch eine Grundbedingung. Das Licht einer Leuchtstoffröhre ist ganz angenehm bei Arbeiten, bei denen man sich nicht so sehr auf eine einzige, winzige Stelle konzentrieren muß. Manche Leute stört jedoch das Flimmern und verursacht ihnen Kopfschmerzen.

Materialien

Bei den Materialien ist es weniger leicht, für den Anfänger eine genaue, detaillierte Liste aufzustellen, denn diese Liste kann sehr lang werden, wenn man bereits von vornherein für die meisten künftigen Anforderungen gewappnet sein will, oder aber ganz kurz, wenn man nur die grundlegenden Arbeiten im Auge hat und sich den Bedarf für Spezialverfahren

erst nach und nach, den jeweiligen Erfordernissen entsprechend, zulegen will. Ich persönlich neige mehr dazu, diesem zweiten Prinzip zu folgen, denn nicht alle Substanzen sind den Erfordernissen entsprechend haltbar, und außerdem haben in meinem Haushalt passende Drahtlängen, hübsche Feinblechstückchen oder besonders bedachtsam ausgewählte Profilleisten für ein Gehäuse die üble Angewohnheit, zu verschwinden und als Kurbeln an Kinderspielzeug oder Befestigungslatten der Dachpappe über dem Kohlenschuppen wieder aufzutauchen. Und schließlich nimmt ein umfangreicher Vorrat auch viel kostbaren Platz ein.
Die meisten der für die eigentlichen Metallarbeiten erforderlichen Materialien sind in einem guten Eisenwaren- oder Werkzeuggeschäft erhältlich, Reinigungssubstanzen und Oberflächenbehandlungsmittel in der Drogerie. Man sollte den Drogisten mit dem, was man jeweils vor hat, vertraut machen. Drogisten sind einfühlsame Verbündete, und oftmals haben sie im Keller oder im Hinterhof kleine Behälter mit Chemikalien, Pasten usw., die man selbst vielleicht überhaupt nicht kennt oder von denen man glaubte, sie würden nicht mehr hergestellt. Drogisten sind aber auch – mit Recht – verantwortungsbewußt und vergewissern sich deshalb, daß man weiß, wie man mit Säuren, Höllenstein und anderen gefährlichen und ätzenden Substanzen umzugehen hat. Der beste Weg zum Herzen eines Drogisten, der einen noch nicht kennt, führt über den Kauf von ein Paar Gummihandschuhen gleich zu Anfang: Gummihandschuhe muß man haben und auch benutzen, und ihr Erwerb ist daher ein erster Schritt in der richtigen Richtung.

Öl

Der wichtigste Punkt auf der Einkaufsliste ist Öl – Maschinenöl und Fett für die Werkzeuge und zum Schmieren bei gewissen Bohr- und Sägearbeiten. Für die Uhren selbst benötigt man jedoch Spezial-Uhrenöl; es wäre unsinnig, sich hier mit etwas anderem behelfen zu wollen. Maschinenöle werden bei nur gelegentlicher Entnahme geringer Mengen binnen kürzester Frist hart und klebrig. Sie können dadurch, daß sie sich im Räderwerk einer Uhr festsetzen, diese nicht nur zum Stehen bringen, sondern sie ziehen auch Staub und Schmutz an und wirken so auf den sich bewegenden, polierten Oberflächen wie ein starkes Schleifmittel, das sie mit der Zeit zerstört. Es gibt verschiedene Arten von pflanzlichen Uhrenölen, und fast alle erfüllen die Zwecke des Bastlers; eine kleine Flasche davon wird, wenn man sie nach Gebrauch stets wieder gut verschließt und keine schmutzigen Geräte in das Öl eintaucht, ein bis zwei Jahre lang reichen.

Stifte

Uhren, die mit Stolz auf eine gewisse Vergangenheit zurückblicken können, werden gewöhnlich durch in Löchern steckende konische Stifte zusammengehalten. Diese Stifte kann man entweder kaufen oder selbst anfertigen. Man kann auch alte Stifte verwenden, aber das ist im allgemeinen nicht empfehlenswert, da sie schwer zu reinigen und geradezubiegen sind; und wenn man sich dieser zeitraubenden Mühe schon unterziehen will, kann man in der gleichen Zeit auch neue anfertigen. Dazu nimmt man, je nachdem, Messing- oder Stahldraht (gewöhnlich gehören Eisenstifte in Messinglöcher und umgekehrt, wobei Eisenstifte sich jedoch meist geradewegs durch das Loch hindurchbohren), den man in einem sanften Winkel zu einem Holzblock geneigt hält, in welchen eine etwas kürzere Kerbe als die Länge des gewünschten Stifts eingeschnitten ist. Dann feilt man den Draht unter ständigem Drehen auf die gewünschte konische Form zurecht, wobei abgeflachte Seiten nach Möglichkeit zu vermeiden sind. Ich persönlich bin mehr dafür, Stifte en gros einzukaufen und nur dann selbst einen anzufertigen, wenn mir die erforderliche Größe gerade ausgegangen ist. Man wird natürlich von Stecknadeln, Tapezierstiften und Nähnadeln in Versuchung geführt und kann damit viele ungute Überraschungen erleben; aber man wird dadurch auch feststellen, daß keines dieser Hilfsmittel die zum Fixieren erforderliche, allmählich zulaufende, korrekte konische Form besitzt, daß Nähnadeln außerdem zu hart sind, leicht brechen und nicht die zum Greifen nötige Reibung liefern. Einen exakt passenden Stift einzutreiben, der gut greift und doch bei Bedarf leicht wieder herauszuschlagen ist, ist eine jener einfachen Freuden, die zu erleben man sich nicht entgehen lassen sollte.

Schlüssel

Nicht jede Uhr, die man erwirbt, hat noch ihren Schlüssel, und viele haben die falschen. Aber Schlüssel, die nicht genau passen, leiern rasch aus, und ihr Aufziehvierkant wird zerstört. Man kaufe daher eine Serie von Schlüsseln oder, besser noch, zwei Kombischlüsselsätze – dann kann nichts passieren. Sie lassen sich als Provisorien benutzen, durch die man die erforderliche Größe bestimmen und danach einen passenden Schlüssel bestellen kann. Mit der Zeit wird sich naturgemäß auch eine reichhaltige Auswahl von Schlüsseln ansammeln.

Putzholz

Putzholz ist im Fachhandel erhältlich und wird zum Reinigen von Löchern und Vertiefungen benutzt. Zu Anfang oder im Notfall kann man sich auch mit Streichhölzern behelfen, aber fachgerechtes Putzholz ist nicht teuer und leistet infolge seiner Härte und Widerstandsfähigkeit sehr viel bessere Dienste.

Schellack und Lot

Schellack, der Kleber des Uhrmachers, ist blattweise, in Kristallen oder in Stangen erhältlich, von denen man kleine Stückchen abschlägt. Er bildet einen äußerst harten, spröden und sehr ergiebigen Klebstoff. Man verwendet ihn hauptsächlich zum provisorischen Befestigen kleiner Teile auf einer größeren Fläche, um das Arbeiten an ihnen zu erleichtern, und zum dauerhaften Einlacken von Paletten. Weichlot (Zinn) wird vom Fachmann meist nicht benutzt, da es unschön aussieht und nicht widerstandsfähig genug ist. Außerdem macht es die Verwendung von Silberlot in einem späteren Stadium unmöglich. Immerhin bedient sich seiner der Bastler bei zahlreichen Gelegenheiten und vor allem an weniger sichtbaren Stellen. In der Regel sollte man aber die Verwendung von Weichlot möglichst vermeiden. Silberlot ist unbedingt dort zu verwenden, wo eine starke und widerstandsfähige Verbindung hergestellt werden soll, etwa beim Reparieren von Uhrzeigern. Beim Einkauf sollte man das Silberlot mit dem niedrigsten Schmelzpunkt wählen, wofür die von einer kleinen Lötlampe oder von einer Butanpistole produzierte Temperatur ausreichend ist. Um das Lot zum Fließen zu bringen, ist Lötflußmittel erforderlich. Im Weichlot ist dies zuweilen bereits enthalten, aber bei Verwendung von Silberlot muß zuvor Borax oder ein Flußmittel auf Boraxbasis auf die Oberflächen aufgetragen werden.

Email und Lack

Ist man schon einmal dabei, die Einkaufsliste für den Gang ins Fachgeschäft oder für den Versand nach Katalog zusammenzustellen, sollte man auch eine Flasche blauen Stahlemails mit aufschreiben. Der Anblick des satten Blaus fachgerecht gebläuter Schraubenköpfe und Uhrenzeiger, die sich von einem Messinghintergrund abheben, ist eine wahre Augenweide; aber dieses sachgemäße Bläuen kann für den Bastler ein sehr riskantes Unternehmen sein, weshalb es durchaus nützlich ist, blaues Email zur Hand zu haben, und sei es sozusagen nur als Rückendeckung. Auch enthalten Bücher darüber, wie solche Arbeiten fachgerecht ausgeführt werden oder wurden, im allgemeinen Rezepte zur Herstellung für gute, ordentliche Klarlacke, die auf sichtbare polierte Messingteile (nicht aber auf Räder und sich bewegende Oberflächen!) und Gehäuse aufgetragen werden, um ein Anlaufen zu verhindern. Heutzutage erfüllt aber der im Fachgeschäft erhältliche, in Flaschen abgefüllte Klarlack diesen Zweck billiger und genau so gut. Lack ist auch als Spray erhältlich und kann dann so aufgetragen werden, daß er Messinggehäusen ein anmutiges, leicht gesprenkeltes Aussehen verleiht.

Metall

Der erforderliche Metallvorrat wird davon abhängen, wie viele fehlende Teile zu ergänzen man sich vorgenommen hat. Nach meiner Erfahrung fertigt man, wenn überhaupt, nur wenige Teile selbst an, bis einem schließlich bereits eine erkleckliche Zahl durch Abnutzung oder Unfälle irreparabel gewordener Werke durch die Hände gegangen ist. Diese hat man dann natürlich aufbewahrt, und sie liefern einem nun das notwendige Altmetall, das in den meisten Fällen qualitativ besser und dem eigenen Bedarf mehr angepaßt ist als neues Metall. Immerhin ist ein Vorrat an Messing-, Eisen- und gebläutem Stahldraht in verschiedenen Stärken stets nützlich, und ebenso wird ein 2–3 mm dickes Messingblech auch nicht umsonst erstanden werden.

Futter

Schließlich wird man aus dem Fachgeschäft auch zwangsläufig Futter zum Einpressen ausgeleierter Zapfenlager mitnehmen müssen. Sie sind satzweise und fertig zugeschnitten oder als Futterdraht erhältlich, den man selbst zurechschneiden kann. Futter benötigt man in reichhaltiger Auswahl, denn ausgeleierte Lager kommen nicht in vorausberechenbaren Größen vor. Zudem besteht das Handwerk des Uhrmachers mehr im Anpassen als im Arbeiten nach Standardmaßen; und schließlich haben die kleineren Futter die üble Angewohnheit, von der Schwerkraft angezogen auf den Boden herunterzufallen.

Chemikalien

In der Drogerie oder im Fachhandel sollte man sich vor allem ein gutes Metallreinigungsmittel besorgen. Nach einigem Ausprobieren wird man sich sehr bald unter dem zur Auswahl stehenden Angebot auf den für den eigenen Zweck geeigneten Artikel festlegen können. Die Mittel mit »Langzeitwirkung« verhindern zwar ein Anlaufen, sind aber bei sehr stark verschmutztem Messing weniger wirksam und sollten daher besser

als Zusatz angesehen und zum Nachpolieren, denn als Hauptreinigungsagens verwendet werden.
Ammoniak vermischt mit Seife dient zur Grundreinigung. Jedes flüssige Handelspräparat zum Uhrenreinigen tut es ebensogut – aber kaum besser. Zum Abspülen des Ammoniak nehme man Benzol oder Benzin. Ein wirksamer Rostlöser ist bei älteren Werken, besonders bei solchen mit Eisenrahmen, eine Notwendigkeit, wenn sie längere Zeit ohne Gehäuse waren. Dabei kann man mit den verschiedenen Handelsmarken, die sowohl den alten Rost entfernen als auch neuen Rostansatz verhindern, ruhig etwas herumexperimentieren. Selbstverständlich dürfen sie keinesfalls mit der Haut in Berührung kommen, ebensowenig wie Salzsäure, die für den gleichen Zweck verwendet werden kann, wenn alle anderen Mittel versagen. (Salzsäure ist übrigens nicht nur gefährlich für die Haut, sondern auch, weil man den mit ihr behandelten Gegenständen nur schwer wieder ein gefälliges Aussehen verleihen kann.) Bei Rostumwandlern und Säuren sollte man sich von seinem Lieferanten beraten lassen, mit welchen Mitteln sie sich neutralisieren bzw. wieder entfernen lassen.
Terpentin (kein Terpentinersatz!) wird als Schmiermittel verwendet und zum Kühlen beim Bohren von Stahl. Es verhindert ein Festfressen des Bohrers im Metall, sowie – bei entsprechend mäßiger Drehzahl des Bohrers – jenes übermäßige Hochpolieren, das den Stahl so zusammenpreßt, daß er sich nicht mehr schneiden läßt.
Terpentin wird außerdem und hauptsächlich als Lösemittel für Bienenwachs (ebenfalls in der Drogerie erhältlich) verwendet, das so eine schöne, tiefe Wachspolitur für Holz- und Marmorgehäuse ergibt.
Damit ist die Zusammenstellung der notwendigen Werkzeuge und Materialien fürs erste abgeschlossen. Wie bereits erwähnt, sind einige Dinge wichtiger als andere. Der Bastler neigt zuweilen dazu, in einer Anwandlung von irrationalem Enthusiasmus kostspielige Apparaturen und Sachen anzuschaffen, für die er dann später kaum Verwendung hat. Ebenso tendiert er andererseits zu Improvisationen auf der Basis von Vorhandenem. Nur er selbst kann beurteilen, wo und wann die Improvisation ihre Grenze erreicht hat und das geeignete Werkzeug endlich gekauft werden muß, wobei er auch bedenken sollte, daß für gute Standardwerkzeuge ausgegebenes Geld auf lange Sicht selten hinausgeworfen ist. Diese Geräte sind nicht nur wirksamer, sie gestatten dem Arbeitenden auch, seine Arbeit besser zu verrichten, als ihm das ohne sie möglich gewesen wäre.

Was ist eine Uhr?

Das Räderwerk

Die meisten Uhren arbeiten nach dem Prinzip eines Motors, der von einer äußeren Energiequelle mit Energie beschickt wird, diese speichert, und gleichmäßig und kontinuierlich so lange wieder abgibt, bis entweder kein Antrieb mehr vorhanden ist, um die träge Metallmasse des Räderwerks zu bewegen, oder bis diese Masse sich zwar noch bewegt, aber nicht mehr mit der notwendigen Zuverlässigkeit, um befriedigend gesteuert werden zu können.

Beim Reparieren einer Uhr kann man in zweierlei Richtungen vorgehen: Man kann entweder dort beginnen, wo die Uhr aufgezogen ist, und sich bis zu dem sich am schnellsten drehenden Rad vorarbeiten, oder man kann bei diesem anfangen und sich zurück bis zu dem am langsamsten laufenden Rad durcharbeiten. Das oben beschriebene Grundprinzip muß dabei stets im Auge behalten werden: die Energiequelle ist man selbst, und man überträgt die Energie auf den Motor der Uhr, indem man ihre Feder aufzieht oder ihre Gewichte entgegengesetzt zur Schwerkraft bewegt. Das andere Ende der Uhr – das Pendel oder die Unruh – ist keine Quelle von Energie, sondern der Regler, der die Geschwindigkeit, mit der die gespeicherte Energie abgegeben wird, steuert bzw. reguliert. Nur bei sehr wenigen Uhren fungiert dieser Geschwindigkeitsregler gleichzeitig als Urheber des Ablaufs, als Energiequelle. Ich denke dabei hauptsächlich an elektrische Uhren, bei denen das Pendel mit Hilfe eines Rückschaltgetriebes ein Rad herumbewegen kann oder bei denen der Rotor eines elektrischen Motors, dessen Drehzahl (Geschwindigkeit) vom Elektrizitätswerk in einer mehr oder weniger konstanten Periodenzahl gesteuert wird, das Räderwerk treibt. In diesen Sonderfällen wird die Energie auf einen Regler übertragen, der gleichzeitig das Antriebselement für das Räderwerk darstellt. Für unsere Zwecke hier sollte man sich den Ablauf jedoch so vorstellen, daß die Energie am einen Ende des Motors, also der Uhr, eingeführt wird, um am anderen Ende gesteuert wieder abgegeben zu werden.

Stellt man sich die Uhr als Motor vor, so mag einem der Gedanke kommen, daß das Vorhandensein einer ausreichenden Übersetzung, also ein entsprechend umfangreiches Räderwerk, alles wäre, was vonnöten ist. Bei richtiger Größenordnung der Übersetzungen bewegt sich nämlich das Rad am einen Ende eines Getriebes um so schneller, je langsamer sich das Rad am andern Ende dreht. Wir wissen, daß etwa sechs Handgelenksdrehungen erforderlich sind, um eine größere Uhr alle 24 Stunden aufzuziehen, und daß ihr Stundenzeiger in der gleichen Zeit zweimal rund um das ganze Zifferblatt läuft; hieraus geht klar hervor, daß einige Räder so angeordnet sein müssen, daß sie sich langsamer drehen als das Rad, das unmittelbar mit der Feder verbunden ist. Und ebenso wissen wir, daß der Minutenzeiger sich in der gleichen Zeit 24mal, und der Sekundenzeiger, falls vorhanden, 60mal so schnell bewegt, was eindeutig darauf hinweist, daß manche Räder sich schneller drehen, als das Rad, an dem die Feder befestigt ist. All dies läßt sich durch eine exakt berechnete Übersetzung erreichen, und bei Vorhandensein der richtigen Federstärke, die Tag für Tag eine konstante Druckausübung gewährleisten würde, könnte die Uhr theoretisch tatsächlich aus nichts anderem als einem sehr umfangreichen Räderwerk bestehen; das letzte Rad im Werk würde sich dann ungeheuer schnell drehen, und die Zeiger wären an den Achsen bzw. Wellen von Rädern angebracht, die sich mit der entsprechenden Geschwindigkeit drehen würden und sich etwa in der Mitte des Räderwerks befinden müßten. In der Praxis bereitet eine solche Anordnung Schwierigkeiten. Einerseits wäre der erforderliche Aufwand an Energie, die im Drehen einer solchen Vielzahl von Rädern ja verzettelt würde, enorm, und zum zweiten ist die Kraft von Federn dieser Größe sehr viel stärker, wenn sie voll aufgezogen, als wenn sie halb abgelaufen sind; dieses letztere Problem bestünde allerdings nicht bei Vorhandensein eines Gewichts, das mit konstanter Kraft nach unten fällt, bis es den Boden erreicht. Eine weitere Schwierigkeit stellen die in einem Getriebe auftretenden Reibungsschwankungen dar, die in ein Räderwerk derartigen Umfangs einen erheblichen Ungenauigkeitsfaktor einschleusen würden. Nichtsdestoweniger hat es modifizierte Formen eines solchen Systems gegeben bzw. wurden Versuche unternommen, den Eindruck eines derartigen Mechanismus zu vermitteln. So war beispielsweise eine sehr beliebte Novität der viktorianischen Ära eine Uhr mit einem Motor eben dieser Art, bei der die Welle des letzten Rades am Ende des Räderwerks in eine Drahtkurbel auslief. Vor dem sehr einfachen Pappzifferblatt hing von einem herausragenden Arm an einem Seidenfaden eine Stahlkugel von der Größe einer Murmel herab. Die an dem Faden hängende Kugel drehte sich dadurch, daß sie von der sich ebenfalls drehenden Kurbel eingefangen war. Im Vergleich zu dem letzten kleinen Rad im Werk war die Stahlkugel relativ massiv und verlangsamte durch ihre Masse die Geschwindigkeit, mit der das Rad sich drehte. Diese Geschwindigkeit ließ sich durch Verändern der Fadenlänge, was ein Erweitern oder Verengen des Kreises, den die Kugel beschrieb, zur Folge hatte, bis zu einem gewissen Grad auch regulieren. Die Uhr stellte unter ihrem Glassturz eine hübsche Kuriosität dar. Das Werk war voll zu sehen – allerdings mit Ausnahme der im hölzernen Sockel verborgenen Feder. Wie der Motor in Bewegung gehalten wurde, war somit ein kleines Geheimnis. Ein größeres Rätsel blieb, wie die Uhr überhaupt die Zeit angab; tatsächlich erfüllte sie diese Aufgabe auch sehr schlecht, ja, sie konnte gar nicht anders. Denn während die Kugel an ihrem Faden als ein etwas ungenauer Fliehkraftregler wirkte, den die Geschwindigkeit nach außen trieb, und dadurch verlangsamte, wurde die ganze Apparatur doch überwiegend von den Eigenschaften der Feder beherrscht, die den Antrieb lieferte. Infolgedessen ging die Uhr die eine Hälfte des Tages vor und die andere Hälfte nach, und so mußte man sie eben immer von neuem richten, wenn einem an ihrer Übereinstimmung mit der Zeit gelegen war. Das war also ein Motor, der in ungefähr die Zeit angab, aber ob er nun für unsere Zwecke hier als Uhr zu gelten hat, ist ebenso schwer zu beurteilen, wie man bezweifeln möchte, ob der Uhrenbastler synchrone elektrische Uhren (also durch die Frequenz der Netzstromversorgung geregelte Elektromotoren) in sein Interessengebiet mit einbeziehen wird. Uhren im eigentlichen Sinne verkünden die Zeit durch Glockenschläge (siehe der englische Name »clock« für größere Uhren – Kleinuhren heißen »watches«), wogegen alle jene, deren Zeiger stets nur stillschweigend auf Ziffern deuten, vielmehr als »Zeitmesser« denn als Uhren zu bezeichnen sind. Ich meine daher, wir sollten die Uhren, mit denen wir uns hier befassen, als Motoren definieren, deren Endgeschwindigkeit durch ein Medium gesteuert wird, das, so weit als möglich unabhängig von der ihm zugeführten Energie und von der Entfernung, die zu durchlaufen diese Energie durch ihre allmähliche Freisetzung gezwungen wird, konstant arbeitet. Ein solches Medium ist nicht nur zuverlässig, sondern es vereinfacht auch die oben erwähnten Probleme eines enormen, sich ständig drehenden Räderwerks, indem es den Lauf des Motors unterbricht, d. h. ihn in immer wiederkehrenden, regelmäßigen Abständen anhält. Außerdem muß eine Uhr, um unserem Interesse zu genügen, die Energie, die man ihr von Zeit zu Zeit zuführt, speichern können. Jene elektrischen Uhren (zumindest die meisten), denen die Energie ununterbrochen von außen her zugeleitet wird, können uns daher einfach nicht in der gleichen Weise ansprechen.

Die Hemmung [Abb. 9]

Der Unterbrechermechanismus einer Uhr ist unter dem Namen »Hemmung« bekannt. Diese ist im wesentlichen nichts anderes als ein kleiner Metallarm, der in ein sich drehendes Zahnrad eingreift, dieses anhält, sich dann hebt und das Rad wieder frei läßt. Die Regelmäßigkeit, mit der dies geschieht, wird von einem Pendel oder einer Spiralfeder und einem oszillierenden Rad (Schwinger) gesteuert, die, da sie nicht nur vorwärts, sondern auch rückwärts schwingen, den kleinen Unterbrecherarm aus dem Zahnrad herausspringen lassen, so daß der Motor laufen kann, bis der Arm ihn wieder anhält. Der Leser wird nun verstehen, warum man von vornherein eine klare und genaue Vorstellung davon haben muß, wo die Energie eintritt und welche Teile der Uhr die Arbeit verrichten. Die Hemmung selbst produziert keinerlei Energie und treibt von selbst auch gar nichts an. Und obgleich sich an der Hemmung die geringste Antriebskraft befindet, ist sie doch mit dem am schnellsten laufenden Rad im Uhrwerk verbunden. Sie stellt den Unterbrechermechanismus für einen Motor dar, der ohne sie infolge der Stärke seiner Feder und des Umfangs seines Räderwerks in relativ kurzer Zeit ablaufen würde; und sie wirkt auf das sich am schnellsten drehende Rad ein, damit diese Unterbrechung häufig (sonst wäre ein übermäßig langes Pendel erforderlich) und ohne große Heftigkeit zustande kommen kann.

Es ist das Charakteristikum eines Pendels – das ist theoretisch eine Masse am Ende eines gewichtlosen Fadens –, einen kurzen wie einen langen Bogen in beinah der gleichen Zeit beschreiben zu können, immer vorausgesetzt, daß die Pendellänge gleich bleibt. Die an einer Unruh befestigte Spiralfeder hat die gleiche Eigenschaft – dadurch, daß sie mit dem Nachlassen ihrer Spannung den Unruhreif schließlich in eine statische Position zurückbringt, bildet sie einen Ersatz für die gleichbleibende Schwerkraft (das Fallen eines Gewichts), die das Pendel letztlich zum Stillstehen kommen läßt. Ich erwähnte bereits, daß die Kraft der Feder, während diese abläuft, weit davon entfernt ist, konstant zu bleiben. Die Kraft eines fallenden Gewichts das z. B. eine Bodenstanduhr antreibt, ist zwar wesentlich konstanter, aber selbst bei einer noch so perfekt konstruierten Uhr wird – infolge winziger Unvollkommenheiten der Maschinerie, infolge von Kompromissen, die, um Widerstandsfähigkeit und Dauer zu garantieren, geschlossen werden mußten, ja sogar infolge atmosphärischer Druck- und Temperaturveränderungen – die durch das Gehwerk

9 Hemmungen
  1 Englischer Hakengang
  2 Massiver englischer Hakengang
  3 Grahamgang

beförderte Energie dennoch stets Schwankungen unterworfen sein. Pendel, Unruh und Spiralfeder sind dadurch, daß sie die Eigenschaft des »Isochronismus« (der Gleichzeitigkeit) besitzen, die Mittel, mit deren Hilfe sich das Problem dieser inkonstanten Kräfte überwinden läßt, die, blieben sie unkontrolliert, alle Versuche einer Zeitmessung zunichte machen würden.

Nun gibt es aber noch ein weiteres Problem. Angenommen, das Pendel sei mit einem Arm verbunden (wie dies bei den frühesten Entwürfen für Pendelverwendung der Fall war), der beim Hin- und Herschwingen des Pendels die Drehbewegungen eines Rads wiederholt unterbricht, dann bleibt, wenn nach einer gewissen Zeit das Pendel zwangsläufig zum Stillstand kommt, der Motor entweder ebenfalls stehen oder aber er läuft so lange weiter, bis alle Antriebskraft verbraucht ist – das hängt davon ab, wo der Arm sich gerade befindet, wenn das Pendel stehenbleibt (diese Stellung ist selbst bei vervollkommneten Hemmungen immer noch ausschlaggebend, wie wir später sehen werden, wenn wir das »in-Tritt-setzen« einer Uhr behandeln. Das gleiche geschieht mit der Unruh. Daher müssen die Dinge so eingerichtet sein, daß der Motor dem Pendel oder der Unruh einen kleinen Stoß (den »Antrieb« oder »Impuls«) gibt, um sie in Bewegung zu halten. Dieser wird am günstigsten bei jeder Schwingbewegung ausgelöst, was sich dadurch erreichen läßt, daß man dem unterbrechenden Arm (der »Palette«) unterschiedliche Formen gibt. Trifft der Zahn eines Zahnrads auf eine gerade Flanke, so wird das Rad einfach angehalten; ist aber die Stirnfläche der Palette gekrümmt, so daß sie hoch- und aus dem Rad herausspringt, während der Zahn des Rads an ihr entlanggleiten kann, so wird erreicht, daß der Zahn beim Versuch, die Palette aus dem Weg zu schaffen, dieser einen Stoß gibt – den Impuls, der an das Pendel weitergeleitet wird. Umgekehrt, oder zusätzlich dazu, wird dieselbe Wirkung durch Verwendung einer geraden Paletten-Hebefläche und eines gekrümmten Zahns erzielt. Obgleich das Pendel oder die Unruh im Vergleich zum Hemmungsrad, das sie in Bewegung hält, relativ massiv

2

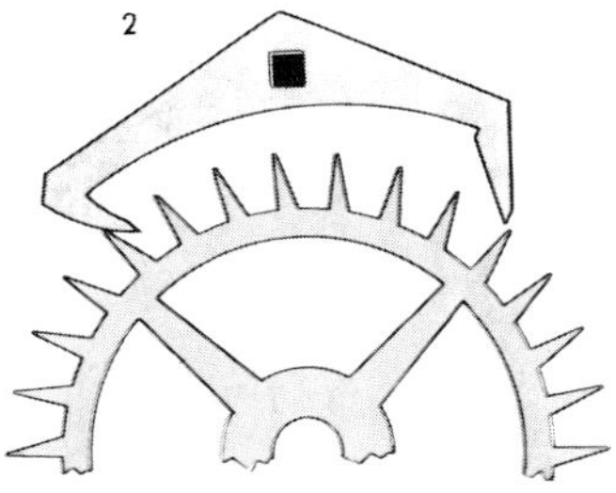

3

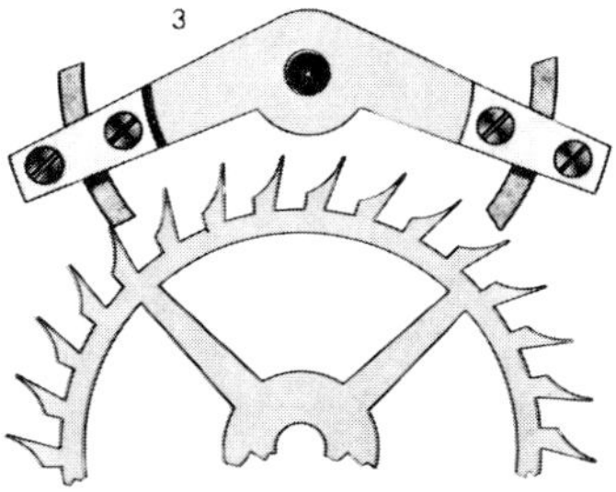

ist, kann der erforderliche Impuls ganz gering sein, da er ja zwangsläufig bei jeder Schwingbewegung erfolgt [Abb. 10].
Im Prinzip ist die Uhr also in erster Linie ein Motor, der eine Reihe von immer höheren Übersetzungen bewegt, und der in zweiter Linie durch in genauen Abständen erfolgende Unterbrechungen in Form einer Hemmung gesteuert wird. Wenn ein Zahn des letzten Rads im Werk, des Hemmungsrads, freigesetzt wird, gleitet er an der geraden Stirnflanke der Palette ab, bis er deren Krümmung erreicht, die den Impuls auslöst, worauf der nächste Zahn auf die Stirnflanke fällt und dort aufgehalten wird usw. Dies geschieht bei einer Bodenstanduhr einmal pro Sekunde und bei kleineren und bei Taschen- bzw. Armbanduhren natürlich sehr viel häufiger. Das Prinzip bleibt das gleiche, lediglich die Details variieren je nach Fertigungszeit und -ort – da mag ein Pendel oder ein Rad irgendwelcher Art als Unruh fungieren; die Paletten können in gekrümmten Stahlflächen oder Stahlstiften oder aus in Messing gefaßten, geschliffenen Edelsteinen bestehen; ein gebogener Zahn kann auf die Rückseite eines Halbzylinders fallen, dadurch angehalten werden und dann, wenn dieser, der ja ein Teil der Radunruh ist, seinen offenen Bogen darbietet, auf dessen Eingangslippe treffen, damit der Unruh einen Stoß versetzen und schließlich in den Zylinder gleiten, um dort festgehalten zu werden, bis das Rad durch eine Drehung den Zahn wieder freigibt. Es gibt noch viele andere Arten von Hemmungen, und sie zu sammeln ist eine der Freuden des Uhren-Fans, ebenso wie es das Entzücken des Bastlers ist, an einer Hemmung zu arbeiten, die ihm noch nie zuvor untergekommen ist. Das Prinzip einer plötzlichen Unterbrechung und des darauffolgenden Entlanggleitens an einer gekrümmten Flanke, das den Impuls auslöst, ist allgemein gültig, und wenn man das erkannt hat, ist man in der Lage, die meisten Hemmungen, denen man begegnet, zu verstehen [Abb. 10, 11, 37].
Aus diesen Ausführungen wird ersichtlich, daß der Motor-Teil der Uhr keinen anderen Zweck hat, als sich selbst in Bewegung und seinen Regler in Gang zu halten. Solange er das tut, ist alles in Ordnung; sind die Dinge

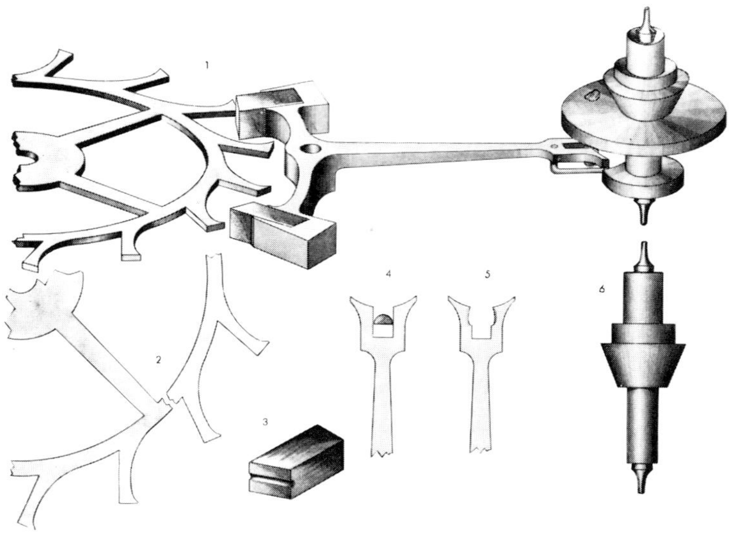

10 Steinankergang
1 Ankerrad, Anker, Plateau, Unruhewelle
2 Ankerrad
3 Hebepalette
4 Ellipse im Eingriff in der Ankergabel
5 Ausgeschlagene Ankergabel
6 Unruhwelle

11 Zylindergang
1 Zylindergang im Eingriff in horizontaler Sicht
2 Zylindergang in Draufsicht mit abgebrochenem Zylinderradzahn

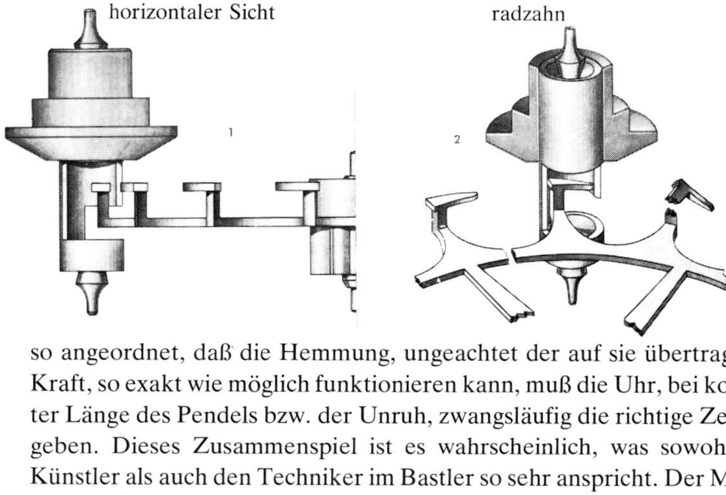

so angeordnet, daß die Hemmung, ungeachtet der auf sie übertragenen Kraft, so exakt wie möglich funktionieren kann, muß die Uhr, bei korrekter Länge des Pendels bzw. der Unruh, zwangsläufig die richtige Zeit angeben. Dieses Zusammenspiel ist es wahrscheinlich, was sowohl den Künstler als auch den Techniker im Bastler so sehr anspricht. Der Motor, der keinen andern Zweck verfolgt, als sich selbst in Bewegung zu halten, besitzt einen gewissen ästhetischen Reiz und appelliert daher sehr vielmehr an das ästhetische Empfinden als jener andere, der die Wäsche wäscht oder das Geschirr spült. Die Geringfügigkeit des Kraftaufwands, der regelmäßig auf eine Masse von der Größe eines Bodenstanduhr-Pendels ausgeübt wird und es in Bewegung hält, ist eine weitere Quelle rätselnder Freude. Nie reuen mich die Zeit und die Mühe, die ich dem Aufziehen einer Uhr widme – und dabei brauche ich jeden Samstagmorgen eine halbe Stunde, bis ich im ganzen Haus damit fertig bin –, denn ich vermag immer nur darüber zu staunen, wie eine so geringe Menge an Energie gespeichert und so allmählich wieder abgegeben werden kann, daß sie eine ganze Woche lang reicht. Aus dem gleichen Grunde verachte ich auch nicht das bescheidene 30-Stunden-Werk. Vor 200 Jahren oder mehr zog irgendein kultivierter Herr oder vielleicht auch ein Tölpel Abend für Abend, Jahr um Jahr einmal diese oder eine ähnliche Kette herunter, und jeder einzelne Zug zwang das Pendel, einige 85000 Schwingungen zu vollbringen – der bisherigen Endsumme der Schwingungen möchte ich gern noch einige Hunderttausend hinzufügen.

Das Schlagwerk [Abb. 12, 13, 49, 50, 57, 60]

Die meisten frühen Uhren verkündeten die Stunden durch Schlagen. Sie waren damals teure Luxusgegenstände, und eine einzige Uhr mußte oft einem ganzen Haus genügen. Glocken wurden außerdem für die Kirchen gebraucht, die im ersten Entwicklungsstadium der Uhren eine bedeutende Rolle spielten. Es gibt zwei Hauptformen von Schlagmechanismen, das frühere – von dem späteren allerdings nie völlig verdrängte – Schloßscheibenschlagwerk und das spätere Rechenschlagwerk. Beide sind völlig verläßlich; das Schloßscheibensystem hat lediglich den Nachteil, daß es an einen Zyklus von 12 Stunden (oder welchen Zeitabschnitt auch immer die Uhr durch Schlagen anzeigt) gebunden ist. Hat das Schloßscheibenschlagwerk einmal, sagen wir, 10 Uhr geschlagen, so kann es dieselbe Anzahl von Schlägen innerhalb von 12 Stunden nicht mehr wiederholen; d. h., beim nächsten Mal kann es also nur 11mal schlagen. Wenn daher aus irgendeinem Grunde die Uhr einmal nicht schlägt, oder wenn sie stehengeblieben ist und man will die Zeiger um einige Stunden verrücken, damit sie wieder die richtige Zeit angeben, dann muß man das Schlagwerk jede Stunde ausschlagen lassen, bis die Schloßscheibe mit der auf dem Ziffer-

blatt angegebenen Zeit wieder übereinstimmt. Bei einem korrekt eingestellten Rechenschlagwerk dagegen wird die Uhr stets die auf dem Zifferblatt angezeigte Stundenzahl schlagen.
Durch einen kurzen Blick in das Werk läßt sich feststellen, welches System eingebaut wurde. Handelt es sich um eine Schloßscheibe (auch Schlußscheibe genannt), so befindet sich hinter der rückwärtigen Platine oder zwischen den beiden Platinen, in denen sich das Räderwerk bewegt, eine große Kurvenscheibe, deren Kante in gestaffelten Abständen mit einer Reihe von gleich tief eingeschnittenen Kerben versehen ist. Jedesmal, wenn die Uhr zu schlagen aufhört, greift ein Hebel in eine dieser Kerben ein, und so lange der Hebel nicht in eine Kerbe fallen kann, schlägt die Uhr. Daher ist die Bodenlänge der zwischen den Kerben liegenden Vorsprünge so bemessen, daß jeder Vorsprung die für die jeweilige Stunde erforderliche Anzahl von Schlägen zuläßt.
Der Rechenmechanismus befindet sich normalerweise zwischen dem Zifferblatt und der vorderen Werkplatine. Man findet dort einen gezahnten »Rechen«, dessen Ende auf ein schneckenförmiges Rad fällt, eine Art Nocke mit 12 verschieden großen, treppenartig angeordneten Schritten, jeder für eine Stunde. Diese Schnecke (die »Staffel«) kann entweder auf der Zeigerwelle sitzen oder separat montiert sein. Bei jeder vollen Umdrehung des Minutenzeigers bewegt sich die Staffel um einen Schritt weiter. Soll eine größere Anzahl von Schlägen erfolgen, so fällt der Rechen auf eine niedere Stufe der Staffel und das Schlagwerk dreht sich so lange, bis die Verlängerung einer seiner Radwellen (die in die Zähne des Rechens greift) den Rechen wieder in seine Ausgangsposition hochhebt und damit das Schlagwerk anhält. Wird das Schlagwerk innerhalb der gleichen Stunde aus irgendeinem Grund wieder ausgelöst, fällt der Rechen automatisch auf die gleiche Stufe der Staffel zurück, und die Uhr gibt somit von neuem die korrekte Anzahl von Schlägen wieder.
Bei beiden Schlagsystemen geschieht das Schlagen der Glocke oder Tonfeder in Wirklichkeit durch einen Hammer, dessen Ende von einer Feder an ein in bestimmten Abständen rundherum mit Stiften besetztes großes Rad gehalten wird, das sich ziemlich am Anfang des Werks befindet. Beim Auslösen des Schlagwerks dreht sich das »Hebnägelrad« und verschiebt dabei das Hammerende, der Hammer schlägt gegen die Glocke, und das Hammerende wird von der Feder wieder zurück in seine Ausgangsposition gebracht, so daß es vom nächsten Stift am Hebnägelrad wieder hochgehoben werden kann. Der Schlag-Sektor einer Uhr ist effektiv ein separater Motor, der in bestimmten Abständen von der zeitgebenden Position der Uhr selbst in Bewegung gesetzt wird. Er besitzt selbstverständlich

12 Einzeigeriger süddeutscher Zappler in Prismenbauweise mit Schloßscheibenschlagwerk, Spindelhemmung, Pendel vor dem Zifferblatt

keine Hemmung: die Geschwindigkeit, mit der die Schläge abgegeben werden, hängt von der Größe eines Windflügels ab, der durch sein Drehen am Ende des Räderwerks dessen Geschwindigkeit reguliert, ferner von der Stärke der Feder oder der Größe des Gewichts, die bzw. das die Räder antreibt, und von der Stärke der Feder, die den Hammer gegen das Hebnägelrad hält.

Wir haben nun das Grundsätzliche des »Gehens« und »Schlagens« einer Uhr erörtert. In den nächsten beiden Kapiteln folgt eine Betrachtung der geläufigeren Uhrentypen unter diesen grundsätzlichen Gesichtspunkten.

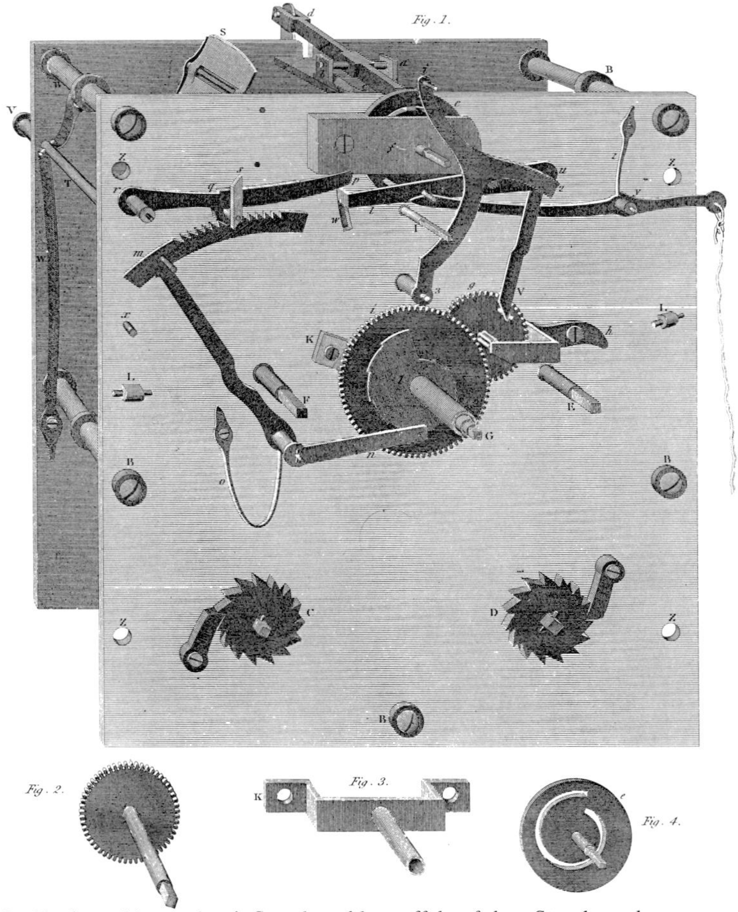

13 Rechenschlagwerk mit Stundenschlagstaffel auf dem Stundenrad

Ob eine Uhr schlägt oder nicht ist von einiger Bedeutung für den Käufer und selbstverständlich mehr noch für den Uhrenbastler, der mit dem Reinigen und Wiederzusammensetzen einer Uhr mit Schlagwerk (oder gar mit Glockenspiel) sehr viel mehr Arbeit hat, als mit dem eines einfachen Zeitgebers. Das Vorhandensein eines Schlagwerks beeinflußt natürlich auch die äußere Konstruktion und bestimmt den zur Verfügung stehenden Raum; aber obgleich das Schlagwerk gewöhnlich seine eigene Kraftversorgung besitzt, ist es doch ansonsten völlig abhängig vom zeitmessenden Teil der Uhr. Deshalb werden wir uns im folgenden mit Uhren unter dem Aspekt beschäftigen, ob sie von einer Feder oder von Gewichten angetrieben werden, da dies ein grundlegenderes Unterscheidungsmerkmal ist als das beiläufigere, ob sie schlagen oder nicht.

Gewichtuhren

Die Bodenstanduhr und Formen ihrer Hemmung

Die bekanntesten Uhren mit Gewichtantrieb sind die Bodenstanduhren. Sie wurden von 1670 ab in zunehmendem Maße bis ins 19. Jh. hinein hergestellt. Auch danach wurden und werden bis auf den heutigen Tag Großuhren gebaut, aber mehr in Nachahmung älterer Vorbilder als in direkter Weiterführung oder -entwicklung der eigentlichen Tradition.
Die Gründe für die lange Vorherrschaft dieses Uhrentyps sind, denke ich, ziemlich klar. Einen dieser Gründe haben wir andeutungsweise bereits erwähnt – daß nämlich die Kraft eines fallenden Gewichts über einen vorgeschriebenen Zeitraum hinweg sehr viel konstanter ist als die einer Feder, und das war ganz besonders im ersten Entwicklungsstadium der Uhren der Fall. Die Probleme, die der Federantrieb mit sich bringt, lassen sich zwar lösen, aber das ist kompliziert und kostspielig. Die große Bedeutung, die der Feder als Antriebsquelle zukommt, beruht darauf, daß durch sie die Konstruktion tragbarer Uhren ermöglicht wurde. Infolgedessen – und auch aus anderen Gründen – kam es zur weiten Verbreitung von federangetriebenen Uhren erst nach jenen grundlegenden Verbesserungen auf dem Gebiet der Uhrenherstellung, die den Besitz verschiedener transportabler Uhren zusätzlich zu der fest an einem Platz in der Diele oder im Wohnraum stehenden, das Haus beherrschenden Bodenstanduhr gestatteten. Da das Pendel oder die Unruh einer transportablen, federangetriebenen Uhr rasche Schwingungen vollbringt, ist ein umfangreiches Räderwerk erforderlich; deshalb waren diese Uhren, zumindest in ihrem Frühstadium, teuerer als Bodenstanduhren – und sind es für den Sammler auch heute noch.
Ein weiterer Vorzug der Bodenstanduhr ist ihre Robustheit. Mit Ausnahme der sehr seltenen echten, nur 60 bis 90 cm hohen Kleinexemplare, ist die Bodenstanduhr ihrem Wesen nach ein feststehender Gegenstand (und tatsächlich sollte sie im Idealfall auch an der Wand verankert werden). Aus diesem Grunde und auch deshalb, weil ein schweres Pendel verläßlicher arbeitet als ein leichtes, und weil die Gewichte, um ein schweres Pendel in Gang halten zu können, entsprechend groß sein müssen, ist eine leichte, zierliche Konstruktion wenig sinnvoll.

Es gibt natürlich 3 Meter hohe oder noch größere Exemplare, die dieses Prinzip in extremis veranschaulichen, um in der Halle eines Herrensitzes nicht völlig verloren zu wirken. Aber das Gehäuse einer normalen Bodenstanduhr ist im Durchschnitt 1,80 m hoch und sein Rumpf 25 cm breit, wenn auch zahlreiche frühe Exemplare etwas kleiner und schlanker sind. Das Gewicht einer Uhr kann bis zu 10 Pfund betragen; die Gewichte eines 8-Tage-Werks, eines Monatsgangwerks oder einer Jahresuhr sind natürlich entsprechend schwerer und größer. Da Uhren dieser Größenordnungen von der Nachfrage begünstigt waren, sind die Zifferblätter im allgemeinen 25 cm^2 groß, und somit bestand auch kein Grund, das Gehwerk kleiner zu gestalten. Infolgedessen sind die Werke dieser Uhren schwer und robust, mit großen Rädern und starken Zapfen (dünnes Ende der Welle, auf der das Rad sich dreht), und es bedarf daher oft mehr als der in einem Jahrhundert sich ansammelnden und verdichtenden Schmutz- und Ölmenge, um ein solches Werk zum Stillstehen kommen zu lassen. Grundsätzlich sind diese Uhren, selbst unter widrigen Bedingungen, höchst zuverlässige und befriedigende Zeitgeber.
In der Vorstellung des Uneingeweihten sind die Großuhr und ihr langes Pendel unzertrennlich, und zweifellos verdankt das Bodenstand-Gehäuse seine Vorherrschaft zum großen Teil dem Langpendel mit seinen Vorzügen und der strukturellen Einfachheit und Widerstandsfähigkeit des Motors, der es in Gang halten muß. Aber es ist ebensogut möglich, daß die frühe Beliebtheit des Standgehäuses nicht so sehr auf das Langpendel, als auf das Vorhandensein der Gewichte zurückzuführen ist. Es mag sehr wohl aus dem Bedürfnis heraus geboren worden sein, die Gewichte, die von jenen frühen Hausuhren herabhingen, welche auf einem Wandbrett saßen oder, häufiger noch, durch einen Bügel mit der Wand verankert waren, in einem schützenden Gehäuse unterzubringen. Von welchem Zeitpunkt an das Standgehäuse in Gebrauch kam und in welchem Ausmaß es als solches verwendet wurde, wissen wir nicht, und wir werden es wahrscheinlich nie wissen, aber ganz sicher war es bereits weit verbreitet, als das Langpendel aufkam. Zudem wurden auch noch während des ganzen 18. Jhs. Gewichtuhren ohne dazugehöriges Gehäuse hergestellt.
Die frühen Uhren ohne Gehäuse waren meist von der als gotische Wanduhren und als Laternuhren (so genannt, weil sie wie eine Messinglaterne aussahen) bekannten Art. Ältere Exemplare waren ganz aus Eisen gefertigt. Sie hatten ursprünglich eine klobige, primitive Radunruh (auf dem Kontinent waren meist nur die beiden Mittelnaben eines solchen Rads in Form eines Waagbalkens oder »Foliot« üblich, an dem rechts und links je ein Gewicht für Regulierungszwecke angebracht war) und später ein kur-

zes »Tropfen«pendel. Diese Uhren wurden von an Seilen hängenden Gewichten angetrieben; das Seil war zuweilen zu einer Schlinge gefügt und lief über eine mit Stiften besetzte oder angerauhte Schnurrolle, damit es nicht rutschen konnte. Die älteste Form der Hemmung war die »Spindel«hemmung mit einem Hemmungsrad, dessen Zähne rundherum, wie bei einer Krone, im rechten Winkel vom Rad abstanden [Abb. 14, 15]. Bei einer Pendeluhr schwang über diesem »Steigrad« oder »Spindelrad« eine Stange, die Spindel, mit eckigen Klauen, den Spindellappen; bei einer Uhr mit Radunruh oder Waagbalken waren Spindel und Steigrad vertikal einander gegenüber angeordnet, so daß das Ineinandergreifen von Spindellappen mit Unruh oder Waag gewährleistet war.

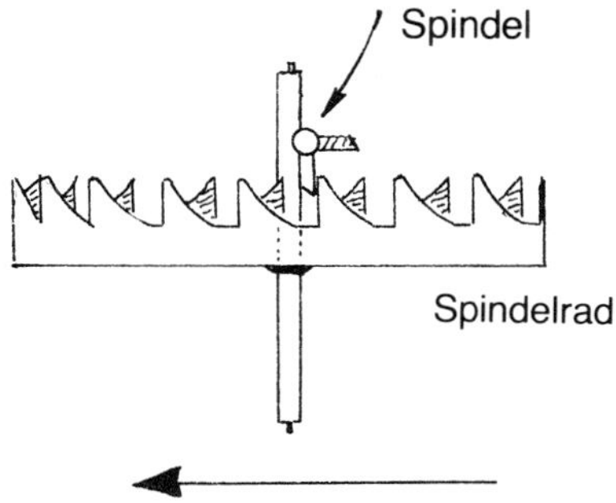

14 Spindelhemmung

Lange Zeit hindurch galt diese Art der Hemmung als ungenau; bei korrekter Ausrichtung und mit einem kurzen Pendel versehen ist sie nunmehr jedoch als durchaus zufriedenstellender Zeitgeber anerkannt, wogegen ein langes Pendel mit kleinem Schwingungsradius und somit zwangsläufig geringem Ineinandergreifen von Spindellappen und Steigradzähnen ihrem befriedigenden Arbeiten abträglich ist [Abb. 17]. Die Spindelhemmung hat jedoch von Natur aus den Nachteil, (ihre Steigradzähne befinden sich in beinah ununterbrochenem Kontakt mit den Spindellappen, daß sie dem Erzfeind Reibung übermäßig ausgesetzt ist. Zahlreiche Uhren mit Spindelhemmungen wurden daher im 18. und 19. Jh. umgebaut und mit anderen Formen von Pendelhemmungen versehen. Interessiert man sich für Uhren aus Gründen der Kapitalanlage, so wird man diesen – gewöhnlich an ihren nicht mehr in Gebrauch befindlichen offenen, leeren oder zugetriebenen Schraub- und Zapfenlöchern erkennbaren – abgeänderten Hemmungen nur ein gemäßigtes Interesse entgegenbringen. Einen echten Bastler aber stören diese Dinge weniger, und das hat auch seinen Vorteil, da man sich so weniger der Gefahr aussetzt, von einem Händler übers Ohr gehauen zu werden, der einem eine »Original«-Spindelhemmung vorführt, die in Wirklichkeit nicht nur in eine andere Hemmung abgeändert, sondern sogar wieder in eine Spindelhemmung zurückverwandelt worden ist. Stößt man auf eine nicht-umgebaute Original-Spindelhemmung, so wird man sich natürlich glücklich schätzen; man sollte sich dann aber nicht verführen lassen zu glauben, man habe ganz außergewöhnliches Glück anstatt eben einfach nur Glück gehabt, denn diese Art der Hemmung wurde noch während des ganzen 18. Jhs., und bei Kleinuhren sogar noch länger, gebaut.

Die Stelle, an der Reibung ganz besonders unerwünscht ist, ist am Aufhängungspunkt des Pendels bzw. der Radunruh. Bei der Radunruh läßt sie sich nicht vermeiden, wenngleich sie erheblich vermindert werden kann, indem man den sehr feinen Zapfen der Radwelle eine spezielle Form gibt und sie, wenn möglich, sich auf Edelsteinen (oder Edelstein-Ersatz) drehen läßt, die sich nicht so rasch abnützen. Beim Pendel kann die Reibung vermieden werden, was allerdings im Anfangsstadium der Entwicklung nicht bekannt war. Damals war das Pendel durch Messeraufhängung direkt mit der Spindel verbunden. Das führte unweigerlich zu Störungen, da nach einer gewissen Zeit die Schneidenlager abgenützt und abgeflacht waren. Später wurde das Pendel nicht mehr an der Spindel verzapft, sondern hing an einer Seidenfaden-Aufhängung oder an einer elastischen Feder-Aufführung frei herab. Letztere Form wurde ab Mitte des 17. Jhs. für Bodenstand- und Stockuhren-Pendel zur Regel. Das Pendel saß nicht mehr direkt an der Spindel, sondern war durch ein gebogenes Drahtteil, die »Pendelführung«, die sich in Form einer Gabel oder einer Schlinge um das obere Ende des Pendelstabs herumlegte, mit ihr verbunden.

Als wir weiter oben die Uhr als Motor und das Pendel als Gangregler beschrieben, erwähnten wir, daß der Vorzug des Pendels darin besteht, daß die Dauer eines Pendelausschlags von der Bogenlänge unabhängig ist. Die Dinge sind allerdings etwas komplizierter, aber wir werden jetzt und hier nicht näher darauf eingehen. Wir wollen lediglich feststellen, daß sich eine ganz geringe Abweichung ergibt, die um so geringer wird, je mehr sich die Bogenlänge verkürzt. Das war ein – theoretischer – Grund für das Abkommen von der Spindel; er kann kaum als der hauptsächliche, praktische Grund dafür angesehen werden, denn die Mehrzahl der Hausuhren funktioniert nicht mit einer solchen Präzision – und tat es gewiß auch früher nicht –, daß diese Abweichung als ausschlaggebend angesehen wer-

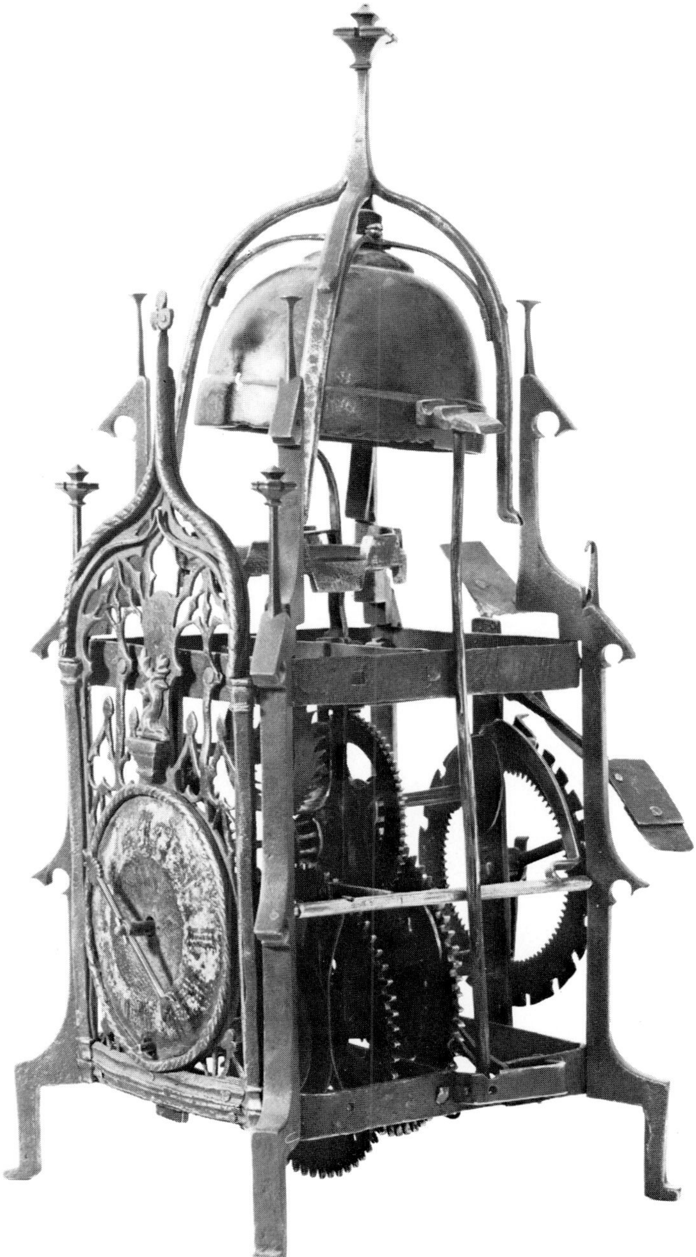

15 Einzeigerige gotische Konsoluhr mit Spindelhemmung, Radunruh, innenverzahnter Schloßscheibe

16 Zweizeigeriges, massives schmiedeeisernes Kastenuhrwerk mit Doppelschlagwerk und Schnurrollen

den kann. Immerhin trifft es zu, daß die Konstruktion der Spindelhemmung an sich ein weites Ausschwingen des Pendels oder der Radunruh erzeugt; dadurch läßt sich zum einen ihre Genauigkeit nicht verbessern, und zum anderen machte sie das auch für das im späteren 17. Jh. zunehmend in Mode kommende Standgehäuse mit langem Pendel wenig geeignet. Spindel und langes Pendel erfordern einen breiten Gehäuserumpf, der sich mit dem damaligen Geschmack nicht vereinbaren ließ; außerdem benötigen sie, um in Gang zu bleiben, einen erheblichen Aufwand an Energie – und selbst dann funktionieren sie noch nicht zufriedenstellend. Dagegen fand die Spindel bei den transportablen sog. »Stock«uhren deshalb länger Verwendung, weil sie weniger anfällig für das Hin- und Herbewegtwerden war als die neueren Präzisionshemmungen, und weil sie mit kürzeren Pendellängen zufriedenstellend funktionierte.

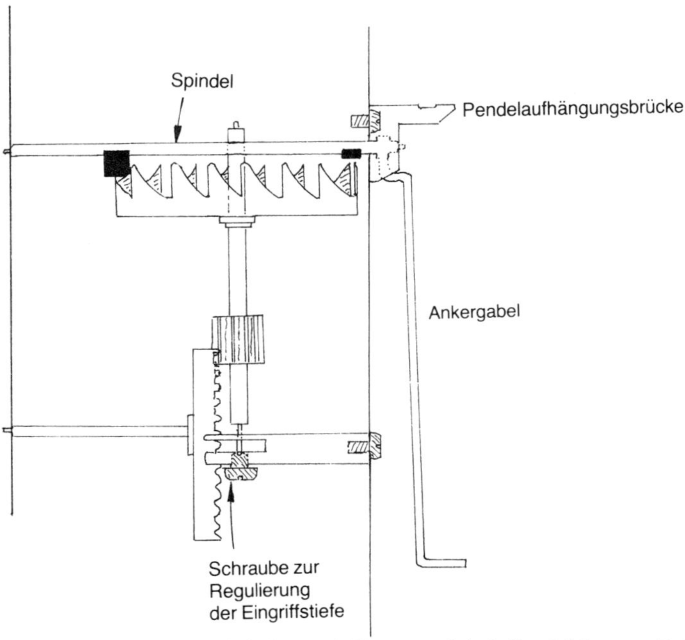

17 Anordnung von Spindel und Kronenrad bei Pendeluhren mit Spindelhemmung. Die Schraube dient dazu, die Eingriffstiefe von den Spindelradzähnen zu den Spindellappen einzustellen.

Wenngleich das Großgehäuse seinen Ursprung nicht dem Langpendel verdankte, sondern, soweit wir wissen, vielmehr als Schutzgehäuse für die Gewichte diente in der Zeit (nämlich 500 Jahre lang), als die einzige

Hemmung praktisch die Spindelhemmung war, so haben doch Bodenstandgehäuse und Langpendel den größten Teil ihrer Existenz seit ungefähr 1665 gemeinsam verbracht. Zu diesem Zeitpunkt wurde eine neue Hemmung erfunden, die eine Revolution im Uhrenbau und in der Zeitmessung bedeutete; sie und ihre Weiterentwicklungen wurden von nun an die einzigen allgemein gebräuchlichen Hemmungen bei Pendeluhren. Andere Formen, wie insbesondere eine äußerst exakte und einzigartige, speziell für »Big Ben« gefertigte Hemmung, die später bei sehr hochwertigen Zeitgebern eingebaut wurde, fanden wegen ihrer Einfachheit und Genauigkeit in der Massenproduktion bzw. für Spezialanfertigungen Verwendung. Die neue Hemmung ist unter dem Namen »rückfallende Ankerhemmung« bekannt, weil die Palette das Räderwerk nicht nur plötzlich anhält, sondern weil durch die besondere Form der Paletten das Hemmungsrad auch gezwungen wird, sich für einen Augenblick rückwärts zu drehen.

Wie wir gesehen haben, erforderte es die Natur der Spindelhemmung, daß Spindellappen (Paletten) und Steigrad (Hemmungsrad) rechtwinklig zueinander angeordnet sein mußten, wobei bei Verwendung eines Pendels (das sich exakter und leichter regulieren ließ als der Waagbalken ohne Spiralfeder) das Steigrad horizontal montiert sein mußte [Abb. 17]. Dies wirkt sich nicht nachteilig auf die Hemmung selbst aus, ist aber eine unglückliche Maßgabe für die Konstruktion insofern, als das übrige Räderwerk ebenfalls rechtwinklig zum Steigrad angeordnet sein muß, wenn der Raum bestmöglichst ausgenutzt werden soll. Dies kann nur durch Zwischenschaltung eines Rads mit Stirnverzahnung (das »Kronenrad«) geschehen, was sowohl technische Schwierigkeiten in Entwurf und Fertigung mit sich brachte, als auch praktische Probleme der Einstellung für ein befriedigendes Funktionieren aufwarf [Abb. 16]. Einer der Reize der neuen Hemmung mag darin gelegen haben, daß man dem Schreckgespenst »Kronenrad« aus dem Wege gehen konnte. Alle Räder konnten nunmehr auf gleicher Ebene und zwischen denselben Platinen arbeiten, ohne daß eine Zweithalterung für den erforderlichen Winkel-Wechsel notwendig gewesen wäre, und das leistungsschwache und der Abnutzung stark ausgesetzte Rad mit Stirnverzahnung war somit eliminiert.

Betrachtet man den Anker der rückfallenden Ankerhemmung und seine Hebeflächen, so stellt man eine gewisse Ähnlichkeit mit den Spindellappen, von der Seite her gesehen, fest. In gewissem Sinne sind fast alle Hemmungen Weiterentwicklungen der Spindelhemmung; das trifft selbst für die Unruh-Hemmungen zu. Sie alle arbeiten nach vielen gemeinsamen Grundprinzipien. Es muß Bewegungsfreiheit (»Fall« genannt) gewährlei-

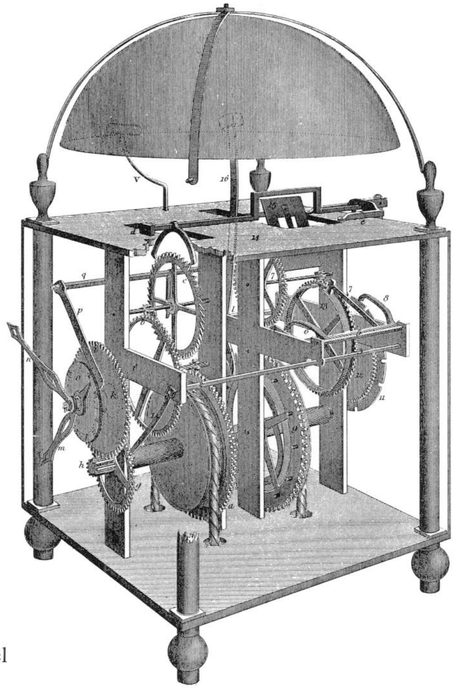

18 Ankerhemmung mit Pendel bei einer Laternuhr mit 30-Stundenwerk

stet sein, sonst tritt innerhalb kürzester Frist Abnutzung und Unregelmäßigkeit als Folge übermäßiger Reibung ein; andererseits stellt auch dieser gesamte »Fall« verlorene Energie in Form von verlorenem Antrieb (Impuls) dar, da Teil der Funktion einer Hemmung das Inganghalten des Pendels oder der Unruh ist, und muß daher auf ein praktikables Minimum beschränkt bleiben. Es existiert ein sehr umfangreiches Material an Theorien über Hemmungen, insbesondere was die Winkel der (Paletten-) Hebeflächen zu den Zähnen des Hemmungsrads und die Entfernung der Ankerwelle vom Hemmungsrad anbelangt. Der Bastler sollte eine gewisse Kenntnis dieses Materials besitzen, wenn er eine Hemmung völlig neu anfertigen will, und ebenso kann sie ihm beim Herstellen von Paletten dienlich sein. Aber das sind hochqualifizierte Arbeiten, auf die sich nur sehr wenige Bastler verstehen. Das meiste über Hemmungen lernt man dadurch, daß man korrekt funktionierende Exemplare beobachtet und andere so lange justiert, bis sie gehen – und das heißt, bis sie möglichst genau nach der Zeit gehen.

Die Hebeflächen einer »rückfallenden« Ankerhemmung sind im Allgemeinen gekrümmt, und beim voll ausgebildeten Typ hat jeder Zahn des Hemmungsrads eine korrespondierende Krümmung. Das fortgesetzte Gleiten der Zähne entlang der langen Hebeflächen nach der Bremsung löst jenen »Rückfall« aus, den man an einer Rückwärtsbewegung des Sekundenzeigers, falls ein solcher vorhanden ist, erkennen kann. Der Rückfall wirkt wie eine Bremse auf das Pendel ein, das andernfalls einen zu weiten Bogen beschreiben würde und dadurch Hebeflächen und Hemmungsrad beschädigen könnte. Diese Hemmung, sowie eine ältere Form mit geringerem Rückstoß, wurde in den meisten, aber bei weitem nicht in allen Bodenstanduhren mit Langpendel eingebaut. Mit »lang« ist ein Pendel von ca. 1 m Länge, ein »Sekundenpendel«, gemeint, das eine Schwingbewegung pro Sekunde ausführt und ein einfaches Räderwerk ermöglicht. Längere Pendel wurden natürlich an Turmuhren bei Kirchen u. ä. verwendet. In Einzelfällen, bei sehr kostspieligen Uhren mit mindestens einem Monatsgangwerk gab es auch ein ca. 1,50 m langes Pendel mit einer jeweiligen Schwingungsdauer von 1,25 Sek. dessen Linse nicht, wie sonst üblich, im Gehäuserumpf, sondern im Sockel schwang. Diese Uhren sind sehr selten und entsprechend teuer.
Obgleich das Sekundenpendel nach der Erfindung der rückfallenden Ankerhemmung innerhalb kurzer Zeit sozusagen universell gebräuchlich wurde, waren die verwendeten Hebeflächen sehr verschiedenartig geformt, wenn sie auch normalerweise eher flach als steil gekrümmt waren und die Radzähne gerade verliefen, anstatt am hinteren Rand stark gebogen zu sein (vollkurvige Zähne waren mehr bei Stockuhren mit Kurzpendeln von relativ weiteren Bogenbeschreibungen üblich). Tatsächlich ist in der Praxis die Form nicht allzu ausschlaggebend, aber Form der Hebeflächen und Fall müssen aufeinander abgestimmt sein, um den Schwingungsbogen so kurz wie möglich zu halten.
Theoretisch war die rückfallende Ankerhemmung bei Bodenstanduhren bereits 50 Jahre nach ihrer Erfindung durch eine neue Erfindung überholt – eine als »ruhend« bekannt gewordene nicht-rückführende Hemmung, deren Vorteil gegenüber der rückfallenden Ankerhemmung schon von ihrem Aussehen her eindeutig zu erkennen ist [Abb. 19]. Praktisch aber wurden der zuverlässige rückfallende Ankergang und seine Varianten niemals verdrängt – seine Robustheit und seine Eigenschaft, selbst bei unvollkommener Fertigung oder starker Abnutzung gut zu funktionieren (was besonders den Bastler sehr anspricht), gewährleisteten sein Überleben. Formen der rückfallenden Ankerhemmung waren und sind noch immer bei der Mehrzahl der Hausuhren mit Pendel gebräuchlich.

Die ins Auge fallenden Charakteristika der ruhenden Ankerhemmung sind die Kürze der Palettenhebeflächen, der scharfe Unterschnitt der Hemmungsradzähne und die Lagesteuerung der Paletten. Der Ankerdrehpunkt liegt hier viel höher über dem Hemmungsrad als in den rückfallenden Ankerhemmungen, und an Stelle des runden Ankerbogens

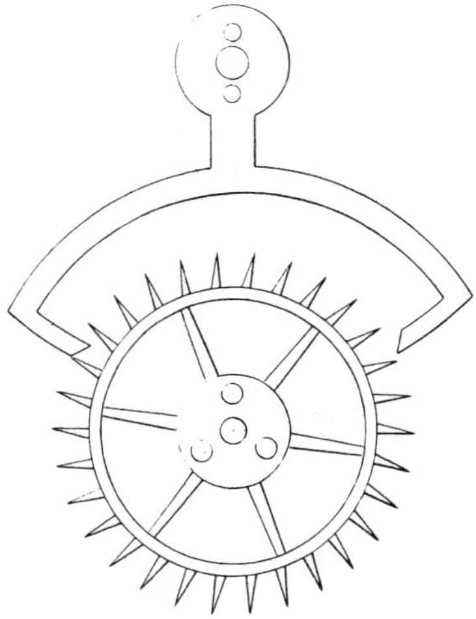

19 Grahamgang ohne Paletten

beim rückfallenden Ankergang bilden die Ankerschenkel der ruhenden Hemmung ein lang-zulaufendes, umgekehrtes V. In gutem Zustand arbeitet diese Hemmung als bemerkenswert genauer Zeitgeber, ist sie aber nicht in Ordnung, so kann ihre Funktionsfähigkeit äußerst unbefriedigend sein. Sie wurde in teure Uhren eingebaut, und die Paletten wurden häufig aus Edelsteinen gefertigt, um einer Abnutzung vorzubeugen. Seit ihrer Erfindung blieb sie bis auf den heutigen Tag die hauptsächlich verwendete Hemmung bei Bodenstand»regulatoren«, d. h. bei Uhren, die weder eine dekorative noch eine lediglich Zeit-angebende Funktion zu erfüllen haben, sondern die als äußerst exakte Zeitmesser dienen sollen, nach denen andere Uhren gerichtet und reguliert werden. Eine solche Uhr ist und war niemals billig. Beim Regulator wird gewöhnlich auf alles Dekor und sonstiges Beiwerk – wie etwa die Forderung, einen Schlagwerkmechanismus auszulösen –, was seine einzig und allein wichtige Funktion beeinträchtigen könnte, verzichtet, und er wird stets von der konstantesten Kraft, einem Gewicht, angetrieben.

Die Paletten des ruhenden Ankergangs umgreifen oft mehr Zähne des Hemmungsrads als die Hebeflächen der rückfallenden Ankerhemmung, und der Pendel-Schwingungsbogen ist hier kürzer als dort. Greift die Palette in die Hemmungsradzähne ein, so steht das Rad still, es »ruht« (daher der Name dieser Hemmung), und der Motor wird keinen Augenblick lang rückläufig. Die Reibung ist dadurch reduziert und die Präzision somit

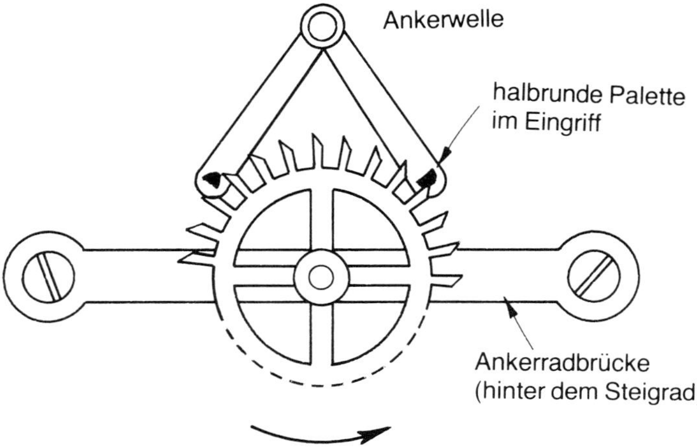

20 Französische Form der ruhenden Hemmung (Brocot-Gang), häufig vor dem Zifferblatt sichtbar

erhöht; doch erweisen sich andererseits die Ecken der Paletten-Hebeflächen sowie das Ausmaß des Falls als kritische Zonen. Ausgeleierte Paletten beeinträchtigen die Zeitmessung und bringen nach kurzer Zeit die Uhr zum Stehen; ebenso wirkt sich, zumindest beim rein englischen Typ, jegliches Bewegtwerden der Uhr nachteilig auf die Hemmung aus, die somit nur für Bodenstand- oder festverankerte Uhren geeignet ist.
Immerhin gibt es, besonders auf dem Kontinent, Formen der ruhenden Hemmung, die bei Tischuhren verwendet wurden. Der ruhende Ankergang ist auch die normale Hemmung bei den an der Wand befestigten Wiener Regulatoren (von ihnen später mehr) und bei jenen französischen Konsoluhren, bei denen eine abgewandelte Form der traditionellen ruhenden Ankerhemmung verwendet wurde [Abb. 20], die vor dem Zifferblatt zu sehen ist. Bei dieser Art bestehen die eigentlichen Paletten aus mittels Schellack in Messing gefaßten, halbrunden Edelsteinen, meist Rubinen oder Achaten; bei billigeren Exemplaren wurden Halbkreise aus gehärtetem Profilstahl verwendet. Eine andere Abwandlung ist eng verwandt mit der heute bei vielen billigeren Armbanduhren und Weckern gebräuchlichen Stiftenhemmung mit Unruh. Bei einer wiederum anderen Form sind die Paletten mehr oder weniger normal geformt, aber das Hemmungsrad hat anstatt der Zähne eine Reihe von abgeflachten Stiften.

Bodenstanduhren als Antiquitäten

Wir haben uns nun ausführlich mit den Formen der Hemmung bei Gewichtuhren und bei Pendeluhren befaßt. Ist man mit der jeweiligen Grundform vertraut, so kann man auch mit ihren zahlreichen auf Abänderungen im Detail beschränkten Varianten umgehen. Nun aber zu den Uhren selbst, in denen diese Erfindungen eine so entscheidende Rolle spielen: Wiesehen sie aus? Welche kommen in einem reparaturbedürftigen, aber doch nicht allzu zerstörten, mithin für den Bastler idealen Zustand überhaupt in Betracht? Und von welchen sollte er lieber die Finger lassen?

Es wurde bereits erwähnt, daß der Bastler nicht notwendigerweise von den Uhren angezogen wird oder nach ihnen sucht, die zur Zeit ihrer Fertigung als die besten galten. Er bewundert verschnörkelte Inschriften auf der rückwärtigen Platine. Er ist von einem Kontragesperr entzückt, bei dem, bevor der Aufziehschlüssel eingeführt werden kann, ein Mechanismus bewirkt, daß das Werk selbst für die wenigen Augenblicke des Aufziehens nicht der für das Messen der Sekunden und für das Bewegen der Zeiger erforderlichen Antriebskraft beraubt wird. Selbstverständlich wäre er hingerissen von einer Bodenstanduhr mit Kalender- und Monatsgangwerk und 1,50 m langem Pendel, und bei einer Original-Spindelhemmung mit Tropfenpendel würde er, wenn sie sich auftreiben ließe, in Ekstase geraten. Aber er weiß, daß sie nur selten seinen Weg kreuzen und daß er noch seltener über die zu ihrem Erwerb erforderlichen Mittel verfügt. Deshalb ist er kaum weniger glücklich mit einer Uhr im »ländlichen« Stil mit 30-Stunden-Werk, nur einem Zeiger und einem nervtötenden Stundenschlag, oder mit einem stabilen Werk, das die Zeit durch fideles Läuten von 8 Glöckchen verkündet, sich aber nicht mehr in seinem Original-Gehäuse befindet, oder mit einem einfachen, gut gearbeiteten Zeitgeber in einem geschmackvollen Kleingehäuse des 19. Jhs.

Gefühl und Geschmack entscheiden weitgehend darüber, ob eine Uhr ihm gefällt, aber er versteht auch etwas davon, was für eine Stilperiode typisch ist und was nicht; er ist kein Verächter von Fälschungen (die meist hochinteressant und qualitativ hervorragend sind, denn das Fälschen von Schund ist sinnlos), aber er schätzt nicht die Konfrontation mit etwas, das er für echt hielt, von dessen Unechtheit er sich aber später überzeugen lassen muß. Es kann sich dabei um eine ausgezeichnete Uhr handeln, die er bei voller Kenntnis der Tatsachen durchaus akzeptiert haben würde, bei der er aber diesen Umständen seine Unwissenheit verwünscht und dem ausgegebenen Geld nachtrauert. Das kann leider uns allen passieren. Aber mit der Zeit lernt der Bastler, eine Uhr weitgehend als das einzuschätzen, was sie ihrem Mechanismus und ihrem Aussehen nach ist, und bis zu einem gewissen Grad außer acht zu lassen, was sie angeblich hat oder womöglich haben könnte. Sicher spielen historische Gesichtspunkte bei seiner Beurteilung eine gewisse Rolle, aber als gebranntes Kind wird er zu verhindern suchen, daß diese Rolle allzu groß oder gar entscheidend wird. Namen sind nicht allein ausschlaggebend, und die minderwertige Uhr von Meisterhand ist geringer zu bewerten als die Arbeit eines namenlosen unbekannten Uhrmachers. Historisches Empfinden darf eine Rolle spielen, wenn man es als solches erkennt und weiß, daß es Geld kostet. Als Bastler ist man ja nicht in erster Linie an Kapitalanlagen interessiert, obgleich es nur klug ist, wann immer möglich die Rentabilität im Auge zu behalten. Der gelegentliche, tatsächliche oder in Aussicht stehende finanzielle Gewinn ist vielmehr eine zusätzliche Annehmlichkeit und ein Nebenprodukt dessen, was man wirklich schätzt und was einem Freude bereitet.

Die frühesten Bodenstandgehäuse sind anmutig schlank [Abb. 21] und erscheinen daher größer, als sie in Wirklichkeit sind; tatsächlich beträgt ihre Höhe selten mehr als 1,80 m. Sie wirken im allgemeinen schlicht und zurückhaltend. Viele dieser Gehäuse sind aus Ebenholz gefertigt oder mit Ebenholz furniert; von dem völlig schwarzen Korpus heben sich hie und da kleine, aus Messing gearbeitete Details ab, wie die Scharnierbeschläge oder die Schlüsselschilder am Rumpf, die Füße des Sockels oder die Kapitelle der Säulen am Aufsatz. Die Profile der Aufsatz- und der Sockelbasis sind ziemlich verläßliche Anhaltspunkte für die Zeitbestimmung – sie sind im 17. Jh. fast stets konvex gewölbt und danach im allgemeinen konkav ausgekehlt. Im 19. Jh. wurden natürlich konvexe und konkave Profile freizügiger verwendet, aber selbst der Neuling wird eine Uhr aus dem 19. Jh. kaum mit einer aus dem 17. Jh. verwechseln, es sei denn, es handelt sich um eine vorsätzliche und sehr gut getroffene Imitation. Außer Ebenholz kamen für diese Gehäuse Eiche, Tanne, Kiefer oder Nußbaum zur Verwendung. Gehäuse in japanischer Lackarbeit stammen aus der Zeit um 1710, finden sich aber am häufigsten bei Uhren aus der Mitte des 18. Jhs. Vor dieser Zeit bestand das Dekor in Einlagen aus meist farbigen Hölzern, wie Olive und Buchsbaum. Mahagoni war zwar bereits bekannt und wurde hie und da auch verwendet, kam aber für Uhren erst um 1750 in Mode. Die frühen Londoner Uhren um 1685-1700 haben meist zu bei-

21 Zwei Bodenstanduhren-gehäuse des 17. Jhs., London

den Seiten des gewöhnlich einfachen und quadratischen Aufsatzes zartgedrechselte Pilaster; zuweilen aber ist bzw. war der Aufsatz auch vorn oder gar ringsherum mit geschnitzten oder ausgesägten Kammverzierungen versehen. Außerdem zeichnen sich die Londoner Uhren durch eine Tendenz zu seitlichen Glaspaneelen im Aufsatz aus.

Die frühen Entwicklungsstadien der Bodenstanduhr sind schwer nachzuzeichnen und werden aller Wahrscheinlichkeit nach niemals eindeutig bestimmt werden können, da die Gepflogenheiten landauf landab offensichtlich sehr verschieden waren. Die Modetrends entwickelten sich meist in London, neigten aber dazu, in der Hauptstadt selbst und mehr noch in der Provinz lange nachdem sie ihren Höhepunkt überschritten hatten, fortzuleben. Ein Beispiel dafür ist die bereits erwähnte Uhr mit 30-Stunden-Werk. Einige behaupten, daß sie die älteste Form der Bodenstanduhr sei, und gewiß gibt es auch Exemplare, die von den frühesten bekannten

Uhrmachern gefertigt worden sind. Aber die gleichen Experten leugnen nicht, ja, stellen im Gegenteil sogar fest, daß diese Uhren wahrscheinlich ihrer Einfachheit und ihres relativ günstigen Preises wegen noch während des ganzen 18. Jhs., besonders in ländlichen Gegenden, weiterhin hergestellt wurden und daß es darüber hinaus Uhren aus frühester Zeit gibt, deren Werk bereits länger als 30 Stunden lief. Das gleiche gilt für die Laternuhr, sowohl mit Feder- wie mit Gewichtantrieb. Obwohl daher, bei gleichzeitigem Vorhandensein anderer Merkmale (gedrechselte Säulchen und kleines, quadratisches Zifferblatt), eine Uhr mit 30-Stunden-Werk, einem einzigen Zeiger und einer Werkanordnung gleich jener die sich bei frühen Laternuhren und häuslichen Wanduhren findet, mit großer Wahrscheinlichkeit tatsächlich alt ist, besteht doch ebenso die Möglichkeit, daß sie bis zu 100 Jahren jünger ist, als sie auf den ersten Blick erscheint. Der Bastler, der auf solch eine Uhr stößt, deren Hersteller nicht genannt und deren Alter nicht mit Sicherheit angegeben ist, wird zweifellos die Illustrationen in Standardwerken und die in Museen ausgestellten Exemplare konsultieren, und dann zum bestmöglichen Schluß kommen. Nun war die Bodenstanduhr mit 8-Tage-Werk von Anfang an sehr gefragt. Die Mehrzahl der Uhren mit 30-Stunden-Werk hat zwar weder Aufziehschlüssel, noch sind in ihren Zifferblättern Löcher für solche Schlüssel vorgesehen; dennoch findet man gelegentlich solche Uhren mit Löchern und Attrappenschlüsseln. Beim näheren Untersuchen wird jedoch das Vorhandensein eines einzelnen Gewichts an einem Seil oder einer Kette den Schwindel aufdecken.

Die ältesten Bodenstanduhren haben anstatt der kleinen, vor dem Zifferblatt an Scharnieren hängenden Tür einen Aufsatz, der sich nach oben abheben läßt und auf diese Weise einen Zugang zum Zifferblatt ermöglicht. Das mag auf die Tatsache zurückzuführen sein, daß die Mehrzahl der Uhren durch das Hochziehen von Gewichten und nicht durch das Einführen eines Schlüssels in ein im Zifferblatt dafür vorgesehenes Schlüsselloch aufgezogen wurden; außerdem hatten sie meist Schloßscheibenschlagwerke, und wenn die Uhr um mehr als ein paar Stunden nachgestellt werden mußte, konnte man den ganzen Aufsatz abnehmen und den Schlagzyklus ebenfalls neu einstellen. Allerdings wissen wir, daß der nach oben abnehmbare Aufsatz – durchaus ein Merkmal früher Uhren –, auch nachdem die Uhren bereits mit Minutenzeigern und 8-Tage-Werken versehen waren, und selbst als Rechenschlagwerke schon relativ weit verbreitet waren (etwa ab 1705), noch weiterhin gebaut wurde. Wenngleich der hochgehobene Aufsatz während des Aufziehens durch eine Sperrvorrichtung am Herunterfallen gehindert wurde und somit abgesichert war, konnte sich dies doch auch als unpraktisch erweisen, besonders, wenn die Uhr bei einem Besitzerwechsel an einen Ort mit niederer Decke zu stehen kam; viele dieser Uhren wurden daher so umgebaut, daß der Aufsatz entweder nach vorn abgezogen werden konnte (was auch bei vielen Original-Aufsätzen der Fall ist) oder sich durch ein vor dem Zifferblatt in Scharnieren hängendes Türchen öffnen ließ. Die Praktiken für Änderungen dieser Art waren von Gegend zu Gegend so verschieden, daß genaue Daten hierüber einfach nicht angegeben werden können. So wissen wir z. B. auch, daß es eines Tages Mode wurde, die Schlüssellöcher für Vierkantschlüssel im Zifferblatt mit ringförmigen Gravuren zu versehen, zweifellos der unschönen Spuren wegen, die ein Schlüssel innerhalb weniger Jahre auf dem Zifferblatt hinterlassen kann; aber auch hier vermögen wir nicht mit Sicherheit genau zu sagen, wann zwischen 1710–1725 diese Sitte aufkam, wobei zuweilen, aus gutem Grund natürlich, die Schlüsselloch-Verzierungen noch nachträglich auf den Zifferblättern von Uhren angebracht wurden, die hergestellt worden waren, lange bevor diese Gepflogenheit begonnen hatte. Das gleiche gilt für die »Linse«, die runde Glasscheibe in der Tür des Gehäuserumpfes einer Bodenstanduhr, die um 1685 in Erscheinung trat und deren Sinn offensichtlich darin lag, daß der Betrachter sich überzeugen konnte, ob eine Uhr, die keinen Minutenzeiger hatte, ging oder stehengeblieben war. Diese Linse wurde dann teilweise auch bei älteren Uhren in deren »massive« Türen nachträglich eingebaut und war noch lange nach 1700 üblich.

Zifferblätter und Zeiger sind eine Wissenschaft für sich, und es ist viel darüber geschrieben worden. Die Zifferblätter des 17. Jhs. sind klein, d. h. sie weisen selten mehr als 28 cm Kantenlänge auf, wobei für die letzten Jahre des Jahrhunderts 25 cm als allgemein übliche Norm gilt. Ausnahmslos vierschrötig anzusehen und fast quadratisch in ihren Maßen setzen sie sich – bis zur Mitte des 18. Jhs. fast sämtlich und eine große Anzahl von ihnen auch noch später – aus drei Hauptbestandteilen zusammen: dem Ziffernring mit seinen Zahlen, den verzierenden Eckbeschlägen, Appliken genannt, und einer schweren Messingplatte als Hintergrund. Je älter das Zifferblatt ist, desto einfacher sind im allgemeinen die Appliken und desto höher das Relief der Treibarbeit; die späteren Appliken wurden massenproduziert und oft direkt aus der Gußform heraus, ohne weitere künstlerische Bearbeitung, aufmontiert, sie sind jedoch kunstvoller in der Zeichnung und schmücken daher mehr als die handgearbeiteten. Appliken sind fast immer aufgeschraubt und mußten daher, wenn ein Beschlag verloren ging, durch einen völlig neuen Satz eines späteren Musters ersetzt werden. Die Mitte eines alten Zifferblatts ist gewöhnlich mattiert –

22 Zifferblatt mit Fensterindikationen und Mondphase

23 Zifferblatt mit Zeigerindikationen

d. h. von winzigen, mit Hilfe von Punzen erzeugten Pünktchen übersät – und im 18. Jh. mit kunstvollen Gravuren geschmückt.

Die Gestaltung des Ziffernrings variiert je nach Stilperiode und Art des Gehwerks, wobei diese beiden Faktoren aber nicht immer genau miteinander übereinstimmen. Der Ziffernring einzeigeriger Uhren hatte jeweils 4 Unterteilungen zwischen den Stundenziffern. Mit dem Aufkommen von Minutenzeigern (d. h. nicht lange nach der Einführung von rückfallender Ankerhemmung und Sekundenpendel) benutzte man natürlich Minutenteilstriche und hatte somit nunmehr je 5 Unterteilungen zwischen den Stundenziffern. Aber wie überall unterscheidet sich auch hier die Theorie von der Praxis insofern, als Gepflogenheiten zuweilen ihre ursprüngliche Zweckbestimmung überleben,als Umwandlungen vorgenommen werden und Vorräte aufgebraucht werden müssen, und so läßt sich aus dem oben gesagten (obgleich es natürlich zu der generellen Mutmaßung berechtigt) nicht die zwangsläufige Folgerung ableiten, daß eine Vierteluntereilung zwischen den Stundenziffern und das Vorhandensein eines Minutenzeigers eine Verbindung zweier ursprünglich nicht zusammengehörender Dinge ist. So stellt eine Art Doppelzifferblatt ein Übergangsphänomen dar, bei dem der gesamte Stundenkreis vier Viertelteilungen mit dem charakteristischen Zweigmotiv auf der halben Stunde aufweist, wo sich aber zusätzlich auch ein voll durchnumerierter Minutenkreis außerhalb des

Stundenkreises befindet. In diesem Zusammenhang muß also wiederholt werden, daß einzeigerige Uhren bis in die zweite Hälfte des 18. Jhs. hinein hergestellt wurden und daß ihre Ziffernringe Minutenunterteilungen zwar haben können, aber nicht haben müssen.
Die frühesten Ziffernringe waren schmal und die mattierten Mittelflächen entsprechend groß. Zu Anfang des 18. Jhs. scheint sich, besonders bei einzeigerigen Uhren, eine Tendenz zu sehr schweren und breiten Stundenkreisen bemerkbar gemacht zu haben; bald darauf wurden jedoch die Proportionen durch das Aufkommen größerer Zifferblätter wieder ausgeglichener. Wenn vorhanden, sind die Minutenzahlen in arabischen Ziffern gehalten und befinden sich, bis um 1700, zwischen den beiden Bogenrändern des Minutenkreises. Danach stehen sie gewöhnlich außerhalb der Ränder und sind meist für unser Empfinden übertrieben groß und auffällig eingezeichnet. Zweifellos galt das Zählen der Zeit nach Minuten für eine Weile als Luxus, und die Minutenunterteilungen mögen daher bei raschem Hinsehen noch unvertraut gewesen sein. – Der Name des Herstellers befindet sich gewöhnlich auf dem Stundenkreis oder auf dem Bogenfeld darüber, falls ein solches vorhanden. Ein Name auf dem Zifferblatt unterhalb des Ziffernrings deutet, bei Übereinstimmung mit anderen Merkmalen, auf ein früheres Herstellungsdatum hin.
Hinsichtlich der Form des Zifferblatts besteht eine ziemlich eindeutige Trennung zwischen der älteren, einfachen quadratischen Form und der späteren, mit Bogenfeld über dem Ziffernring, die um 1720 aufkam. Manchen Exemplaren wurde das Bogenfeld, kaum war es in Mode gekommen, nachträglich angefügt, wahrscheinlich sogar noch bevor die Uhr die Werkstatt verließ (leider wissen wir nur sehr wenig über den Warenumschlag in den Lagern früher Hersteller). Eine solche Ergänzung kann also durchaus eine authentische Kuriosität sein und nicht etwa eine verpfuschte Reparatur oder eine stümperhafte Imitation. Der durch das Bogenfeld gewonnene Raum wurde, besonders bei Stockuhren aber auch bei Bodenstanduhren, bald für Hilfsblätter genutzt, wobei gewöhnlich eines, das »Regulierblatt«, zum Regulieren des Pendels von vorn diente, ohne daß dieses angehalten werden mußte, und das andere, das »Abstellblatt«, zum An- und Abstellen des Schlagwerks. Manchmal wurde das Feld aber auch von einem der beliebten Medaillons mit der Inschrift »tempus fugit« oder einer ähnlich vielsagenden Mahnung eingenommen, oder der Name des Herstellers war auf dem Feld eingraviert, oder es enthielt, weniger häufig, Hilfsblätter mit den Gezeiten- oder Mondphasenangaben. Das Bogenfeld über dem Zifferblatt zog stilistische Veränderungen des Gehäuses nach sich, welches zumeist massiver und erheblich höher wurde;

24 Zifferblatt einer englischen Bodenstanduhr von Eardley Norton, 18. Jh. mit Hilfszifferblatt für Sekundenzeiger, Datumsangabe und Schlagwerkabstellung

25 Zifferblatt einer holländischen Bodenstanduhr von Fromanteel & Clark,

auch setzte eine allmähliche Entwicklung zu einer geschwungenen Linienführung ein: zunächst erhielt der Sims über dem Bogenfeld eine Wölbung, die sodann auch in den oberen Teil der Gehäusetür übernommen wurde, bis schließlich, gegen Ende des Jahrhunderts, der gesamte Aufsatz dem Bogen des Zifferblatts folgte [Abb. 22–26].

Für die Zeiger [Abb. 27] trifft im allgemeinen das gleiche zu wie für die Appliken – je einfacher sie sind, desto älter sind sie; ein ins einzelne gehende Übersicht über dieses Gebiet hier zu geben, ist jedoch unmöglich. – Die Zeiger liefern einen sehr viel genaueren Anhaltspunkt für die Bestimmung der Herstellungszeit als die Appliken, da sie in ihrer überwiegenden Mehrzahl bis zum späten 18. Jh. von Hand zugefeilt wurden; danach ging man dazu über, sie stapelweise zu pressen. Die ältesten Stundenzeiger haben eine einfache spatenähnliche, fast herzförmige Spitze,

London, frühes 18. Jh., für den holländischen Markt gefertigt, mit Wecker, Sekunde, Minute, Stunde, Datum, Tag und Mondphase

26 Ovales Zifferblatt einer ländlichen englischen Bodenstanduhr vom James Lomax, Blackburn, 18. Jh. mit Sekunde, Minute, Stunde und Mondphase

spätere Zeiger kunstvolle Verzierungen und lang zulaufende Enden. Die frühesten Minutenzeiger sind beinahe in ihrer gesamten Länge dünn und gerade mit einer dicht an der Nabe sitzenden Windung oder Locke. Aus dem 17. Jh. datierende Zeiger dieser Art lassen sich unschwer erkennen, aber später werden die Varianten zahlreicher, und im Zweifelsfall sollte man die ausführlichen Erörterungen über Zeiger in den Werken von Britten *(»Old Clocks and Watches«)*, Cesinsky und Webster *(»English Domestic Clocks«)* oder Tardy *»La Pendule Francaise«* konsultieren. Auf jeden Fall behalte man im Auge,daß Stunden-und Minutenzeiger im allgemeinen um so jüngeren Datums sind, je mehr sie einander gleichen.

Nach 1850 treten eindrucksvolle Veränderungen bei Bodenstanduhren auf, wenngleich man auch weiterhin äteren Formen folgte [Abb. 28/29]. Außerhalb Londons gefertigte Uhren werden nun sehr viel breiter im

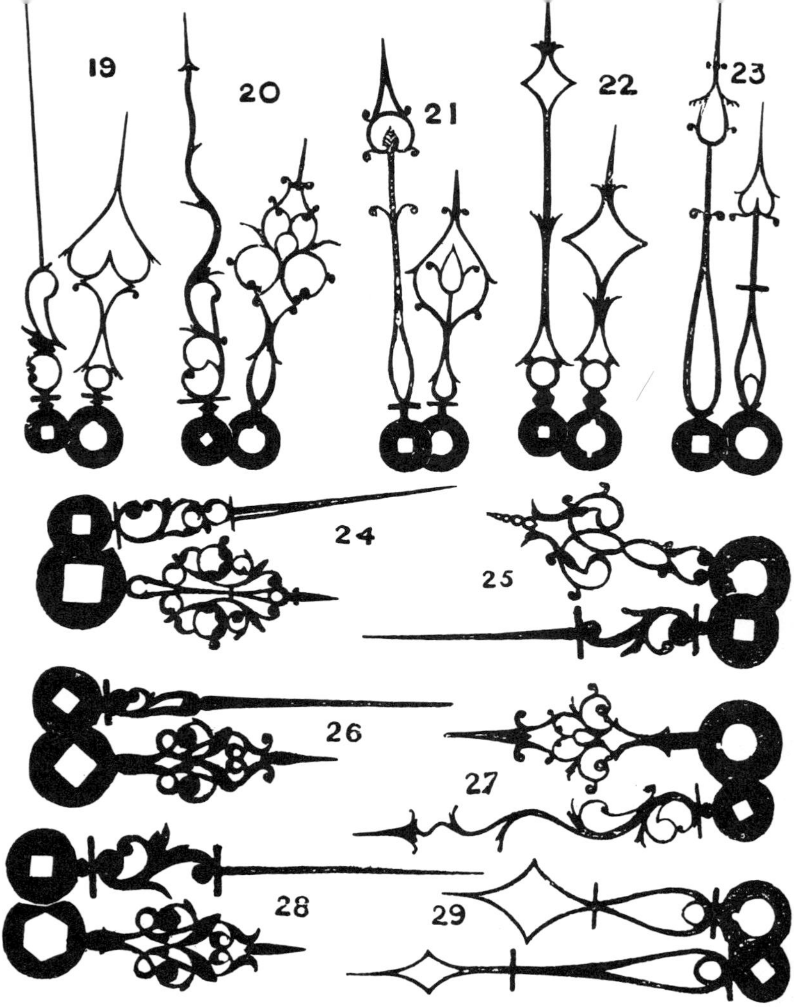

27 Einige Uhrenzeiger aus der Sammlung G. H. Newton, Watford
1–4 Uhrzeiger verschiedener Wanduhren, 1630–1680, 5 Uhrzeiger einer Uhr Henry Jones, 1670
6–23 Uhrzeiger von Bodenstanduhren: 6 John Tirry, York, 1680, 7 J. Windmills, 1690, 8 John Smith, 1695, 9 Simon Lamb, Rochester, 1700, 10 Saml. Harris, 1710, 11 George Hewitt, Marlboro, 1720, 12 George Graham, Stunden, Minuten und Regulatorzeiger, 1730, 13 Thos. Vernon, Ludlow, 1740, 14 Wm. Avenall, Alresford, 1750, 15 Thos. Andrews, Steyning, 1760, 16 Wm. Berridge, 1770, 17/18 Typische Einzelzeiger von Bodenstanduhren aus dem frühen 18. Jh., 19 S. Hoole, 1770, 20 Wm. Skeggs, 1780, 21 J. Lorimer, 1790, 22 Hugh Stockell, Newcastle, 1800, 23 Uhrzeiger aus dem gleichem Jahr
24–29 Uhrzeiger von Tischuhren: 24 J. Lowndes, 1690, 25 Asselin, 1720. 26 Wm. Kipling, 1710, 27 Joseph Emery, 1780, 28 Robert Newman, 1700, 29 Thos. Appleby, 1800

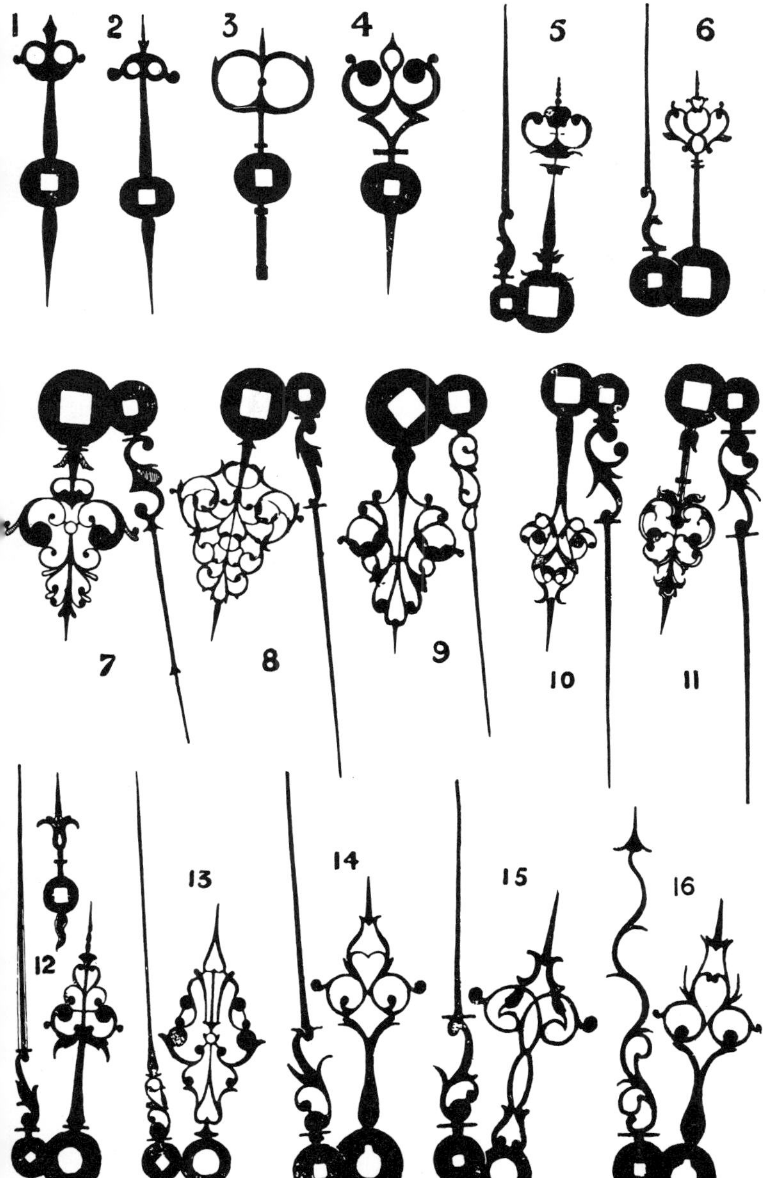
1
2
3
4
5
6
7
8
9
10
11
12
13
14
15
16
17
18

Rumpf und wirken meist etwas gedrungen. Uhren mit 30-Stunden-Werk sterben praktisch aus. Das Dekor tritt hervor, und kunstvolle Kronen werden zur Regel, aber die Gehwerke sind, da mehr oder weniger massenproduziert und von ländlichen Uhrmachern lediglich zusammengesetzt, einfacher und schlichter. Der obere Teil des Aufsatzes kehrt entweder zu seiner frühesten Form, einem klassischen Giebel – der aber nunmehr gewöhnlich von einem Adler oder einer Kugel gekrönt wird und an den Ekken mit Knäufen geschmückt ist –, zurück oder ist völlig gewölbt. Die Türen haben in ihrem oberen Abschnitt geschwungene, zuweilen kurvig geschweifte Profile mit abgeflachten Ecken. Sockel und Aufsatz werden im Verhältnis zu der Uhr insgesamt sehr viel breiter, und bei extremen Exemplaren wirkt der Rumpf wie eine, allerdings etwas plumpe, Taille. Die Form der Zifferblätter macht verschiedene Wandlungen durch, und schließlich treten in den letzten 20 Jahren des Jahrhunderts runde Zifferblätter in Erscheinung. Ein weiteres Charakteristikum ist ihr Dekor: Die Appliken bestehen aus flachen, gegossenen Formen oder verschwinden ganz, der Ziffernreif selbst wird nicht mehr separat gearbeitet und montiert, sondern ist mitsamt den Zahlen auf dem nunmehr versilberten Blatt eingraviert. Oder aber das Zifferblatt ist aus bemaltem Email, und sein schlichtes Dekor besteht in einfachen Angaben der Gezeiten oder der Mondphasen oberhalb oder unterhalb der Zeigerwelle oder in einem mit der Ankerwelle verbundenen Schwingkörper, etwa einem Schiff. Der Sekundenzeiger ist während des ganzen Jahrhunderts gebräuchlich, in der späteren Hälfte sozusagen allgemein üblich, ebenso wie ein sehr einfaches Kalenderwerk in Form einer – in London gewöhnlich geraden, in der Provinz häufig bogenförmigen – Öffnung im Zifferblatt, welche die Daten

28 Englische Bodenstanduhr von John Moore, 18. Jh. 8-Tagewerk, Hakengang Gewichtsantrieb

29 Englische Bodenstanduhr von Drakeford, 18. Jh. 8-Tagewerk, Hakengang Gewichtsantrieb

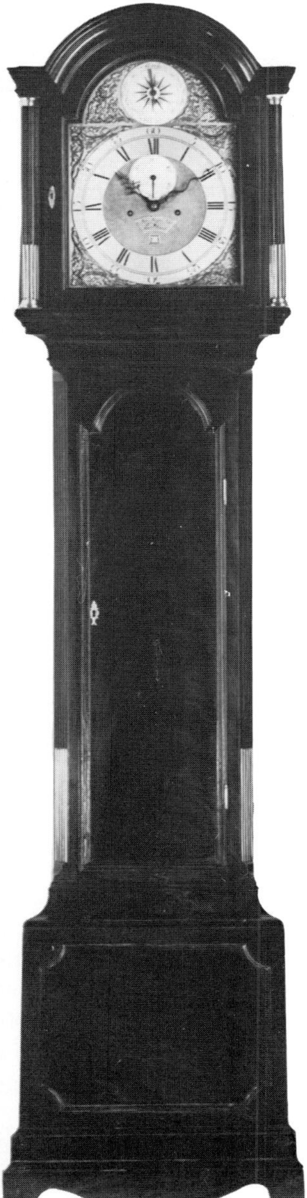

1–31, bei den Standardausführungen aber nicht die Jahres- oder Monatsangaben, freigibt.
Diese späteren Gehäuse standen bis vor kurzem nicht sehr hoch im Kurs. Sicher ist, daß bei vielen von ihnen der Feinbearbeitung vom Hersteller wenig Beachtung geschenkt wurde; besonders bei Exemplaren nordenglischer Provinz wirkt ihre breite plumpe Form nicht so würdevoll, wie die strenge Schlichtheit der ganz frühen oder die erhabenen und monumentalen Proportionen zahlreicher Standuhren der mittleren Stilperiode. Tatsache ist aber auch, daß sie qualitativ gut gearbeitet sind und zuverlässig gehen und daß sie sich mit größerer Wahrscheinlichkeit noch in ihrem Originalzustand befinden als die älteren Uhren – ganz besonders die frühen Londoner Uhren, diestets sehr gefragt waren und an denen viel herumgedoktert worden ist.

Andere Gewichtuhren

Ähnliche Fragen des Geschmacks und der Bewertung erheben sich bei den Clowns unter den Gewichtuhren, den sog. »*Act of Parliament*«-Uhren [Abb. 30]. Sie datieren überwiegend aus den 90er Jahren des 18. Jhs. (obzwar sie wahrscheinlich eine weniger enge Beziehung zu dem Gesetz haben, das den Besitz von Uhren mit einer Steuer belegte, als ihr Name besagt, und es um viele Jahre überdauerten) und waren dazu bestimmt, als Zeitgeber in öffentlichen Räumen, wie Gasthäusern, zu fungieren. Ihr besonderes Merkmal ist ein rundes oder achteckiges, übermäßig großes Zifferblatt mit einem Durchmesser von 60 cm oder mehr. Darunter befindet sich ein relativ kleines Gehäuse für Gewichte und Pendel; zuweilen ist die Pendellinse durch eine kleine Glasscheibe zu sehen. Die Zifferblätter sind sehr unterschiedlich, lassen jedoch stets den offenkundigen Zweck erkennen, in einem großen Raum oder einer Halle deutlich lesbar zu sein. Sie haben im allgemeinen große römische Stunden- und nur wenig kleinere arabische Minutenziffern. Die Zahlen sind unmittelbar auf die gewöhnlich dunkelbraune oder ebenholzfarbene Fassade des Gehäuses aufgemalt, da zu jener Zeit das Emaillieren einer Zifferblattoberfläche dieser Größe noch Schwierigkeiten bereitete. Mit Ausnahme seltener Exemplare sind diese Uhren nicht verglast, und sie schlagen auch nicht.
Zu den Gewichtuhren gehört auch die große, aber etwas gemischte Klasse der »*Wiener Regulatoren*«. Diese Bezeichnung sollte besser nur den sehr fein gearbeiteten Exemplaren mit ruhender Hemmung, Regulator-Zif-

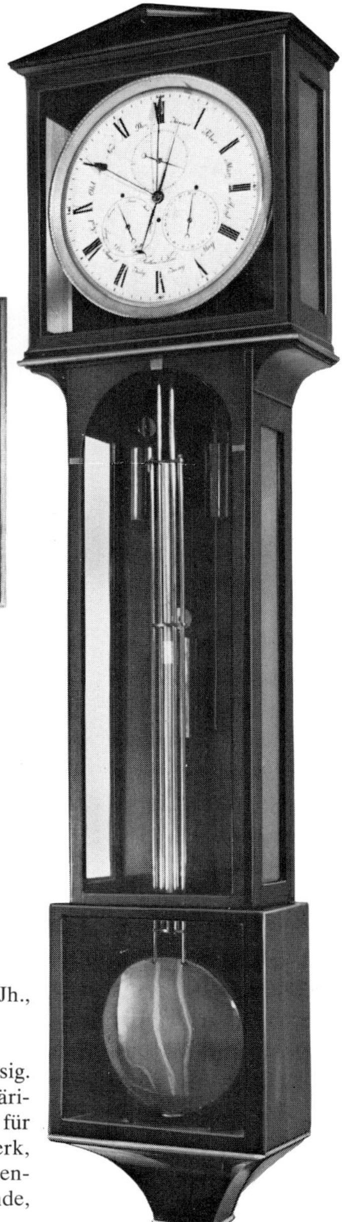

30 Englische Act of Parliament-Clock, 18. Jh., 8-Tagewerk, Grahamgang, Gewichtsantrieb

31 Österreichischer Präzisionsregulator, sig. Fertbauer, Wien. Mit Rostpendel, Sphärischer Linse, Sehne und Flaschenzug für Gewichte mit Viertelstundenschlagwerk, Minute, Stunde und Monat aus dem Zentrum, 3 Hilfszifferblätter für Sekunde, Wochentag und Datum

ferblättern (d. h. Zifferblättern mit getrennten, nicht-konzentrischen Minuten- und Sekundenkreisen) und ohne Schlagmechanismen vorbehalten bleiben. Im völligem Gegensatz zu diesen stehen jene massenproduzierten, federangetriebenen und mit einer Art rückfallendem Ankergang versehenen Pendeluhren, deren Schlagmechanismen oft recht unharmonische Gongschläge auslösen. Dazwischen liegt ein ganzer Bereich von teilweise ausgezeichneten, gewichtangetriebenen Uhren mit ruhender Hemmung, die jedoch mit Schlagwerken ausgerüstet sind.

Der Wiener Regulator im eigentlichen Sinne ist eine qualitativ hochwertige Wanduhr mit Gewichtantrieb [Abb. 31]. Mit seiner hochempfindlichen Hemmung, seinem relativ schweren Pendel und seinen überraschend leichten Gewichten verkörpert er das Endstadium in der Entwicklung von Gewichtuhren. Am Ende des meist aus Holz gearbeieten Pendelstabs hängt eine runde, mit Messing verkleidete Pendellinse; hochwertige Exemplare haben zum Ausgleich von Temperaturschwankungen ein kompliziertes Kompensationspendel in Form von mehreren Stäben unterschiedlicher Ausdehnung, oder einer besonders geformten Pendellinse. Die Dauer einer Pendelschwingung, die »Amplitude«, betrug zwei Drittel einer Sekunde, weshalb das Sekundenblatt einiger Regulatoren nur 40 Teilstriche aufweist, während es häufiger zwar 60 Teilstriche hat, der Zeiger sich aber nicht mit allen von ihnen deckt. Die mit Messinghülsen verkleideten Gewichte hängen an hochpolierten Messingflaschenzügen, die auf feinen Darmsaiten, niemals auf Ketten, laufen. Das Pendel ist separat hinter dem Werk an einem stabilen Gußstück montiert. Die Hemmung stellt einen Präzisionsmechanismus dar, der einen mit ihrer Funktion vertrauten Eigentümer voraussetzt; die Ankerpaletten sind verstellbar und umkehrbar, und die Pendelposition relativ zu den Paletten (der »Abfall« des Pendels) wird durch Schrauben an der Pendelführung eingestellt. Seltenere Wiener Regulatoren haben eine Gangdauer von einem Monat, die meisten gehen 8 Tage lang. Sie wurden im letzten Viertel des 19. Jhs. hergestellt, und die besonders gut gearbeiteten Exemplare sind sehr wertvoll. Der Bastler kann jedoch, wenn er sich gründlich umsieht und nicht auf minderwertige Imitationen hereinfällt, auch heute noch hin und wieder auf einen wirklichen Fund bei den Wiener Regulatoren stoßen. Ein Exemplar mit gutem Schlagwerk ist durchaus erstrebenswert und läßt sich relativ preiswert erstehen. Regulatoren mit Glockenspiel sind sehr selten – das erforderliche dritte Gewicht stellt keine günstige Voraussetzung für die Konstruktion einer Wanduhr dar, und sowohl einen Schlag- als auch einen Glockenspielmechanismus auslösen zu sollen, heißt ein Werk dieser Art etwas überfordern.

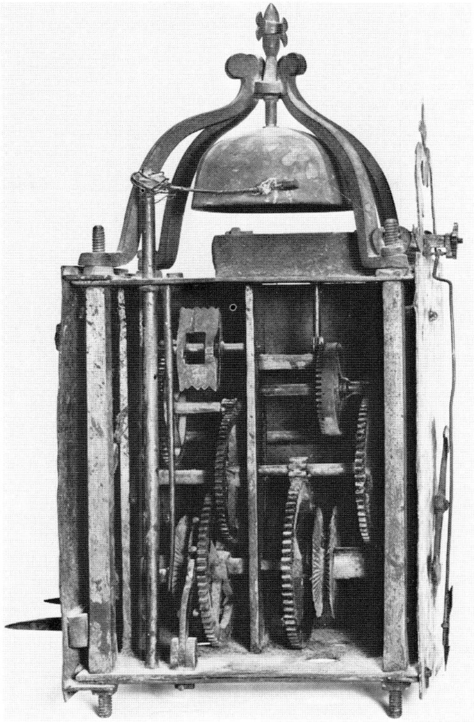

32 Einzeigerige Wanduhr, frühes 16. Jh., Eisenwerk mit Schlagwerk, umgebaut auf Vorderzappler

Die Anordnung gewichtangetriebener Werke

Es gibt zwei Arten von gewichtangetriebenen Werken [Abb. 32–34]. Das eine, ein direkter Nachfahr der frühen Laternuhr-Werke, ist in einen Rahmen aus vier oben und unten in Messingplatten verstifteten aufrechten Eisenpfeilern eingebaut. In der Mitte der beiden Seitenpfeiler befindet sich eine Art Platinengerippe in Form von schweren Messingbändern, in denen das Räderwerk sich dreht. Diese Bänder sind gewöhnlich an der Decken- und der Bodenplatte der Uhr vernutet und werden von Eisenkeilen festgehalten. Das Gehwerk befindet sich in der vorderen Hälfte der Uhr, der Schlagmechanismus und sein Räderwerk in der hinteren. Diese ihres Aussehens wegen unter dem Namen »Prismen«-Werke bekannten Konstruktionen haben Schloßscheibenschlagwerke, wobei die Schloßscheibe selbst meist außerhalb des Werks mit Stiften oder Klammern auf der rückwärtigen »Platine« befestigt ist, wenn sie sich nicht – wie manchmal der Fall – innerhalb der Platinen befindet.

Man ist gemeinhin geneigt, diese Uhrwerke als »früh« zu betrachten. Oft sind sie es, oft aber auch nicht – je nachdem, was man unter »früh« versteht; sie wurden, vielfach nur mit einem Stundenzeiger versehen, bis zur Mitte des 18. Jhs gebaut, sind also mit Sicherheit mndestens 200 Jahre alt. Im ausgehenden 17. Jh. wurde diese Art der Konstruktion bei der über-

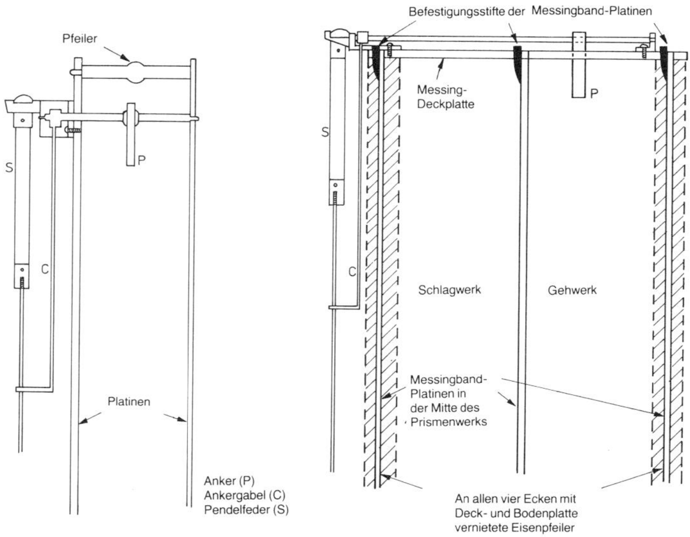

Typisches Bodenstand-Uhrwerk mit massiven Platinen.
Geh- und Schlagwerk sind nebeneinander angeordnet.

Typisches Prismenwerk mit Pendel. Schlagwerk hinter dem Gehwerk.

33 Grundkonstruktion von Gewichtuhrenwerken

wiegenden Mehrzahl der Uhren durch die Erfindung der rückfallenden Ankerhemmung und die Verwendung des Langpendels verdrängt sowie durch die weite Verbreitung, die die federangetriebenen, kleineren und komplizierteren »Stock«uhren erfuhren. Es wurde allgemein Brauch, die Räder zwischen gewöhnlich zwei, manchmal aber auch drei massive, vertikale Platinen zu montieren, die an den vier Ecken durch handgedrehte Messingpfeiler miteinander verbunden waren. Die Platinen für Bodenstanduhren wurden nur selten mit Gravuren versehen, da sie in ihrem Gehäuse für das Auge nicht sichtbar waren. Die Frm der Pfeiler bietet einen ungefähren Anhaltspunkt für das Alter des Werks: die als »Baluster«säulen bekannten sind die frühesten Pfeiler der ganz alten, horizontal angeordneten Werke; die Pfeiler der mittleren Stilperioden (um 1680–1740) verlaufen, mit Ausnahme einer ringförmigen Verdickung in der Mitte, gerade, und die der späteren sind schlicht und zylinderförmig gearbeitet; allerdings gibt es viele Ausnahmen dieser Regel. Die Pfeiler sind an ihrem einen Ende entweder mit der vorderen oder der rückwärtigen Platine vernietet oder vegschraubt (bei englischen Uhren ist die Befestigung an der rückwärtigen Platine geläufiger) und mit ihrem anderen Ende an der jeweils anderen Platine verstiftet – in sehr alten Werken erfolgt diese Absicherung durch einen kleinen Haken, der in einen Schlitz am Pfeilerende einschwingt. Schlag- und Gehwerk sind nebeneinander angeordnet, wobei sich das Schlagwerk, von vorn gesehen, meist (aber nicht immer) links befindet; bei 30-Stunden-Werken ist das Umgekehrte die Regel. Im großen und ganzen erfuhren diese Prinzipien des Aufbaus und der Anordnung keine wesentliche Änderung; sie wurden auch bei der Konstruktion von Kaminuhren angewandt und haben sich dort bis auf den heutigen Tag bewährt.

Der Kauf einer Gewichtuhr

Was ist bei all der Mannigfaltigkeit für den Bastler geeignet, was läßt sich wahrscheinlich auftreiben, und was sollte er meiden? Grundsätzlich sind die Risiken beim Kauf von Bodenstand- und anderen gewichtangetriebenen Uhren relativ gering, und wenn man sich nicht auf berühmte Namen und exquisite Gehäuse als Zierstücke kapriziert, die zur Zeit ihrer Herstellung schon Luxusgegenstände waren und es heute in noch viel größerem Maße sind, kann man noch immer Uhren fast aller Stilperioden zu einem angemessenen Gegenwert finden, obgleich die Preise in den letzten fünf Jahren ziemlich steil angestiegen sind. Es gibt nur wenige Teile, bei denen eine Reparatur sich als unmöglich erweist, und sehr viele Ersatzteile kann man, wenn man über genügend Zeit verfügt, auch ohne eine hochqualifizierte technische Ausrüstung zufriedenstellend selbst anfertigen. Der herausgebrochene Zahn an einem Rad (eine Beschädigung, die bei federangetriebenen Uhren übrigens sehr viel häufiger vorkommt als bei gewichtangetriebenen) läßt sich in Schwalbenschwanzverzinkung wieder einfügen. Ersatzpendel und -gewichte kann man kaufen; außerdem sind Pendel weitgehend und Gewichte in begrenztem Maße austauschbar, und von beiden kann man Sonderanfertigungen zu einem vernünftigen Preis gemacht bekommen. Seile können neu geknüpft werden, obzwar das nicht einfach ist und neue, weiche Seilstränge sich schwer auftreiben lassen, aber ein Yacht- oder Bootsbedarfhändler hat meist eine reichhaltige Auswahl auf Lager. Ebenso gibt es Ketten und dazu passende

Flaschenzüge zu kaufen. Ersatzzeiger sind im Handel erhältlich und lassen sich mit einigem Geschmack entsprechend zurechtfeilen, oder man kann sie nach einer alten Vorlage selbst anfertigen, was allerdings viel Zeit in Anspruch nimmt. Das am häufigsten fehlende Teil in einem 30-Stunden-Werk, die außen angebrachte Schloßscheibe, läßt sich ziemlich leicht nacharbeiten, ebenso wie ein dazugehöriges einfaches Räderwerk. Abgenutzte Hemmungen und Paletten kann der Bastler mit Hilfe von im Handel erhältlichen und auf die gewünschte Größe gebrachten Schmiedstücken reparieren bzw. austauschen, lediglich die alten Anker müssen von Hand ausgebessert oder durch handgearbeitete neue ersetzt werden. Die häufig fehlenden Glocken kann man ebenfalls kaufen, ebenso Darmsaiten oder gedrehten Stahldraht für die Gewichte eines 8-Tage-Werks und Darmsaiten in feineren Stärken für die eines Wiener Regulators. Löcher können ohne Schwierigkeit zugetrieben und abgebrochene Zapfen ersetzt werden – sollte letzteres nicht möglich sein, so kann man eine neue Welle mit Zapfen zu einem vernünftigen Preis gedreht bekommen. Ziffernreifen lassen sich mit befriedigendem Resultat neu versilbern und mit Zahlen versehen. Ersatzappliken sind erhältlich, aber hierbei müssen gewöhnlich alle vier durch einen völlig neuen Satz ersetzt werden, der dann meist den Originalen nicht ganz entspricht. Man kann sogar ein völlig neues Zifferblatt aus im Handel erhältlichen Teilen anfertigen, indem man Ziffernreif, Appliken und ein Messingblech dickerer Stärke kauft und in letzteres Stäbe als Zifferblattpfeile einschraubt. Wenn es auch kein Original-Zifferblatt ist, so besteht doch kein Grund, weshalb es nicht trotzdem geschmackvoll und stilentsprechend gearbeitet sein sollte und damit dem alten Gehwerk seine Funktion wiedergeben kann. Beschädigte Gehäuse können repariert werden. Sind kunstvolle Einlegearbeiten zu restaurieren und erscheint dies lohnend, so kann man die Dienste eines Kunstschreiners in Anspruch nehmen. Fehlt das Gehäuse, kann man einstweilen ein Provisorium anfertigen und das Werk darin unterbringen, bis man ein zu ihm passendes Gehäuse gefunden hat. Uhrengläser aller Arten sind im Handel erhältlich; kann man die etwas komplizierter geformten nicht selbst zurechtschneiden, wird ein Bastlergeschäft oder eine Glaserei nach einem Kartonmuster in der gewünschten Form die Arbeit für einen ausführen.

Trotzdem können Probleme auftauchen. So kommt es häufig vor, daß sämtliche Triebe eines Räderwerks stark abgenutzt (»eingelaufen«) zu sein scheinen. Einen völlig neuen Satz selbst herzustellen ist keine leichte Arbeit, und ihn herstellen zu lassen, ist recht teuer. Glücklicherweise ist dies meist weder notwendig noch wünschenswert; ein oder zwei kleinere

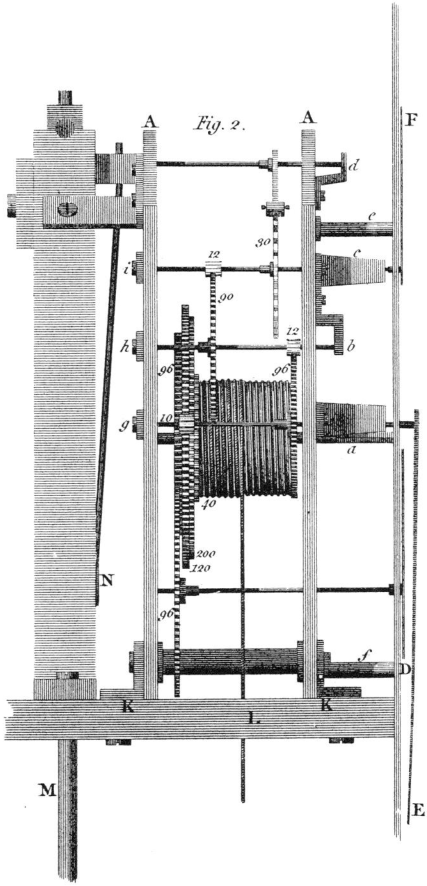

34 Grundkonstruktion einer Gewichtuhr mit Rädersatz und Seilrolle

Triebe müssen vielleicht erneuert werden, aber schließlich will man ja, daß gerade dieses Werk und nicht etwa statt seiner ein neues geht. Ein wenig Zahnluft im Eingriff der größeren Räder des Werks verursacht zwar, besonders im Schlagwerk, ein gewisses Geräusch, aber kaum ein Stehenbleiben der Uhr. Ist ein besonders zierlicher Zeiger gebrochen, so sollte man diese diffizile Reparatur einem Optiker oder einem wirklich guten Juwelier zum Hartlöten anvertrauen; der Minutenzeiger einer Bodenstanduhr muß, wenn man die Zeit einstellt, jedesmal einem beträchtlichen Druck standhalten, und nicht jedes Silberlot ist geeignet, der Reparaturstelle die nötige Stabilität zu verleihen. Die Umstellung einer Uhr von Seilen auf Ketten – falls das Gewissen einem dies erlaubt – läßt sich gewöhnlich nicht ohne Hilfe eines Drehstuhls bewerkstelligen, wenngleich die dazu erforderlichen Dreharbeiten zu den einfachsten gehören. Eine Uhr mit Spielwerk hat eine Stiftenwalze, wie man sie in Spieldosen findet; der eine oder andere Stift läßt sich ersetzen, bei Fehlen der ganzen Walze aber muß eine neue entworfen und angefertigt werden, was meist die eigenen Fähigkeiten übersteigt und einem Fachmann überlassen werden sollte. Diese Reparatur ist zwar sehr kostspielig, kann sich aber durchaus lohnen, da eine solche Uhr einen hohen Marktwert besitzt. Ebenso kann ein Antriebsrad mit seinen Rillen, in denen die Darmsaiten oder Ketten von 8-Tage-Werken laufen, kaum in der Durchschnitts-Bastlerwerkstatt angefertigt werden, aber vielleicht läßt sich das Antriebsrad aus einem anderen Werk verwenden. Schließlich können einen auch stark abgenutzte Emailzifferblätter vor Probleme stellen: bei völlig weißen ist ein Retuschieren möglich; aber bei den oft sehr kunstvoll bemalten – die man, sowohl aus objektiven als auch aus Gründen des persönlichen Geschmacks abscheulich oder reizvoll finden kann – erweist sich dies oft als nicht ganz einfach. Selbst die Ziffern lassen sich manchmal nur schwer wieder aufmalen, da sie nicht, wie beim versilberten Ziffernring, eingraviert sind und dem Pinsel oder der Feder somit keinerlei Führungslinie darbieten. Ist man von einem dieser bemalten Zifferblätter angetan, das sich aber in einem wirklich schlechten Zustand befindet, so sollte man sich vor dem Kauf der Uhr nach einem Künstler erkundigen, der es restaurieren kann, oder ganz die Finger davon lassen, es sei denn, man hat selbst Erfahrung auf diesem Gebiet oder kennt eine der wenigen Firmen, die derartige Arbeiten noch ausführen. Macht dieses besondere Zifferblatt nicht den hauptsächlichen Reiz dieser Uhr aus, kann man es gegen ein anderes Email- oder Messingzifferblatt, das (womöglich zusammen mit einem Werk, für das man im Augenblick keine Verwendung hat) nicht allzu schwer aufzutreiben sein dürfte, austauschen. Allerdings sind alte Messingzifferblätter für eben diesen Zweck, den man selbst im Auge haben mag, sehr gefragt und werden daher immer teurer.

Viele der hier aufgeführten Mängel mögen augenfällig sein, und doch kann das Aussehen des ersehnten Gegenstandes das Auge so gefangennehmen, daß sie ihm nicht weiter auffallen. Eine einfache mechanische Untersuchung wird die verborgeneren, etwaigen technischen Defekte aufdecken. Man entferne das Pendel und, falls noch vorhanden, den Anker und lasse das Räderwerk des Gehwerks laufen. Dabei ist es sicherer, die Gewichte abzunehmen und an der Darmsaite zu ziehen oder, falls die Uhr sich in sehr schlechtem Zustand befindet, das größte Rad mit dem Finger herumzubewegen. Die Räder sollten sich relativ leicht drehen. Ein fehlender Zahn an einem Rad oder Trieb macht sich durch ein Springen

beim Drehen oder durch einen Vorwärtssprung des Minutenzeigers bemerkbar; er kann auch die Ursache dafür sein, daß sich das Werk überhaupt nicht drehen läßt. Ein rostiges oder stark verschmutztes Werk wird sich nur sehr schwer bewegen lassen.
Fehlt das Zifferblatt, vergewissere man sich von dem Vorhandensein zweier Räder (oder, im Falle einer einzeigerigen Uhr, eines – gewöhnlich losen – Rads, des Stundenrads), an der Minutenradwelle, an denen die Zeiger angebracht werden können; mit fehlenden Zeigern und einem fehlenden Zifferblatt kann man es meist aufnehmen, aber fehlende Gehwerkräder stellen einen ernstzunehmenden Defekt dar. Hat man diese oberflächliche Untersuchung am Gehwerk vorgenommen, so überprüfe man nun das Schlagwerk auf die gleiche Weise; man setze es frei, indem man den Raster von der Schloßscheibe abhebt bzw. den Schöpfer des Rechens freigibt. Die Uhr muß, um einen zufriedenzustellen, nicht unbedingt korrekt schlagen, aber zumindest sollte das Räderwerk des Schlagwerks laufen. Fühlt man sich nicht in der Lage, die Dinge auf diese Weise korrekt zu beurteilen, so setze man Anker und Pendelführung – nicht aber das Pendel – wieder ein und bringe das Räderwerk des Gehwerks erneut zum Drehen; eine Hemmung, die nicht völlig aus dem Gleichgewicht geraten ist, sollte die Ankergabel (wenn auch in diesem Stadium nicht unbedingt gleichmäßig) hin- und herzappeln lassen. Funktioniert ein gewichtgetriebenes Werk bis hierher von Hand, ist die Wahrscheinlichkeit groß, daß man es, selbst bei unvollkommener technischer Ausrüstung, zu Hause nach einiger Zeit adäquat zum Gehen bringen kann.
Abgesehen von den hier gegebenen Empfehlungen muß ein jeder für sich selbst entscheiden. Kauft man niemals etwas anderes als eine perfekt gehende Uhr, so bringt man sich um eine der wesentlichen Freuden des Bastler-Seins, nämlich die Möglichkeit, Erfahrungen zu sammeln, und man gibt auch eine Menge Geld aus. Andererseits wäre es aber auch unsinnig, ein Wrack von Werk, bei dem wesentliche Teile fehlen, zu erwerben bzw. eines, das nur durch einen so weitgehenden Austausch von Teilen wieder zum Gehen gebracht werden kann, daß kaum noch etwas von dem Original übrigbleibt. Man sollte stets das, was zu tun man in der Lage ist, gegen das, was man sich leisten kann, abwägen, die Bilanz daraus ziehen und erst dann den Sprung ins Wasser wagen. Manchmal wird daraus ein Reinfall, den man nur schwer verwinden kann, der einem jedoch stets einen wertvollen Vorrat an Ersatzteilen und Material liefert. In den meisten Fällen aber stehen einem viele Stunden stiller Freude an einem schönen und alten Gegenstand bevor, der einem von nun an ein treuer Gefährte sein wird.

Federangetriebene Uhren

Die Feder als Antriebsquelle

Die Feder als Antriebsquelle hat zwar den großen Nachteil, daß ihre Spannung, also ihre Kraft, weder für die Dauer ihres Lebens noch von einem Tag zum andern konstant bleibt; ihr großer Vorzug aber besteht darin, daß sie die Konstruktion transportabler Uhren ermöglicht. Wir werden uns zunächst damit beschäftigen, wie sich der erwähnte Nachteil überwinden ließ, und danach die geläufigeren Uhrentypen und die Formen der Hemmung betrachten, mit deren Hilfe man sich die Vorzüge der Feder zunutze machen konnte.

Die vornehmlichsten Mittel, den von der Feder gelieferten Antrieb auf das gewünschte Gleichmaß zu bringen, sind der »Stackfreed« (die Federbremse), die Schnecke und das Federhaus. Der Stackfreed ist für den Durchschnitts-Bastler von nur geringem Interesse; es ist zwar möglich, aber kaum wahrscheinlich, daß er ihn gelegentlich noch in einer alten Tischuhr antreffen wird. Wir wollen es daher mit der Feststellung bewenden lassen, daß der Stackfreed aus einer starken Blattfeder bestand, die auf eine unmittelbar an einem Rad befestigte Nocke einwirkte; dabei war das Rad so aufgesetzt, daß es sich während des Ablaufes der Uhrfeder einmal um seine Achse drehte. War die Uhr voll aufgezogen, drückte die Feder stark auf die Nocke, war die Uhr fast abgelaufen, übte die Feder kaum noch einen Druck auf die Nocke aus.

Der Stackfreed hat für uns ein rein historisches Interesse – er ist sozusagen eine Geste gegenüber federangetriebenen Uhren, bei denen der zur Verfügung stehende Raum begrenzt war –, der ihm zugrunde liegende Gedanke jedoch, daß die Kraft der vollaufgezogenen Feder durch eine negative Gegenkraft, einen »Verlust«, aufgewogen werden muß, der sich mit dem Ablaufen der Feder proportional reduziert, wird in vereinfachter Form durch die – ihrer Bedeutung nach wichtigere –Schnecke verkörpert [Abb. 35, 36]. Die Schnecke wirkt im Prinzip wie ein sich fortlaufend veränderndes Rad; ist die Feder voll aufgezogen, so dreht sie praktisch ein sehr kleines Rad, das seinerseits das gesamte Räderwerk antreibt; während die Feder abläuft, bewegt sie das Räderwerk über eine zunehmend größer werdende Übersetzung, die schließlich den Gesamtdurchmesser der Schnecke erreicht. In Wirklichkeit besteht die Schnecke aber nicht aus einer Reihe von Rädern, und das Federhaus ist mit ihr auch nicht durch Radverzahnung verbunden, sondern die Schnecke ist eine konische Messingwalze, deren Außenseite mit einer spiralenförmig verlaufenden Rille versehen ist und deren Basis von einem Zahnrad, dem ersten, größten Rad im Werk, gebildet wird, mit dem sie durch ein Gesperr verbunden ist. Die Feder selbst liegt aufgewunden in einer breiten, glatten Trommel, dem unverzahnten Federhaus, das sich auf seiner eigenen Welle dreht, durch eine Darmsaite (oder eine Kette oder Drahtschnur) mit der Schnecke verbunden ist und über sie das Räderwerk bewegt. Ist die Uhr aufgezogen, so liegt die ganze Darmsaite aufgewickelt auf der Schnecke. Während die Feder sich auf ihrer eigenen, feststehenden Welle entspannt, dreht sich das Federhaus und zieht die Darmsaite durch Herumbewegen der Schnecke – und mit ihr des gesamten Räderwerks – von dieser weg auf das Federhaus. Das klingt kompliziert, ist aber in der Praxis ziemlich einfach. Man muß lediglich im Auge behalten, daß, wenn die Uhr voll aufge-

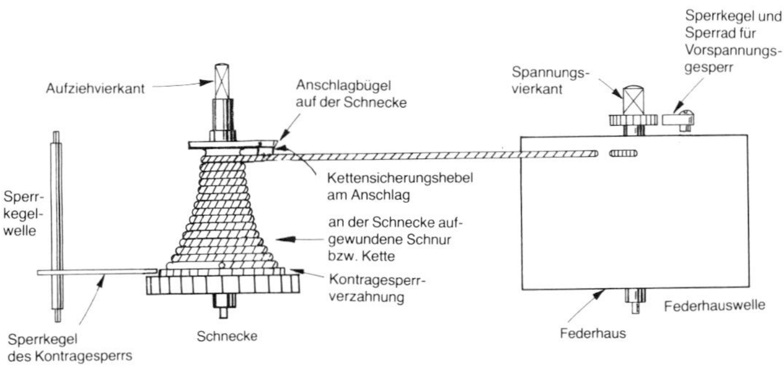

35 Schnecke in vollaufgezogenem Zustand

zogen ist, die Darmsaite sich in ihrer gesamten Länge auf der Schnecke aufgewickelt befindet (wo sie einen Hebel betätigt, der ein weiteres Aufziehen verhindert) und an der engsten Stelle dieser konischen Walze zieht; auf diese Weise gestattet das Schnecken»rad« der Feder zwar zu arbeiten (also sich zu entspannen und damit das Werk anzutreiben) aber nur in begrenztem Maße, d. h. mit einem mechanischen Verlust, der sich proportional zum Nachlassen der Federspannung verringert. – Wann genau diese Vorrichtung erfunden wurde, ist nicht bekannt. Auf dem Kontinent existierte dieser für seinen Zweck bei weitem wirksamste Mechanismus, der für die Entwicklung federangetriebener Uhren eine außerordentlich bedeutende Rolle spielte, bereits im späten 15. Jh., in England wurde er in

36 Schnecke und Kette bei einem frühen Platinenwerk in abgelaufenem Zustand

fast alle qualitativ hochwertigen Kaminuhren bis zur Mitte des 19. Jh. und sogar noch später eingebaut.
Eine praktische und heute allgemein übliche Abwandlung dieses Prinzips besteht nicht etwa in einem separaten Mechanismus, sondern ganz einfach in einer planmäßigen Einengung der Feder. Eine freilaufende Uhrfeder wird ihrer Natur gemäß so lange ablaufen, bis entweder das Werk infolge Antriebsmangels schließlich stehenbleibt, oder – wie es bei den zu Anfang des 19. Jh. produzierten billigeren Uhren und heute noch bei unseren preiswerten Weckern der Fall ist – die Feder an ein Hindernis, nämlich den Werkpfeiler, stößt und dadurch aufgehalten wird. Eine Feder in einem Federhaus aber kann sich nur so weit entspannen, wie die Größe des Federhauses es ihr erlaubt. Das Werk einer Uhr mit freilaufender Feder wird also nur für einen Teil der Zeit gehen, die die Feder imstande ist, es anzutreiben; dagegen wird die Laufzeit einer Uhr mit einer in einem Federhaus eingeschlossenen Feder dem Zeitabschnitt entsprechen, in dem die Feder nahezu ihre volle Kraft besitzt. Danach wird die Feder an ihrer weiteren Entspannung gehindert, und die Uhr bleibt stehen. Das ist eine sehr einfache Anordnung, bei der weder ein separates Federhaus und eine »Auflade«vorrichtung nötig sind, noch eine Darmsaite oder Drahtschnur, die bei einer Uhr mit Schnecke das Werk stets dadurch der Gefahr der Zerstörung aussetzen, daß sie bei vollaufgezogener Feder zu zerreißen drohen. Die praktische Verwertung dieses Prinzips wurde durch die Tatsache erleichtert, daß sich zu Beginn des 19. Jh. die ruhende Hemmung schließlich hatte durchsetzen können. Nunmehr konnte auf Schnecke und Kette verzichtet werden.
Bei der heute noch geläufigen Anordnung ist das Federhaus lediglich etwas erweitert und unten verzahnt und bildet so das erste Rad im Räderwerk.

Die federangetriebene Uhr und ihre Entwicklung

Federangetriebene Uhren der »klassischen« Periode des englischen Uhrenbaus – vom ausgehenden 17. bis frühen 19. Jh. – haben meist Pendel; frühere Exemplare waren dagegen, wie ihre gewichtangetriebenen Artgenossen, mit primitiven Radunruhen oder Waagbalken ausgerüstet. Über die Formen ihrer Hemmung ist nichts zu berichten, was im Zusammenhang mit den Gewichtuhren nicht bereits gesagt worden wäre, mit Ausnahme der Tatsache, daß die Spindelhemmung bei Federzuguhren sehr viel länger als bei Gewichtuhren, nämlich bis ins frühe 19. Jh. hinein, fortbestand. Die Gründe hierfür können nur vermutet werden, und einige dieser Mutmaßungen wurden bereits erwähnt. Möglicherweise fand man, daß die Spindel mit ihrem weiten Schwingungsradius zwar nicht gerade den genauesten Zeitmesser abgab, wohl aber bei einem Bewegtwerden der Uhr weniger leicht stehenblieb. Ähnliche Vorzüge hatte vielleicht auch das leichte »Tropfen«pendel (das sich zwar nicht ganz so lange halten konnte wie die Spindel, aber bei federangetriebenen Uhren doch etwa ein halbes Jahrhundert länger Verwendung fand als bei Gewichtuhren). Zugegeben, die Spindelhemmung ist, im Vergleich zu zahlreichen späteren Formen der Hemmung, ziemlich robust, denn sie funktioniert selbst dann einigermaßen, wenn die Uhr nicht völlig eben steht. Stockuhren (»bracket-clocks«) scheinen im allgemeinen von den gleichen Herstellern, die auch die Bodenstanduhren fertigten, mit größerer Liebe und Sorgfalt und kunstvoller und fachgerechter gearbeitet worden zu sein als diese, und es besteht Grund zu der Annahme, daß die sog. »bracket-clock« oft als Schlafzimmeruhr – als Prunkstück eher denn als vornehmlicher Zeitmesser eines Haushalts – diente. Welcher Grund auch immer für den Fortbestand der Spindel ausschlaggebend gewesen sein mochte, Tatsache ist, daß Spindel und Kurzpendel sich gut zu vertragen schienen und noch im Gebrauch waren, lange nachdem Bodenstanduhren bereits mit Sekundenpendel und verfeinerteren Hemmungen ausgestattet worden waren. Der rückfallenden Ankerhemmung und ihren Varianten gab man bei federangetriebenen Uhren erst etwa ab 1740 den Vorzug. Die Beweislage ist allerdings nicht ganz eindeutig, denn viele Uhren mit Spindelhemmung, die zweifellos durchaus adäquat funktioniert hatten, wurden nun auf rückfallenden Ankergang umgebaut. Vielleicht geschah das auch, damit die umfangreicheren und schwereren Pendellinsen jener Zeit in den gleichen Gehäusen untergebracht werden konnten, die zuvor eine Spindel und ihr »Tropfen«pendel mit entsprechend weiterem Schwingungsradius beherbergt hatten.

Es versteht sich von selbst, daß das Pendel, trotz seiner Vorzüge bei der Zeitmessung, seinem Wesen nach für transportable Uhren ungeeignet ist. Diese Tatsache trat wahrscheinlich im 18. Jh. durch den modischen Hang zu größeren und zunehmend kunstvolleren federangetriebenen Uhren nicht so klar zutage, möglicherweise förderte sie aber auch diesen Modetrend. Jedenfalls suchte man während dieser ganzen Zeit eine wirksame und im echten Sinne transportable Form von Gangregler und Hemmung zu entwickeln. Eine solche Hemmung wurde 1757 auch tatsächlich erfunden. Diese Erfindung, der freie Ankergang, ist zwar die seit nunmehr 100

Jahren für Armband- und Kleinuhren praktisch allgemein übliche Standardhemmung, wurde aber bis etwa 1800 nicht wirklich verwertet, obgleich empfindlichere und weniger befriedigende Hemmungen (wie die Zylinder-Hemmung) sehr viel früher bekannt und in Kleinuhren eingebaut worden waren. Die Gründe hierfür sind umstritten. Eine mögliche Ursache könnte ein kleiner Konstruktionsfehler gewesen sein, der zur Folge hatte, daß bei den ersten Ankerhemmungen Unruh und Anker leicht »ausgeschwungen« sind und dadurch die Uhr zum Stillstehen brachten.

Unschwer läßt sich eine grundlegende Ähnlichkeit der Anker- und Zylinderhemmungen mit den Hemmungen von Pendeluhren erkennen [Abb. 9, 10, 37,]. Zwei Paletten umspannen eine Anzahl von sperradförmigen, spitzen Zähnen eines Hemmungsrads; sie halten abwechselnd das Hemmungsrad an und liefern den Impuls, der die regelnde Unruh und die Spiralfeder in stetigem Oszillieren hält. Bei der Zylinderhemmung ist die Ähnlichkeit etwas weniger augenfällig, aber in Wirklichkeit arbeiten Ein- und Ausgangslippe des Zylinders wie zwei Paletten, die einen Zahn des Hemmungsrads umfassen. Der Körper des Ankers entspricht der Ankergabel einer Pendeluhr; durch ihn wird der Impuls – gewöhnlich mittels eines Stifts (der »Ellipse«) auf der Unruhwelle, der in die gegabelte Spitze des Ankers greift – auf die Unruh übertragen.

Wie wir gesehen haben, besteht der Vorzug der ruhenden Hemmung in einer relativen Reibungsfreiheit, in der Kürze der Paletten-Hebeflächen und in der daraus resultierenden Unabhängigkeit des Pendels. Das ist wichtig für die zeitgebende Funktion des Pendels und absolut entscheidend für eine Unruh, wenn sie nicht stehenbleiben soll. Ankerhemmungen werden als freie Hemmungen eingestuft; der Gangregler steht mit dem Hemmungsrad durch Anker und Paletten nur in ganz kurzem, momentanem Kontakt. Bei der Zylinderhemmung ist das Gegenteil der Fall; die Unruh befindet sich in ständiger Berührung mit dem Hemmungsrad und ist infolgedessen von jeglichen Schwankungen der Federkraft in hohem Maße abhängig. Der sich hieraus ergebende Einfluß auf die Zeitmessung sowie die Empfindlichkeit gegenüber dem Magnetismus und die Abnutzungsanfälligkeit waren ausschlaggebend für das Abkommen von der Zylinderhemmung und die Einführung des Ankergangs zu Anfang dieses Jahrhunderts.

Es gibt zahlreiche verschiedene Formen der Ankerhemmung – der unter Abb. 37 beschriebene Ankergang ist die allgemein übliche moderne Variante, die für Austauschzwecke in qualitativ hochwertigen Einheiten zu vernünftigen Preisen im Handel erhältlich ist. Bei vielen älteren Versio-

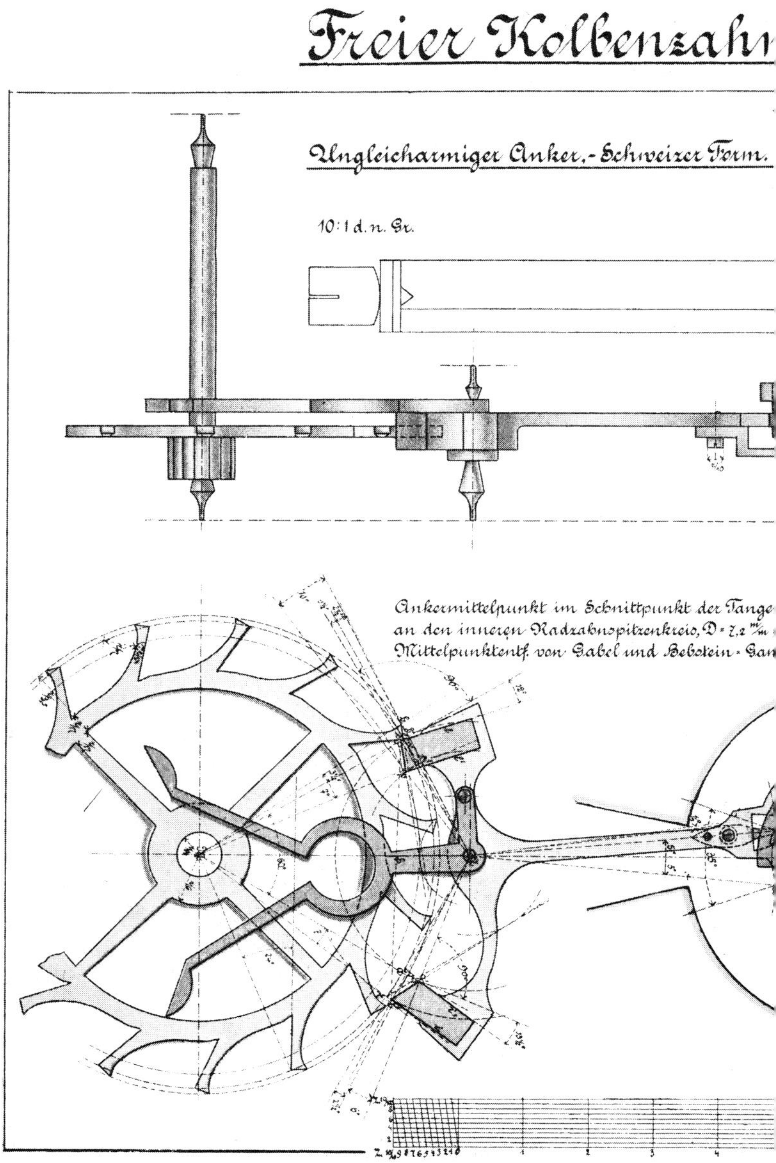

37 Freier Kolbenzahn-Ankergang

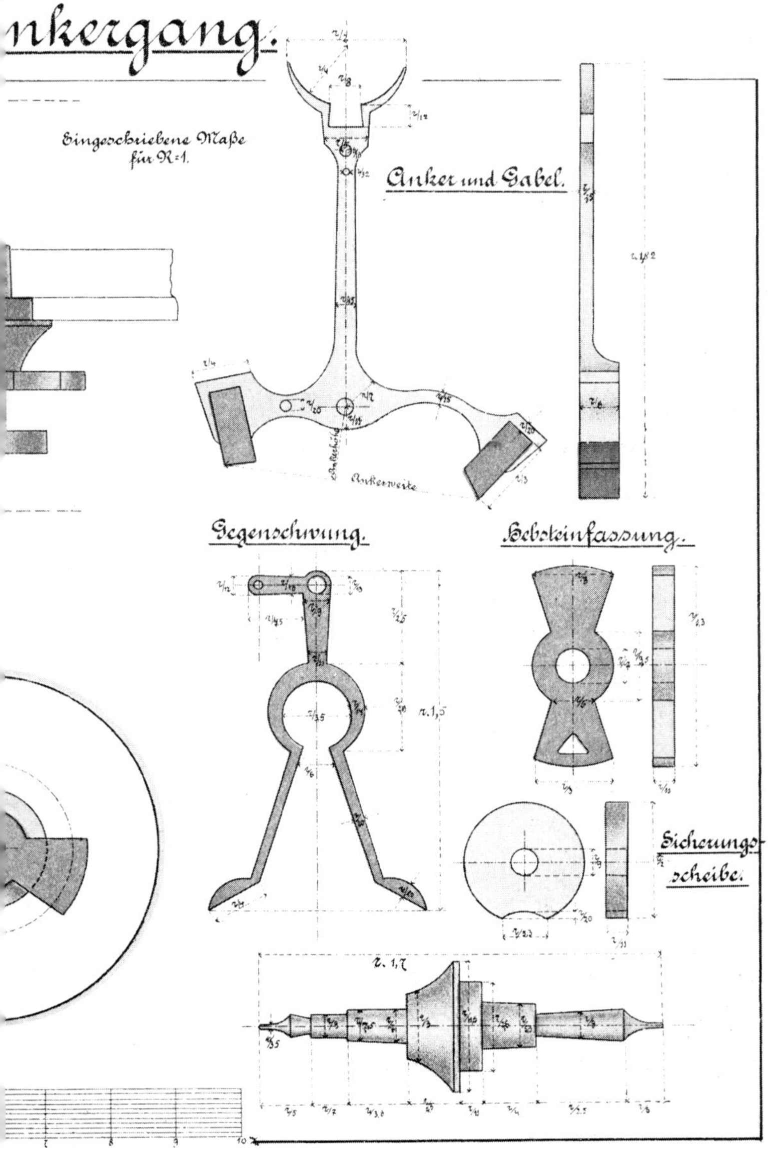
nkergang.
Eingeschriebene Maße für R=1.
Anker und Gabel.
Ankerweite
Gegenschwung.
Hebsteinfassung.
Sicherungsscheibe.

nen stehen die Paletten im rechten Winkel zum Anker und sind mit ihm verschraubt, anstatt ein Teil von ihm zu sein. Ihre Hemmungsräder sind nicht aus poliertem Stahl, sondern aus Messing, und ihre Zähne bilden keine hakenförmigen Kolben, sondern sind reine Spitzzähne. Bei einer moderneren Variante bestehen die Paletten aus Stahlstiften, und die Hemmungsradzähne sind sehr stark zurückgeschnitten, wie bei den »Stiften«formen der ruhenden Pendelhemmung in französischen Uhren. Die Art der Verbindung zwischen Anker und Unruhwelle ist im einzelnen ebenfalls sehr verschieden. Bei einer frühen Form, die man noch gelegentlich in alten Taschenuhren antrifft, war dieser Teil der Hemmung weit davon entfernt, »frei« zu sein – die Unruhwelle ist hier ein Trieb, das unaufhörlich in den Ankerhebel eingreift, der die Form eines gezahnten Rechens hatte.

Es ist weder möglich, noch wäre es nützlich, alle Formen der Ankerhemmung hier aufzuführen und ausführlich zu beschreiben. Oft begegnet man Versionen, die nach modernen Maßstäben als ausgefallen zu bezeichnen sind. Man findet schraubenförmige an Stelle flacher Spiralfedern (ein Versuch, den Isochronismus zu erhöhen), Hemmungsräder mit einem oberen und einem unteren Satz von Zähnen, Paletten und Anker unterschiedlichster Formen und Größen. Sind sie einigermaßen in Ordnung, wird man das Werk ohne große Schwierigkeiten letztlich zum Gehen bringen, obgleich man vielleicht, um sich über Palettenwinkel und Zahnformen zu orientieren, eines der Standardwerke (wie W. J. Gazeley, »*Clock and Watch Escapements*« und M. Großmann, »*Der freie Ankergang*«) wird konsultieren müssen. Bringt man eine alte Hemmung zum Gehen, so wird man durch das Gefühl, etwas vollbracht zu haben, und durch die Bereicherung seiner Sammlung um etwas Neuartiges und Besonderes belohnt. Meist sind jedoch diese Hemmungen stark beschädigt oder unvollständig. Ein solches Stück restaurieren oder eine neue Hemmung anfertigen zu lassen, ist sehr teuer und wird sich nur für denjenigen lohnen, der eine Kapitalanlage in wirklich kostspieligen Uhren sucht. Man ist besser beraten, wenn man eine solche Uhr mit einer vernünftig arbeitenden modernen Hemmung versieht in der Hoffnung, daß man nach einiger Zeit eine gut funktionierende oder wenigstens reparaturfähige Hemmung des Originaltyps findet, die man dann einbauen kann. Auf diesem Gebiet darf man eben nie die Hoffnung verlieren.

Federangetriebene Uhren als Antiquitäten

Stockuhren

Wie sehen nun die Uhren aus, die mit diesen Mechanismen ausgestattet wurden? Nur selten besagt der Ausdruck »Stockuhr«, daß eine Uhr tatsächlich einen eigens für sie bestimmten Uhren»stock« hat oder zu irgendeiner Zeit hatte, an dem sie mit der Wand verankert war. Im allgemeinen wird die Bezeichnung »Stockuhr« auf Kamin- und Tischuhren der »klassischen« Periode und der darauffolgenden Zeit angewandt, auf reich geschmückte, fast stets mit Pendeln und Schnecken ausgestattete Uhren, deren Zifferblätter ähnlich denen der Bodenstanduhren gestaltet waren. Dieser Ausdruck wird aber auch freier verwendet, besonders von Leuten, die weniger glücklich ausgefallene moderne Reproduktionen von Stiluhren mit Glockenspielen verkaufen wollen. In Wirklichkeit ist es sehr fraglich, inwieweit solche Uhren hergestellt wurden, um tatsächlich auf Wandträgern zu stehen, die eigens für sie und zusammen mit ihnen angefertigt wurden, denn offensichtlich kam als erstes der Uhrenstock außer Gebrauch. Zweifellos wurden manche Uhren mit einem dazugehörigen Träger angefertigt, aber äußerst wenige haben überlebt, die nicht im wesentlichen Tischuhren wären und für die somit bereits ein Träger vorhanden ist. Es ist anzunehmen, daß solch eine Uhr – außer ein Zierstück für das Boudoir der Dame des Hauses zu sein – einen doppelten Zweck erfüllte und nachts als Schlafzimmeruhr und tagsüber auf einem Wandbrett stehend als Hausuhr diente. Außerdem gibt es ein Genre federangetriebener Wanduhren, die nicht frei auf einem Uhrenstock standen, sondern an der Wand befestigt oder aufgehängt waren. Man kann lediglich feststellen, daß die Stockuhr nicht in einfacher, gerader Linie von der gewichtangetriebenen Wanduhr abstammt, in der sie ihren Ursprung zu haben scheint. Beinahe so lange wie es überhaupt Hausuhren gegeben hat, also mit Sicherheit seit dem 15. Jh., existierten auch federangetriebene Hausuhren, manchmal vom Prismen- oder Laterntyp, manchmal mit horizontalen Zifferblättern, umfangreichen liegenden (statt stehenden) Kleinuhren gleichend. Darüber hinaus war die Rad-Unruh, die man doch als für transportable Uhren typisch ansehen möchte, ursprünglich früher als das Pendel bei Wanduhren gebräuchlich, und in der Hauptentwicklungszeit der Stockuhren in England kam sie praktisch überhauptnicht zur Verwendung.

Seit der Zeit der frühesten Bodenstanduhren, also ungefähr seit 1670, besaß die transportable Uhr, obgleich sie die Entwicklungsstadien der Gewichtsuhr weitgehend widerspiegelte und aus ähnlichen Materialien wie jene gefertigt war, ihre eigenen unverkennbaren Merkmale, die auf ihre hauptsächliche Bestimmung zurückzuführen sind bzw. ihr dienlich waren. So können bereits die ältesten dieser Uhren oben mit einem Henkel versehen sein – ein Charakteristikum, das allerdings bei jenen, deren Konstruktion dem gewichtangetriebenen Schema sehr eng verwandt ist, fehlt, also bei den Laternuhren oder bei manchen der ganz frühen Stockuhren, deren Form dem Aufsatz der Bodenstanduhr folgt. Während des ganzen 18. Jhs. wurden Uhren mit Henkeln ausgestattet, selbst oft sehr schwere und äußerst kunstvolle Exemplare, die man nicht im Traum am Henkel tragen würde, selbst wenn sie noch so »tragbar« wären [Abb. 38]. Gegen Ende des Jahrhunderts verschwanden dann mit dem Aufkommen der neuen Stilformen, die sich auch bei Bodenstanduhren bemerkbar machten, die Henkel allmählich, aber man findet sie noch immer – nunmehr hauptsächlich als Zierde und meist in Form von Ringen im Maul von vergoldeten Löwenköpfen an den Seiten der Gehäuse (ähnlich der Schubladengriffe an den Kommoden und Tischen jener Zeit) – bis ins 19. Jh. hinein. Die häufig vorhandenen Wecker- und Repetitionsschlagwerke scheinen einen (zusätzlichen) Beweis dafür zu liefern, daß die Stockuhr als Hausuhr diente; viele Uhren schlagen die Stunden auch nicht automatisch, sondern nur, wenn man an einer Schnur zieht; dann verkünden sie die voraufgegangene Stunde und das letzte Viertel. Zu den Stockuhren gehören auch die sog. Nachtlichtuhren, bei denen das Licht einer Kerze ein Zifferblattgerippe erleuchtet – aber diese sind heute äußerst selten und entsprechend teuer.

Obgleich die verschiedenen Schlag- und Weckersysteme einen eindeutigen Zweck haben, war die Stockuhr zweifellos häufig ein Gegenstand verschwenderischen Prunks und ein Zeichen von Wohlhabenheit, also wahrscheinlich ein Statussymbol. Darüber hinaus stellte der begrenzte zur Verfügung stehende Raum eine Herausforderung an die Kunstfertigkeit des Herstellers dar. Seit frühester Zeit waren daher die federangetriebenen Uhren so konstruiert, daß in ihnen alle erdenklichen Vervollkommnungen und Raffinessen, besonders im Hinblick auf das Schlagen, untergebracht werden konnten. Man hört oder sieht auf Abbildungen Viertelstunden- und Minuten-Repetitionsmechanismen, Stundenschlagsysteme, die die Stunde ein zweites Mal schlagen für den Fall, daß man sie das erste Mal nicht gehört hatte, und ähnlich eingerichtete Weckerwerke. Man begegnet vielleicht dem scharfsinnig-ausgetüftelten Schlagwerk, das niemals wirklich Anklang fand – etwa dem »römischen« Schlagsystem, bei

38 Süddeutsche Kommodenuhr, sig. Andreas Hohenadl, Wien, 18. Jh.

dem, um Energie zu sparen, ein Glockenton für die römische Zahl V und ein anderer für die römische Zahl I verwendet wurde –, sowie dem kunstvoll-nutzlosen, das mit einigem Beifall aufgenommen wurde. Dazu gehört z. B. die Uhr von William Congreve aus dem frühen 19. Jh. (bei der eine Stahlkugel eine geneigte Bahn hinabrollt bis sie einen Hebel auslöst, wodurch die Bahn in die entgegengesetzte Richtung hochkippt und die Kugel ihren Lauf erneut aufnimmt) oder die spätere »Kolbenmaschinen«-Uhr der Weltausstellung von 1851, bei der (zu Ehren der vielbestaunten Dampfmaschine) die Hemmung an einen sichtbaren, sich auf- und abbewegenden Kolben gekoppelt ist. Wie gesagt: man begegnet ihnen vielleicht. Sehr viel wahrscheinlicher wird man sie nur durch Hörensagen oder in der Vitrine eines Museums kennenlernen, denn ausgefallene Uhren, seien sie nützlich und schön oder das Gegenteil, wechseln heutzutage den Besitzer zu Höchstpreisen, und eine echte antiquarische Kuriosität läuft einem nur äußerst selten zu einem erschwinglichen Preis über den Weg. Ein paar gutgearbeitete, geschmackvolle Uhren von reichlich typi-

schem Äußeren werden einem bevorzugt und sehr viel eher aufgedrängt als eine kostspielige Extravaganz.
Zugegeben, die Fülle der Stockuhren ist ungeheuer, und ein äußerer Beweis (etwa der Name des Herstellers) ist ein zuverlässigerer und mit größerer Wahrscheinlichkeit zutreffendes Inditz für die Zeitbestimmung als

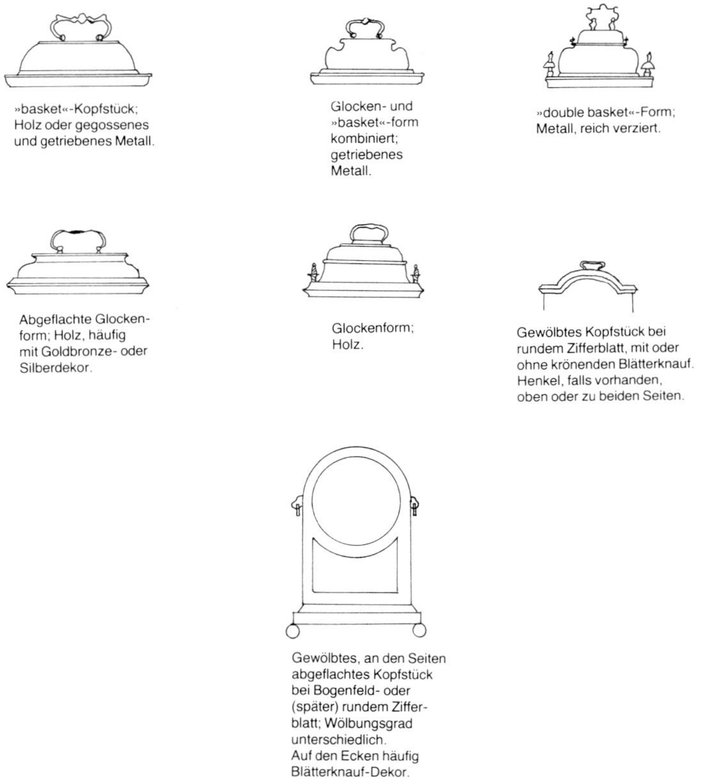

39 Entwicklung der Kopfstück-Silhouette bei Stockuhren ab 1695 in chronologischer Reihenfolge. Zeitliches Überlappen einzelner Formen

ihr allgemeines Äußeres; dennoch gibt es innerhalb der Kategorie der Stockuhren ganz bezeichnende Merkmale, die für Federzuguhren bestimmter Stilperioden typisch sind. Ein besonderes Charakteristikum ist das Kopfstück [Abb. 39], dessen Anfänge (wenn auch nicht seine Endstadien) ziemlich eindeutig festgelegt sind, obgleich man stets, zusammen mit den Konturen, auch alle andern Umstände, insbesondere etwaige Zeichen von Abänderungen, in seine Beurteilung mit einbeziehen muß.

Es gibt z. B. zwei sehr bekannte typische Formen des Kopfstücks, das zuweilen aus lackiertem Messing, häufig aber aus Goldbronze bzw. aus vergoldetem Silber oder gar aus massivem Silber besteht, nämlich die »basket« und die »double basket« Form (etwa: Gondel und Doppelgondel). Erstere findet sich kaum vor 1680, letztere nicht vor Ende des 17. Jhs. Das glockenförmige Kopfstück und jenes in Form einer abgeflachten Glocke treten nicht vor 1700, das zum Rundbogen erweiterte Ziffernblatt nicht vor ca. 1720 in Erscheinung [Abb. 25, 26].
Die für Stockuhren verwendeten Hölzer und Zifferblätter unterscheiden sich in Art und Stil nur wenig von den unter Bodenstanduhren aufgeführten. Das runde Emailziffernblatt setzt sich nicht vor 1785 durch und das völlig versilberte Zifferblatt ohne separaten Ziffernreif nicht vor ca. 1770. Weil die Pendel der Stockuhren keine Sekundenpendel waren oder weil eine sehr genaue Zeitmessung nicht zu ihrer Funktion gehörte, vielleicht aber auch aus beiden Gründen, erschienen Sekundenzeiger bei Stockuhren wesentlich später als bei Bodenstanduhren. Vor dem 19. Jh. sind sie selten, und sie wurden auch nie zur Regel. Im Frühstadium der Stockuhr war es wünschenswert zu sehen, ob die Uhr ging oder nicht, und daher haben viele ältere Uhren (ähnlich den »Linsen« bei den Bodenstanduhren) ein »Scheinpendel« in Form einer an der Ankerwelle befestigten kleinen Scheibe, die durch einen gewölbten Schlitz über der Mitte des Zifferblatts zu sehen ist. Das Scheinpendel stellt jedoch keine zuverlässige Angabe über die Entstehungszeit dar, denn sein Dekor deutet nicht nur auf einen nützlichen, sondern auch auf einen schmückenden Zweck hin. Ist der Schlitz im Zifferblatt dagegen sehr viel breiter als notwendig, kann dies ein äußerlicher Hinweis darauf sein, daß die Uhr ursprünglich eine Spindelhemmung hatte und umgebaut worden ist, oder daß es sich um ein nachträglich »kombiniertes« Zifferblatt handelt.
Man kann wohl mit Recht behaupten, daß das durchschnittliche Stockuhrwerk sorgfältiger und mit größerer Rücksicht auf das technische Detail gefertigt wurde als das Werk der durchschnittlichen Bodenstanduhr, denn letzteres war, selbst bei Vorhandensein der am Aufsatz der Londoner Exemplare üblichen seitlichen Glaspaneele, die sich auch an Stockuhren finden, für das Auge weniger gut sichtbar. Mit anderen Worten, die Durchschnitts-Stockuhr ist, zumindest in ihrem Frühstadium, sehr viel kostbarer als die Durchschnitts-Bodenstanduhr. Erst gegen Ende des 18. Jhs. läßt eine zunehmende Schlichtheit darauf schließen, daß die Stockuhr nun nicht mehr ausschließlich ein sorgsam gehegter Schatz der Wohlhabenden war, sondern jetzt auch in einen ganz normalen Haushalt gehörte. Bis zur Mitte des 18. Jhs. waren die rückwärtigen Platinen, die Ankerbrücke und

40 Englische Bracket-Clock, mit Double-Basket, sig. Claudius Duchesne, London, Ende 17. Jh.

selbst die Schloßscheiben früher Uhren oft mit kunstvollen Gravuren geschmückt. Ungefähr ab 1730 können Stockuhren mit rückwärtigen Glastüren ausgestattet sein, vermutlich deshalb, weil sie mit dem Rücken an Spiegel gestellt wurden, um sie neidvollen Besuchern in ihrer ganzen Pracht zu demonstrieren. In der zweiten Hälfte des Jahrhunderts kam das Eingravieren von Ornamenten auf die Platinen allmählich außer Mode, aber so manche Spitzbogenuhr aus der Zeit um 1800–1820 kann reiche Gravuren aufweisen, und selbst wenn diese nicht die ganze Platine bedeckten, versah man doch ihre Ränder und den Kloben mit einem Dekor. Die Art und Weise, wie Stockuhren in ihre Gehäuse eingepaßt wurden, ist ein Thema für sich und wird natürlich durch Abänderungen und Gehäusewechsel zusätzlich kompliziert. Die frühen Werke sind meist von unten her in den Werkpfeilern verschraubt; von der ersten Hälfte des 18. Jhs. an wurden sie auf jeder Seite mit massiven Messingklammern, von denen eine höher ist als die andere, durch dicke Schrauben im Gehäuse festgehalten, die außen deutlich überstehen. Bei einem Tropfenpendel mit Spindel befand sich auf der rückwärtigen Platine ein kleiner Drahthaken, in den beim Transport der Uhr das Pendel eingehakt und so abgesichert wurde. Zum Regulieren des Pendels wurde der »Tropfen« an dem mit einem Gewinde versehenen Pendelstab herauf- und heruntergeschraubt. Die beim rückfallenden Ankergang übliche flache und schwerere Pendellinse ließ sich entweder, wie beim Standardpendel einer Bodenstanduhr, durch eine Regulierschraube am Ende des Pendels einstellen oder durch eine solche, die auf einem kurzen, an der Pendellinse befestigten und parallel zum Pendelstab verlaufenden Gewindestab saß. Diese Pendel haben flache Pendelstäbe, die beim Transport der Uhr von einer Klammer auf der rückwärtigen Platine festgehalten wurden. Der Sicherungshaken für das Tropfenpendel befand sich seitlich (gewöhnlich auf der linken Seite von rückwärts gesehen), die Klammer für die späteren Pendel mitten auf der rückwärtigen Platine.

Stockuhren kommen in unterschiedlicheren Größen und vielfältigeren – mehr oder weniger kunstvollen – Ausführungen vor als Bodenstanduhren. Die größeren und reicher dekorierten Uhren gehören im allgemeinen nicht zu den ältesten. In der ersten Hälfte des 18. Jhs. tendierte der Geschmack, wie bei den Bodenstanduhren, mehr zum Monumentalen als zum rein Funktionellen. Damit beginnt eine Entwicklung, die sich geradlinig bis ins beginnende 20. Jh. hinein fortsetzt: Das umfangreiche Gehäuse mit seinem Bogenfeld über dem Zifferblatt und den imposanten Hilfsblättern (zum An-/Abstellen des Schlagwerks, zum schnellen/langsamen Ablauf des Gehwerks, später zum Abwechseln von Westmin-

ster/Whittington-Schlag oder 8-Glocken/4-Glocken-Spiel) ist in erster Linie darauf angelegt, zu beeindrucken; die Funktion der Uhr, die Zeit gefällig anzuzeigen und wohltönend zu verkünden, bleibt eher zweitrangig. Die Zeit, in der diese Uhren hergestellt wurden, läßt sich, wie bei den Bodenstanduhren, gewöhnlich ohne Schwierigkeit bestimmen. Oft findet man hinter viel Nußbaumfurnier (und womöglich hinter dem Namen irgendeines Direktors mit 40 Berufsjahren bei einer längst vergessenen Firma) ein ziemlich erbarmungswürdiges kleines Gehwerk mit gestanzten Rädern und Tonfedern für das Glockenspiel. Das Zifferblatt wirkt auf den ersten Blick traditionell konstruiert, aber die Appliken sind dünn und flach, womöglich rauh vom Gießen, und die Zahlen des Ziffernringes zart und umständlich; vielleicht ist das Zifferblatt auch versilbert und hat keinen separaten Ziffernring. Minuten- und Stundenzeiger haben praktisch das gleiche Muster und sind aus schwarz oder blau angemaltem – nicht etwa gebläutem – Stahl (fachgerechtes Bläuen bei Hitze ergibt nämlich ein durchscheinenderes Blau als Farbe). Sehr oft hat die Uhr keinen Traghenkel oben und auf jeder Ecke »Blätterknäufe« in Form gedrechselter Holz- oder gedrehter Messingknöpfe.
Andererseits kann man bei solchen Uhren aber auch angenehme Überraschungen erleben. Man mag hineinsehen und ein paar gute dicke Messingplatinen und eine oder zwei Tonfedern vorfinden oder einen Satz Glocken und eine Spielwerkwalze. Vielleicht ist da auch ein Schneckenpaar (denn obgleich sie beim Schlagwerk kaum ihren Zweck erfüllen, kommen sie zwar manchmal vor, aber dann stets doppelt), das durch eine blanke Stahlkette – das hochwerte Äquivalent für Darmsaite oder Draht – miteinander verbunden ist. Dennoch kann es sich hierbei um eine relativ moderne Uhr handeln – andere Merkmale werden hierüber Auskunft geben; aber einige dieser repräsentativen sog. »Direktoren«uhren sind sehr gut gearbeitet und haben solide Werke, die jedoch ausnahmslos einer gründlichen Reinigung bedürfen. Man wird kaum sein ganzes Haus mit ihnen füllen wollen, aber der Besitz einer solchen Uhr, wenn sie einem zusagt, ist durchaus erstrebenswert. Das gleiche trifft für gute alte Gehäuse mit jüngeren, qualitativ befriedigenden Werken zu, sowie für das große runde »englische« Email-Zifferblatt, hinter dem sich in einem runden Wandgehäuse ein Gehwerk mit Pendel und Schnecke verbirgt. Für den Geschmack vieler Leute ist das englische Zifferblatt zu funktionell, aber die Gehwerke sind im allgemeinen ausgezeichnet; gewöhnlich stammen sie aus der Zeit um 1875 bis zum Ersten Weltkrieg, aber es gibt auch ältere Werke mit Spindelhemmungen.
Bei den kleineren Kaminuhren aus Holz wird man kaum Schwierigkeiten

haben, die alten von den Reproduktionen zu unterscheiden; allerdings läßt sich die genaue Herstellungszeit einer nach dem ausgehenden 18. Jh. gefertigten Uhr manchmal nur schwer bestimmen. Die Vielfalt der Uhrentypen, die um die Wende des 18./19. Jh. in Mode kamen, ist riesig und viele konnten sich sehr lange halten. Mit Hilfe eines Fachbuches wird man annähernd genau die Zeit feststellen können, aus der eine »Spitzbogen-Uhr« stammt (sie hat ein Gehäuse in Form eines gotischen Kirchenfensters, ein rundes weißes Email-Zifferblatt, von Löwenköpfen gehaltene Henkel, und ist oft ausgezeichnet gearbeitet und schön poliert), oder ein Gehäuse mit pyramidenförmigem Kopfstück, dessen gegeneinander abgesetzte Lisenen auf einen krönenden Messingknauf in Form eines Tannenzapfens zulaufen. Ebenso nützlich mag es sein, sich über die Moderichtungen bei Einlegearbeiten mit Messingleisten, bei »fretwork« und bei Intarsien zu informieren, sowie einen kurzen Abriß über die Geschichte der Zeiger zu konsultieren. Allerdings können einem Ballon-Gehäuse – mit rundem Kopfstück und enger »Taille« – oder die Vielfalt der gefälligen Exemplare mit Bogen-Kopfstück und Messinghenkeln einiges Kopfzerbrechen bereiten. Da die stilistischen Details der großen Fülle der aus dem 19. Jh. stammenden Uhren weitgehend unerfaßt und wahrscheinlich auch nicht zu erfassen sind, gilt es, alle nur möglichen Nachforschungen und Untersuchungen anzustellen und sich schließlich ein eigenes Urteil zu bilden. Denn nach Abschluß aller Untersuchungen werden bei einer Stockuhr, ganz gleich wie sie nun einzuordnen ist, doch immer nur die Qualität von Gehäuse und Werk wirklich ausschlaggebend sein, deren fundierte Kenntnis, ganz zu schweigen von einem sicheren Geschmacksempfinden, sich jedoch nur durch Erfahrung erwerben läßt.

Französische Uhren

Bisher haben wir ausschließlich Uhren in Holzgehäusen behandelt. Aber Federzugwerke können sich selbstverständlich auch in Gehäusen aus vielen anderen Materialien, insbesondere aus Messing und Marmor, befinden. Dies ist gewöhnlich bei französischen Uhren der Fall, von denen vorwiegend zwei Typen auf dem Markt stark vertreten sind: die meist unter einem Glassturz stehende, sehr kunstvoll gearbeitete Uhr aus getriebener und feuervergoldeter Bronze und die Marmoruhr, wobei statt »Marmor« auch Alabaster oder schwarzer Schiefer verwendet wurde. Für

den Bastler sind diese Uhren in meinen Augen ein Geschenk Gottes, aber bei Sammlern, die nicht gleichzeitig Uhren-Fachleute sind, genießen sie keinen guten Ruf, und das aus zweierlei Gründen: erstens wurden gegen Ende des letzten Jahrhunderts und darüber hinaus Uhren beider Typen zu Hunderttausenden produziert, und zweitens ist es, teilweise als Folge davon, für den ernsthaften, an einer Kapitalanlage interessierten Sammler oft äußerst schwer, zwischen einer für seine Zwecke guten und einer schlechten Uhr zu unterscheiden. Die Uhr aus Bronze war, bevor ihre eigentliche Massenproduktion einsetzte, in verschiedenen Formen über 150 Jahre lang hergestellt worden, und die Marmoruhr ist nicht viel jünger. Manch eine hervorragende Fälschung oder gute Reproduktion ist heute eigentlich bereits zu den Antiquitäten zu zählen. In jedem Fall stellt allein schon die Masse der französischen Uhren eine Imitation und Strapazierung ihrer eigenen Tradition dar, so daß selbst die Details der Treibarbeiten oder des bildhauerischen Dekors nicht unbedingt als zuverlässige Anhaltspunkte für die Altersbestimmung gelten können. Es existieren Bücher – aber leider zu wenige und nicht genügend ins Detail gehend –, mit deren Hilfe man sich einen Überblick über die Entwicklung der französischen Uhren und ihrer Stilformen verschaffen kann, und jeder, der sich für dieses Gebiet in erster Linie aus Gründen der Kapitalanlage interessiert, handelt äußerst leichtsinnig, wenn er die zur Verfügung stehenden Informationen nicht voll ausschöpft [Abb. 41].
Diese Probleme dürften den Bastler jedoch nur am Rande interessieren, wenngleich er sich natürlich von Zeit zu Zeit mit ihnen wird befassen müssen. Tatsache ist, daß sich gute und schlechte französische Uhren jeder Epoche auf dem Markt befinden und daß bei einer großen Anzahl von ihnen, besonders hinsichtlich ihrer Gehäuse, die Bezeichnung »gut« oder »schlecht« weitgehend Ansichts- und Geschmackssache ist. Immerhin gibt es, was den Mechanismus anbelangt, einige Anhaltspunkte für das ungefähre Alter dieser Uhren. Bei den Uhren des 18. Jhs. hängen die Pendel an einem Seidenfaden, der, um eine Welle auf der rückwärtigen Platine geschlungen, durch Drehen an dieser heraufgezogen oder heruntergelassen wird; später tritt an die Stelle der Welle ein Mechanismus (dabei bewegt ein Zahnrad ein Gewinde, an dem sich zwei Backen, die die Pendelfeder umschließen, nach oben oder nach unten schrauben), mit dessen Hilfe sich die Pendellänge und damit die Pendelamplitude durch Drehen eines Vierkants im Zifferblatt regulieren läßt. Die Seidenfadenaufhängung war bei französischen Uhren noch immer gebräuchlich, nachdem sie bei den Uhren der meisten anderen europäischen Länder längst durch die Pendelfeder abgelöst worden war. Die große Mehrzahl der älteren fran-

41 Französische Tischuhr, sig. Joli et Roy, Paris, Ende 18. Jh., mit Minuten, Stunden und Datumsangabe

zösischen Uhren hat Schloßscheibenschlagwerke. Auch existieren charakteristische Stilunterschiede bei Zifferblättern und Zeigern – in der Regel ist die Uhr um so älter, je zarter Zahlen und Zeiger sind. Der Aufziehvierkant oder die Aufziehlöcher, die bei englischen Uhren symmetrisch und entweder auf gleicher Höhe mit der Zeigerwelle oder unter ihr angebracht sind, befinden sich bei französischen Uhren schon sehr früh an Stellen, die dem englischen Geschmacksempfinden seltsam und absonderlich erscheinen. Die meisten Uhren, die wir dem Typ nach als französisch bezeichnen würden, wurden zwar, zumindest was ihr Werk anbelangt, in Frankreich gefertigt, viele wurden aber nach England exportiert und dort verkauft, oder aber erst in England mit Gehäusen versehen. Das Vorhandensein eines englischen Namens auf dem Zifferblatt beweist nicht, daß die Uhr letztlich nicht aus Frankreich stammt, aber es besagt gewöhnlich, daß sie erst nach 1870 gefertigt wurde. Die Schlagwerke der meisten französischen Uhren, besonders der älteren, arbeiten mit kleinen Glocken. Eine Tonfeder deutet im allgemeinen darauf hin, daß es sich um

42 Wanduhr, sog. Carteluhr, sig. Franz Nitschner, Wien, um 1780, holzgeschnitzt, vergoldet

eine späte Uhr handelt. Das gleiche Unterscheidungsmerkmal gilt mehr oder weniger auch für die Gehäuse: Uhren mit Glocken sind häufig nicht nur auf der Vorder-, sondern auch auf der Rückseite (zu Demonstrationszwecken) verglast und sind mit großer Wahrscheinlichkeit älter als die mit rückwärtiger, seidenbespannter durchbrochener Metalltür (tondurchlässig und staubabweisend) versehenen, mit der gemeinhin Uhren des ausgehenden 19. Jhs. ausgestattet wurden, ganz gleich ob sie Glocken oder Tonfedern hatten.

Welche dieser Merkmale der Bastler auch immer bei einer bestimmten Uhr vorfinden mag und wieviel auch dafür spricht, daß sie für seine Zwecke bestens geeignet ist, er muß ein scharfes Augenmerk auf den geforderten Preis richten. Die meisten französischen Uhrwerke haben kreisrunde Platinen und die Zahnradwellen enden in feinen reibungsreduzierenden Zapfen. Die Zugfedern befinden sich ausnahmslos in Federhäusern und sind nicht stark, denn die Räder sind klein und gut gearbeitet, und das Räderwerk dreht sich leicht und mit einem Minimum an Energieaufwand. Die Werkanordnung blieb im Prinzip fast 200 Jahre lang unverändert. Sie bedurfte keiner Abänderung, weil sie, wie das – allerdings völlig anders geartete – schwere englische Stockuhrwerk, dessen Anfänge weiter zurückliegen, so außerordentlich gut funktionierte. Französische Uhren sind fast immer gut gearbeitet und schön poliert. Der Sammler, der ein ungewöhnliches Stück sucht, stürzt sich, ebenso wie jener, der sein Geld nicht schnell genug loswerden kann und auf eine Kapitalanlage aus ist, natürlich auf die seltensten und ältesten Exemplare – und häufig treffen diese Adjektive nur auf die Gehäuse zu. Französische Uhren vieler Formen und aus den verschiedensten Zeiten sind sowohl äußerst billig als auch zu exorbitanten Preisen zu haben, und die der Preisbildung zugrunde liegenden Maßstäbe und Erwägungen sind nicht immer unbedingt einleuchtend [Abb. 42, 43]. Stößt man auf eine Uhr, die einem wirklich zusagt, hat man fast mit Sicherheit einen guten Fund gemacht. Kann man eine gut proportionierte Uhr auftreiben mit offen sichtbarer Hemmung, mit Paletten aus dunkelroten Edelsteinen und mit dem von Brocot patentierten immerwährenden Kalenderwerk (unter Berücksichtigung von Schaltjahren), dann hat man eine Uhr entdeckt, die heute ihr Geld und morgen ein Vermögen wert ist. Ist man darauf versessen, Hermes und Amor und den ganzen Olymp auf dem Gehäuse versammelt zu sehen, oder möchte man sein Uhrwerk fest und sicher vom breiten Rücken eines Elefanten getragen wissen, dann wird man für seinen doch wohl extravaganten Geschmack bezahlen müssen. Aber ganz gleich auf welches Gehäuse man sich nun kapriziert hat, man sollte nicht verzweifeln, wenn die

43 Französische Kaminuhr, Bronze, Paris, um 1800

Uhr, deren Äußeres einen so sehr anspricht, ein reichlich konventionelles Werk zu haben scheint. Diese Uhren sind zuverlässig, an ihnen zu arbeiten ist ein Vergnügen, und ihre Werke sind im Detail nicht so standardisiert, wie sie auf den ersten Blick erscheinen.

Reiseuhren [Abb. 44]

Die Reiseuhr hat ihren Ursprung ebenfalls in Frankreich. Die typische französische Reiseuhr trat nicht vor 1815 in Erscheinung, wenngleich sich anhand analoger früherer Formen ihre Entwicklung nachzeichnen läßt und echte frühe Exemplare zu beträchtlichen Preisen im Handel zu finden oder in Museen zu besichtigen sind. Das Gehäuse der Reiseuhr besteht aus einem feuervergoldeten Bronze- oder Messingrahmen mit eingelassenen Glaspaneelen, die dem Auge freien Blick auf das Werk gewähren. Dieses ist stets federangetrieben, und seine Hemmung (Ankergang, Zylinderhemmung oder eine ausgefallenere Form) ist oben auf den Platinen horizontal über ihren Rändern angebracht und somit ebenfalls sichtbar. Wie bei französischen Uhren üblich, schlagen die älteren Reiseuhren mit Glocken, jüngere mit Tonfedern (diese kommen bei Reiseuhren sehr viel häufiger vor als bei den größeren französischen Uhren). Das Schlagsystem ist beinah stets ein Rechenschlagwerk, lediglich einige der ganz frühen Uhren haben eine Schloßscheibe. Die meisten Reiseuhren gehen 8 Tage lang, viele aber auch länger, und der etwas unpraktische 14-Tage-Gang ist nicht selten.
Bei Reiseuhren gibt es zahlreiche Varianten und komplizierte Mechanismen. Viele von ihnen repetieren auf Knopfdruck den vorausgegangenen Stundenschlag, und dieses System kann auf das Wiederholen der Viertelstunden, ja selbst der Minuten ausgedehnt sein. Bei besonders hochwertigen Exemplaren laufen die meisten Zapfen in aus durchbohrten Edelsteinen bestehenden Lagern. Es gibt Reiseuhren mit immerwährendem Kalenderwerk, und manche Uhren wurden zusammen mit einem kleinen Barometer in ein und demselben Gehäuse untergebracht. Das selbständige Schlagen kann, wie bei französischen Uhren üblich, zur vollen und zur halben Stunde erfolgen, auch zu den Viertelstunden mit zwei Glocken oder Tonfedern, oder es kann in einer »grande sonnerie« bestehen (dem Schlagen der vorausgegangenen Stunde vor jedem Viertelstundenschlag). Eine große Anzahl von Reiseuhren hat ein Weckerwerk mit Tonfeder oder Glocke (gewöhnlich, aber nicht immer, den gleichen, mit denen auch

44 Französische Offiziersreiseuhren mit Schlagwerk im Louis XVI- und Empirestil

die vollen Stunden geschlagen werden). Die meisten Reiseuhren sind von vorn gesehen rechteckig, variieren jedoch in der Größe vom Riesenformat (25 cm) bis zur Miniaturausgabe (ca. 4 cm). Ob groß oder klein, schmucklos oder mit getriebenem Dekor, flach oder mit Pilastern versehen, alle sind im Stil mehr oder weniger einander angeglichen, was besonders das Kleinformat so attraktiv macht, vor allem wenn dieses ein Schlagwerk besitzt.
Reiseuhren sind in den letzten 15 Jahren im Preis sehr gestiegen, und es wird zunehmend schwerer, einen wirklichen »Gelegenheitskauf«, besonders eine kaputte Uhr, auf diesem Gebiet zu finden. Der Grund hierfür ist natürlich, daß diese Art Uhr jedermann zusagt. Sie ist zugleich ein zuverlässiger Zeitgeber, ein Gesprächsstoff und ein Schmuckstück, und sie hat den zusätzlichen Vorteil, daß ihr leises Schlagen einen zu nächtlicher Stunde nicht aufweckt. Außerdem ist sie unauffällig und drängt sich weder dem uninteressierten noch dem beobachtenden Auge eindruckheischend auf (leider ist sie so etwas wie ein Statussymbol in den Wohnzimmern unserer Vorstädte geworden). Es wird nicht lange dauern, bis man auf seinen Streifzügen durch Antiquitätenläden und antiquarische Uhrengeschäfte den gängigen Preis für die diversen Typen herausgefunden hat, aber man wird gut daran tun, die Geschäfte der Innenstädte zu mei-

den, es sei denn, man will Geld verschenken. Ich kann dem Bastler nur raten, sofort zuzugreifen, wenn er eine französische Reiseuhr zu einem unterdurchschnittlichen Preis entdeckt, denn im Gegensatz zu den anderen französischen Uhren ist die Nachfrage nach diesen Uhren sehr groß und durch ihren hohen Wert wird mit Recht das Augenmerk eines jeden berufsmäßigen Restaurators und Uhrmachers auf sie gelenkt.
Diese letzte Bemerkung trifft für alle Reiseuhren ungeachtet ihrer Qualität und ihres Alters zu. Gegenwärtig befinden wir uns in der sonderbaren Lage, daß bei den Preisen für Reiseuhren ziemlich nebelhafte Faktoren mit berücksichtigt werden, etwa die Kompliziertheit ihrer Werke und wieviel Arbeitszeit investiert wurde, um sie zu restaurieren. Für alles Außergewöhnliche – das Miniatur-, das Riesenformat, die ovale Form (die zwar nicht gerade häufig, aber auch keine Seltenheit ist), das Kalenderwerk, die »grande sonnerie«, den Sekundenzeiger – für all diese Abweichungen vom Durchschnitt der unzähligen Reiseuhren wird, ganz gleich ob vom Unwissenden, der an einem hochpolierten Gehäuse und an einem schönen Schlag interessiert ist, oder vom Sammler, dessen Spezialität das Ausgefallene um seiner selbst willen ist, ein Preisaufschlag gefordert.
Gegenwärtig ist allein das Alter einer französischen Reiseuhr für ihren Preis nicht ausschlaggebend, aber nicht etwa deshalb, weil man ihr Alter nicht beurteilen könnte. Tatsächlich zeichnen sich die älteren Uhren durch ziemlich charakteristische Merkmale aus: sie haben z. B. weniger Messing und mehr Glas, einen breiteren, getriebenen oder mit Gravuren geschmückten Sockel, sie schlagen gewöhnlich mit Glocken und besitzen häufig eine »Federstellung«, um übermäßiges Aufziehen zu verhindern, sie können mit ungewöhnlichen Hemmungen ausgestattet sein und das Trieb ihres Hemmungsrads kann 12 anstatt der üblichen 6 oder 8 Zähne haben. Man wird – außer nach einer unsachgemäßen Reparatur – nur wenig Standard-Reiseuhren mit massiven Messingtüren finden; sind sie dennoch vorhanden und haben sie ein einfaches Dekor in feiner Treibarbeit, so ist das ein relativ zuverlässiger Beweis dafür, daß es sich um eine frühe Uhr handelt.
Diese Merkmale sind an sich freilich nicht notwendigerweise die gleichen, die heutzutage eine breitere Käuferschicht von Reiseuhren ansprechen; zudem ist über die Geschichte der Reiseuhr im einzelnen nur wenig veröffentlicht worden. Es kann daher durchaus vorkommen, daß der bescheidene Bastler auf eine alte Reiseuhr trifft, die sich von den gängigen Erzeugnissen aus den Jahren zwischen 1880 und dem Ersten Weltkrieg merklich unterscheidet, für die er aber nicht mehr bezahlen muß als für eine Standarduhr, die sich zufällig in einem besseren Zustand befindet.

Mit der Zeit wird das Alter einer Uhr ihren Preis wahrscheinlich in höherem Maße beeinflussen, als das heute der Fall ist, und sein Fund mag sich somit als gute Anlage erweisen. Auch ist der Bastler gegenüber dem Händler etwas im Vorteil dadurch, daß er einem etwaigen Reparaturergebnis weniger kritisch gegenübersteht als dieser. Dem Besitzer eines eleganten Juwelier- oder Uhrengeschäfts wird der Haarriß im Emailzifferblatt einer Reiseuhr, der sich möglicherweise nicht einwandfrei reparieren läßt, ein gewisses Mißtrauen einflößen; vom Standpunkt des Bastlers aus ist das kaum ein ernstzunehmender Defekt. Dieser Umstand kann einem jedoch beim Feilschen sehr zustatten kommen, denn eine einwandfreie Reparatur gibt es nicht. Zuweilen werden Beschädigungen an den Rändern mit Hilfe von Messingblech kaschiert, aber neue Uhren wurden ebenfalls mit solchen Tarnreifen versehen. Auch verbirgt man heute sehr stark beschädigte und unansehnlich gewordene Emailzifferblätter unter auf Hochglanzpapier aufgezogenen fotografischen Reproduktionen. Abgesprungene Stellen oder ein tiefer Riß lassen sich mit weißem Kaltemail ausfüllen und fallen dadurch weniger auf. Aber schließlich und endlich muß man sich damit abfinden, daß ein beschädigtes Reiseuhr-Zifferblatt niemals wieder ganz heil gemacht werden kann.

Es muß hier auch noch von den englischen Reiseuhren gesprochen werden. Damit sind nicht etwa die französischen Standard-Reiseuhren gemeint, bei denen sich ein englischer Name auf dem Zifferblatt befindet – wie andere französische Uhren wurden auch Reiseuhren, besonders zu Anfang unseres Jahrhunderts, mit dem Namen des Importeurs oder des Uhrmachers, der sie zusammensetzte, gekennzeichnet –, sondern eigenständige, gewöhnlich mit dem Namen einer bekannten Londoner Firma versehene Stücke. Es sind fast stets ungewöhnliche oder kunstvolle Exemplare, ihre Gehäuse unterscheiden sich in Stil und Proportionen von denen der französischen Reiseuhren, und viele haben nicht emaillierte, sondern versilberte Zifferblätter. Im allgemeinen laufen sie mit Schnecke und Kette, die sich bei den französischen Versionen praktisch nie finden. Diese Uhren werden unter Sammlern zu sehr hohen Preisen gehandelt. Sie sind selten und werden dem Bastler kaum in schlechtem Zustand und zu annehmbaren Preisen begegnen.

Verglaste Reiseuhren

Auf allen vier Seiten verglaste Reiseuhren gleichen ihren unverglasten Artgenossen und stammen aus derselben Zeit wie diese, sind aber in der

Regel größer. Dabei besteht zwischen beiden Uhrentypen kein eindeutiger Unterschied, und ein kleines, qualitativ hochwertiges englisches Exemplar wird gelegentlich auch als normale Reiseuhr verkauft. Diese Uhren wurden ungefähr von der Mitte des 19. Jhs. an sowohl in England – in Holzgehäusen und oft mit Zwei-Glocken-Geläut – als auch in Frankreich hergestellt. Die englischen Varianten haben ein einfaches flaches Kopfstück aus Glas oder Holz und ein rechteckiges Zifferblatt, die französischen größtenteils ein flaches oder gerundetes Kopfstück und ein rundes Zifferblatt hinter dem rechteckigen vorderen Glaspendel.

Die entweder mit Ankerhemmung oder mit rückfallendem Ankergang und Pendel versehene englische Version ist ansprechend und qualitativ gut gearbeitet. Sie ist schlicht und hat etwas Solides, und die Kanten ihrer dicken Glaspaneele haben Facettenschliff. Die französischen Varianten kommen in allen Größen vor; manche sind ungefähr 38 cm hoch, manche nicht höher als eine große Reiseuhr. Die geläufigste Form hat ein Messinggehäuse (das, im Gegensatz zu den englischen Uhren dieses Typs, gestreckter ist), ihre Hemmung ist vor dem Zifferblatt zu sehen, und ihre Pendellinse besteht oft aus zwei quecksilbergefüllten Glasbehältern in Nachahmung des Quecksilberkompensationspendels an hochwertigen Standuhren und Regulatoren: das Quecksilber dehnt sich aus bzw. zieht sich zusammen in dem Maße, in dem sich die Pendelstange infolge der Temperaturschwankungen verlängert bzw. verkürzt. Bei den französischen Uhren erfüllt diese Vorrichtung jedoch mehr einen dekorativen als einen funktionellen Zweck. Die Uhren sind ihrer Zuverlässigkeit und ihres gefälligen Äußeren wegen sehr gefragt, und besonders die englischen Exemplare erzielen einen guten Preis. Eine stark verschmutzte Uhr dieses Typs sieht jedoch recht wenig einladend aus, und ihre Reinigung ist äußerst zeitraubend. Daher kann man auf diesem Gebiet immer noch einen relativ billigen Gelegenheitskauf tätigen.

Die Jahresuhr [Abb. 45]

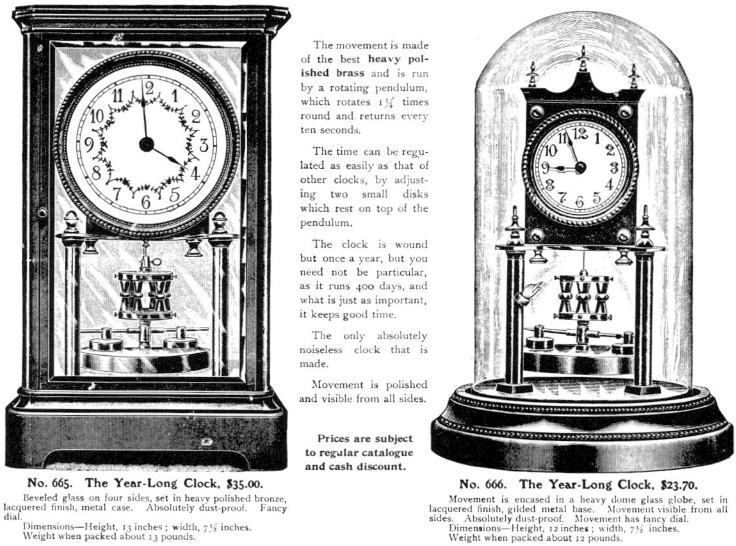

45 Zwei deutsche Jahresläufer aus einer amerikanischen Zeitungsanzeige von 1903

Bei den Uhren mit 400-Tage-Gang (den sog. Jahresuhren) befinden wir uns auf noch relativ unerforschtem Gebiet und begegnen jener Geringschätzung, die der französischen Marmoruhr so oft entgegengebracht wird. Eine gebrauchte Jahresuhr wird man häufig in Ramschläden und ähnlichen Lokalitäten finden, eine neue im Uhrengeschäft der Nachbarschaft. Die Uhr hat ein schweres Drehpendel, das bei älteren Uhren gewöhnlich (aber nicht immer) in einer dicken Messingscheibe, bei neueren in vier untereinander verbundenen Stahlkugeln besteht. Dieses Pendel hängt an einem dünnen Stahldraht, dessen Drehmoment – je nach Länge und Dicke des Drahts im Hinblick auf den Durchmesser der Pendelscheibe durch Schrauben einstellbar – als Zeitregler wirkt. An das obere Ende des Stahldrahts ist ein kleiner Messingfinger geklammert, der auf einem mit dem Anker verbundenen Stift sitzt. Dieser entspricht der Ankergabel einer traditionellen Pendeluhr. Die Hemmung aller Jahresuhren – ausgenommen die der ältesten Exemplare – ist eine Art ruhender Ankergang, sehr ähnlich der bei den Wiener Regulatoren gebräuchlichen Hemmung. Das Pendel dreht sich äußerst langsam, gewöhnlich achtmal pro Minute, und die Zugfeder ist lang und stark. Mit der Erfindung dieser Uhren um 1880 kam eine Einrichtung in Gebrauch, die zuvor als kostspieliger Luxus gegolten hatte, nämlich eine Uhr, die nur einmal im Jahr aufgezogen werden muß.

Das Gehwerk der meisten Jahresuhren befindet sich unter einem Glassturz und ist zwischen rechteckigen Messingplatinen angeordnet, die an Pfeilern auf einem Sockel montiert sind. Mit Hilfe einer Vorrichtung läßt sich das Pendel während des Transports der Uhr fixieren. Da die Torsionsaufhängungsfeder aber den Gang des Werks nicht einschränkt und mit ihrem relativ schweren Pendel sehr empfindlich ist, sind diese Uhren für den Transport womöglich noch ungeeigneter als die meisten mit Pendel versehenen »tragbaren« Tischuhren. Soviel über die allgemein übliche Anordnung der Jahresuhren; es existieren jedoch auch andere, sowohl ältere wie neuere Formen von Gehäusen und Pendeltypen. Die Zeiger sind fast stets gepreßt, oft sehr schlecht oberflächenbehandelt, und die Zifferblätter der älteren Uhren sind normalerweise bemalt oder emailliert im Stil vieler französischer Uhren jener Zeit. Spätere Zifferblätter wirken oft versilbert (sind aber nicht auf traditionelle Art versilbert), wenngleich das Emaillieren bis auf den heutigen Tag in Gebrauch blieb. Einige der ältesten Stücke haben zylindrische oder kugelförmige Pendelmassen.

Obgleich diese Uhren gesammelt werden (ganz besonders in den Vereinigten Staaten), genießen sie doch bei Kennern keinen guten Ruf, und sie können auch noch nicht zu den Antiquitäten gezählt werden. Infolgedessen kosten aus zweiter Hand erworbene Jahresuhren gewöhnlich weniger als ihre neuen, den älteren mehr oder weniger ähnlichen Artgenossen. Ihren Ruf muß der Bastler nicht notwendigerweise bestätigt finden. Zum größten Teil sind sie nämlich ganz vernünftig gearbeitet, wenn auch ihr Äußeres wenig interessant oder besonders anziehend wirkt. Als Zeitmesser arbeiten sie nicht einwandfrei aber, bei entsprechender Einstellung, ganz befriedigend. Schließlich muß man sie nicht allwöchentlich aufziehen und somit werden sie auch nicht jede Woche neu gestellt, und ein erhebliches Abweichen bei der Zeitmessung kann also durchaus das Ergebnis von ein oder zwei Monaten Gangdauer sein. Bis vor kurzem ergab sich als Folge von Temperaturschwankungen und daraus resultierender Veränderungen in der Länge der Pendelfeder eine zwangsläufige Ungenauigkeit; aber nunmehr sind Federn im Handel erhältlich, deren Metall solchen Schwankungen gegenüber unempfindlich ist. Zugegeben, diese Uhren sind von oben bis unten massenproduziert und existieren in Hülle und

Fülle. Dennoch ist auch dieses Gebiet reich an Abwechslung, sind der Mechanismus und die Geringfügigkeit der erforderlichen Antriebszufuhr verblüffend, und man braucht nur zu wählen und zuzugreifen – die Preisunterschiede sind gering. Womöglich begegnet man einer Jahresuhr mit Kalender- oder Schlagwerk, oder mit einer ungewöhnlichen Hemmung oder einem besonderem Pendel – und selbst an den geläufigeren Versionen kann man eine Menge lernen. Im Augenblick ist eine solche Uhr hierzulande noch kein Objekt für eine Kapitalanlage; immerhin dürfte ihr Wiederverkauf kaum einen Verlust einbringen. Aber das Gebiet des Uhrensammelns erfährt gegenwärtig eine ungeahnte Ausweitung dadurch, daß ältere Uhren in die Hände von Leuten gelangen, denen nicht *nur* an einem zweckdienlichen Zeitgeber gelegen ist. Millionen von Jahresuhren wurden produziert, sie sind empfindlich, und eines Tages werden zumindest die ungewöhnlichen unter ihnen etwas Ausgefallenes darstellen und allein schon deshalb wertvoll sein, wenn nicht aus technisch-fachmännischen Gründen.

Skelettuhren [Abb. 46]

Ganz ähnlich ist die Lage heute bei den Skelettuhren. Diese Uhren, deren Werke nicht zwischen massiven Platinen, sondern zwischen durchbrochenen, kurvenförmigen Messingteilen angeordnet sind und die an Stelle des Zifferblatts lediglich einen Zahlenreif haben, wurden vor allem in der zweiten Hälfte des letzten Jahrhunderts in großen Mengen hergestellt. Manche wurden von Hand nachgearbeitet, manche waren auch völlig von Hand gearbeitete Gesellenstücke. Die Skelettuhren reichen vom einfachen Zeitgeber – bei englischen Exemplaren fast stets mit Schnecke und Kette – über die Uhr mit sehr bescheidenem Schlagwerk – sie gibt, ganz gleich welche Stunde es ist, jeweils nur einen Glockenschlag ab –, bis zu den Uhren mit drei Schlagwerken und Glockenspiel und jenen mit Walzenspielwerken, die oft eine erstaunliche Größe erreichen und, wegen ihrer anspruchsvollen Fassade in Nachahmung gotischer Kathedralen, zuweilen unter dem Namen »Kathedral-Skelettuhren« bekannt sind. Es gibt Exemplare mit Kalenderwerk und andere, ausgefallenere, die nur ein Rad oder keine Zugfeder zu haben scheinen. Begreiflicherweise bilden diese Uhren stets ein Gesprächsthema – zweifellos wurden sie in eben dieser Absicht konstruiert – und in vielen Fällen erzielen sie Preise, die kaum in Relation zu ihrem eigentlichen Wert stehen; mit anderen Worten, man

46 Englische Skelettuhr mit Stundenschlagwerk

47 Englische Skelettuhr mit Signalschlag

könnte durchaus eine ähnlich komplexe und möglicherweise ältere oder besser gearbeitete Uhr zu einem niedrigeren Preis auftreiben. Aber selbstverständlich läßt sich der einer Sache innewohnende Wert kaum da definieren, wo das Funktionelle längst nicht allein entscheidend ist. Beabsichtigt man, eine Skelettuhr zu kaufen, so sollte man sich erst einmal gründlich umsehen. Es ist ratsam, die Preise einander ähnlicher Uhren zu ermitteln und sich ein Urteil über die Preispolitik des Händlers zu verschaffen, denn so mancher Händler hat einem Neuling schon eine »seltene« Skelettuhr zu einem völlig überhöhten Preis verkauft, und es existiert so gut wie kein System in der Preisbildung, weder bei den Händlern untereinander, noch was die einzelnen Uhren anbelangt. Hat man aber einmal eine zufriedenstellende Wahl getroffen und war der Preis akzeptabel, so ist eine solche Uhr in der Regel nicht schwer zu reparieren; eine gründliche Reinigung wird ihren Wert schon um etliche Mark erhöhen und die eigene Befriedigung erheblich steigern, und selbst die bescheidenste Skelettuhr ist eine kleine Zierde jeder Sammlung.

Der Kauf einer federangetriebenen Uhr

Als Abschluß dieser Übersicht über Federzuguhren, die dem Bastler allerdings nur eine Orientierungshilfe sein kann, wollen wir noch auf die Dinge zu sprechen kommen, die er auf seiner Suche nach alten Uhren klugerweise meiden sollte. Ganz ohne Umschweife: eine irreparable oder nicht wiederherzustellende Uhr gibt es einfach nicht. Das sollte man in Augenblicken der Entmutigung stets beherzigen; ein paar Wochen Beschäftigung mit anderen Dingen wird einem oft die Lösung eines kleineren Reparaturproblems einfallen lassen, das bisher unlösbar schien. Die kritischen Punkte beim Uhrenkauf sind zunächst die Entscheidung darüber, ob sich die zu investierende Arbeit und Mühe lohnen wird, und sodann die Überlegung, ob die Uhr nach der Reparatur noch eine hinreichende Ähnlichkeit mit dem Original oder mit dem Idealbild, das man in seiner Vorstellung mit ihr verknüpft, haben wird.

Es gibt beispielsweise keine Hemmung, die sich nicht in Sonderanfertigung herstellen ließe, aber diese Arbeit übersteigt meist die Fähigkeit des Bastlers, und die Leute, die sie für ihn ausführen können, sind nur eine Handvoll und dünn gesät. Eine Hemmung der korrekten Größe anzufertigen bzw. anfertigen zu lassen, ist ein langwieriges und sehr kostspieliges Unternehmen, und damit sich das lohnt, muß die Uhr, in die sie eingepaßt werden soll, schon sehr wertvoll sein. Hat man bereits vergeblich versucht, die vorhandene Hemmung wieder instand zu setzen, so ist es wahrscheinlich am besten, einstweilen eine gute neue, massenproduzierte Hemmung einzubauen in der Hoffnung, daß einem in nächster Zeit eine dem Original ähnliche Hemmung über den Weg laufen wird. Den Bastler, der alles getan hat, was zu tun er selbst vermochte oder sich zutrauen durfte, stört ein solches Provisorium weniger als der Umstand, der ihm, ganz gleich welchen Wert eine Uhr theoretisch besitzt, mehr als alles andere zuwider ist, nämlich, daß sie einfach nicht geht. Ist es soweit, daß die Uhr den Besitzer wechseln soll, und er entweder mit dem Preis heruntergehen oder schließlich doch die Hilfe eines Fachmanns in Anspruch nehmen muß (um sich dann womöglich einen Nichtskönner und Pfuscher nennen zu lassen), so wird er das ziemlich gleichmütig hinnehmen, denn seine tiefste Befriedigung hat er ja bereits empfunden.

Die freie Anker- oder die Zylinderhemmung (bei Reiseuhren »Plateau-Hemmung« genannt, weil sie, zumindest bis vor relativ kurzer Zeit, gewöhnlich als Einheit auf einem kleinen Messingplateau montiert war) ist eine Sache für sich, die Pendelhemmung wieder eine andere. Federangetriebene Hemmungen bei Pendeluhren unterscheiden sich prinzipiell nicht von den Hemmungen der Gewichtuhren, manche weichen lediglich im Detail von diesen ab. Ersatzeinheiten sind im Handel nicht erhältlich, aber wenn man genügend Zeit und Geduld aufbringt, liegt die Reparatur meist im Bereich der eigenen Möglichkeiten.

Dekor und Appliken der älteren Stockuhren können ein Problem darstellen. Ist noch ein Gegenstück vorhanden, so kann man von diesem einen Abdruck in Plastilin oder Modelliergips nehmen und ein Ersatzstück aus einem der modernen hart-erkaltenden Kunstharzfüllstoffe gießen. Dieses läßt sich mit Goldfarbe oder Goldwachs zu Restaurierungszwecken bemalen und einstweilen anbringen, bis sich (wenn überhaupt) ein entsprechendes, altes Teil auftreiben läßt. Die Holzarbeiten, soweit sie die Struktur der Gehäuse betreffen, sind gewöhnlich einfach und unproblematisch. Einlegearbeiten kann man, je nach Grad der Beschädigung und Wert des Gehäuses, von einem Kunsttischler reparieren lassen. »Traditionell« konstruierte Zifferblätter können ohne große Schwierigkeit repariert werden, wenn dazu auch möglicherweise mehr als ein Arbeitsgang erforderlich ist. Die größeren und stumpferen Emailzifferblätter können mit Hilfe von weißem Kaltemail oder entsprechend gefärbtem Füllstoff retouchiert werden, wenngleich sich die Beschädigung niemals völlig verbergen läßt. Die empfindlichen glasierten Emailzifferblätter (eine Emailschicht auf einem sehr dünnen Kupferblech) vieler französischer Reiseuhren wurden bereits erwähnt. Eine befriedigende Reparatur ist hier äußerst problematisch, und die Gefahr, die Beschädigung zu verschlimmern anstatt sie zu beheben, ist stets gegeben. Man kann einen Versuch wagen, aber der Zustand und die Bedeutung des Zifferblatts für den Wert dieser Uhren sind Faktoren, die sorgfältig erwogen sein wollen, bevor man eine solche Uhr in Angriff nimmt. Bei französischen Uhren kommt es nicht selten vor, daß die Metall-Bänder, an denen die Werke im Gehäuse festgehalten werden (gewöhnlich durch Verklemmen des Werks zwischen dem vorderen und dem rückwärtigen Glasrand) fehlen oder kaputt sind; sie lassen sich aber ohne Schwierigkeit ersetzen. Für manche dieser Uhren gibt es zwar Ersatzgläser zu kaufen, aber sie lassen sich nur schwer wiedereinsetzen. Am sichersten ist es, die Uhr zum Fachhändler oder Uhrmacher mitzunehmen und ein neues Glas einpassen zu lassen, statt Gefahr zu laufen, ein Glas zu erwerben, das am Rand nicht einwandfrei paßt und beim Versuch, es einzusetzen, bricht.

Was die Werke anbelangt, so haben wir das Problem beschädigter Räder bereits im Zusammenhang mit gewichtangetriebenen Uhren behandelt. Die Räderwerke federangetriebener Uhren sollte man auf die gleiche Weise wie die der Gewichtuhren testen – allerdings kommen beschädigte

Räder bei Federzuguhren sehr viel häufiger vor. Sind an einem Rad nur ein oder zwei Zähne zu ersetzen, so sind die Erfolgsaussichten gut; fehlende Zähne an Trieben sowie fehlende Räder an kleineren Uhren sind jedoch sehr viel problematischer. Im allgemeinen ist nämlich die Größe tatsächlich ein entscheidender Faktor. Den Uhrmacher betrifft das nicht, denn seine Fertigkeit ermöglicht es ihm, sich der Situation anzupassen, aber für den Bastler ist die Reparatur von federangetriebenen Werken mit größeren Risiken verbunden als die Instandsetzung gewichtangetriebener Werke. Zur Veranschaulichung ein triviales, aber geläufiges Beispiel: das Pendel einer Bodenstanduhr hängt an einer ziemlich stabilen Pendelfeder, die, wenn sie gesprungen oder verbogen ist, sich oft wieder gerade richten oder verkürzen läßt. Die Pendelfeder einer französischen Uhr besteht aus zwei ganz dünnen, durch einen Bügel miteinander verbundenen parallel montierten Federn [Abb. 48]. Diese beiden Federn müssen von gleicher Länge und dürfen nicht verbogen oder verheddert sein – sie sind es fast immer, wenn man eine solche Uhr in die Hand bekommt. Die Wahrscheinlichkeit, diese Pendelfedern mit Erfolg zu reparieren, ist minimal, und eine Verdrehung bzw. ein Knick kann hier die Ursache für mangelhafte Zeitmessung, ja sogar für das völlige Stehenbleiben des Werks sein. Diese Pendelfedern gibt es billig zu kaufen und sie brauchen nur geringfügig zurechtgefeilt zu werden, um zu passen. Das einzig Vernünftige ist daher, eine neue Pendelfeder zu erwerben – genau das, was der Fachmann auch tut. Das gleiche trifft weitgehend für beschädigte Spiralfedern an Unruhen zu.

Für Zugfedern gilt, daß Federn, die nahe dem äußeren Ende gebrochen sind, in der Regel repariert werden können. Federn, die am inneren Ende gebrochen sind, lassen sich zuweilen reparieren, aber im allgemeinen hält die Reparatur nicht lange an und kann der Feder schaden. Federn, die anderswo gebrochen sind, müssen unbedingt ersetzt werden. Ersatzfedern sind im Handel erhältlich, aber es ist ratsam, das Federhaus zum Fachhändler mitzunehmen oder es dem Auftrag an ein Versandhaus beizufügen, um sicherzugehen, daß eine Feder der korrekten Größe eingepaßt wird. Ein verzahntes Federhaus mit fehlenden oder beschädigten Zähnen stellt ein ernstzunehmendes Risiko dar. Einen einzigen Zahn kann man meist reparieren oder ersetzen; doch ist auch das ein riskantes Unternehmen, wenn man bedenkt, welcher Belastung diese Zähne ausgesetzt sind. Normalerweise ist man nicht imstande, eine Schnecke oder einen fehlenden Schlagwerkrechen selbst herzustellen – ob sich die Anfertigung durch einen Fachmann lohnt, hängt vom Wert der jeweiligen Uhr ab.

Fehlende Teile an Plateau-Hemmungen können in der Regel nicht durch handelsübliche Fabrikate ersetzt werden, sondern nur durch Spezialanfertigungen zu einem entsprechenden Preis. Normalerweise ist ein völlig neues Ersatzplateau mit Hemmung die beste Lösung; es ist jedoch zu bedenken, daß sich der antiquarische Wert der Uhr bei Ersetzen einer alten Hemmung durch eine neue vermindert. Pendel für französische Uhren sind kaum ein Problem – man kann ein neues Pendel von entsprechender Größe kaufen oder eine kaputte französische Uhr zu einem Schleuderpreis erwerben, die restlichen Teile aufbewahren und entweder das Pendel selbst auf die notwendige Länge bringen oder die Aufhängung seiner Länge entsprechend abändern. Die Pendel vieler französischer Uhren sind mehr oder weniger untereinander austauschbar.

Die Probleme bei den Zifferblättern der Reiseuhren wurden bereits erwähnt. Neue Reiseuhr-Zeiger kann man kaufen, aber nötigenfalls muß man sie auf ein Messingfutter aufnieten und man wird sich, was ihren Stil anbelangt, möglicherweise mit einem Kompromiß zufriedengeben müssen; die älteren, an den Spitzen durchbrochenen Zeigertypen sind nur schwer erhältlich. Manch eine Reiseuhr wird mit fehlenden oder abgestoßenen Glaspaneelen in die Hände des Bastlers gelangen; nichts ist unansehnlicher. Reiseuhr-Paneele aus einfachem Glas kann man im Fachhandel kaufen, aber es ist unbedingt erforderlich, die korrekten Maße genau anzugeben oder das Gehäuse mitzunehmen, damit sie eingepaßt werden können. Die wertvollen bemalten Email-Paneele mancher älteren Uhren können nicht ersetzt werden.

Torsionsfedern für 400-Tage-Uhren [Abb. 45] sind im Handel erhältlich, aber sie sind teuer. Besteht die Wahrscheinlichkeit, daß man an mehr als einer dieser Uhren arbeiten muß, lohnt es sich, ein Sortiment Federn zu kaufen; möglicherweise wird einem auch gar nichts anderes übrigbleiben. Benötigt man aber nur eine Feder, konsultiere man den (in den Vereinigten Staaten von der Horolovar Company veröffentlichten) *»400-Day Clock Repair Guide«*. Anhand der dort abgebildeten Fülle von Pendeln und verschiedenartigen rückwärtigen Platinen wird man höchstwahrscheinlich in der Lage sein, die eigene Uhr zu identifizieren und damit die gesuchte Torsionsfeder herauszufinden. Man kann sie natürlich auch durch Herumprobieren mit einer Reihe von Federn ermitteln, aber das nimmt einige Zeit in Anspruch. Für die Standardgrößen dieser Uhren gibt es neue Glasstürze zu kaufen. Für alle anderen Größen sowie bei Glasstürzen für Skelettuhren, die oft besondere Formen haben, ist man völlig auf die eigene unermüdliche Wachsamkeit und Suche angewiesen.

Nach allem, was gesagt wurde, geht der Bastler, der eine alte Uhr ersteht, also ein beträchtliches Risiko ein. Oft ist er sich durchaus bewußt, welch ein Narr er ist, und doch ist er von der Vorstellung einer einmaligen Chance derart geblendet, daß er einem Händler oder einem Inserenten eine Uhr abkauft oder sie als einzigen Gegenstand, an dem ihm wirklich gelegen ist, zusammen mit einem ganzen Posten auf einer Auktion ersteigert, ohne vorher Gelegenheit gehabt zu haben, sie gründlich zu untersuchen. Andererseits kann er auch wieder, selbst mit Adleraugen, im Uh-

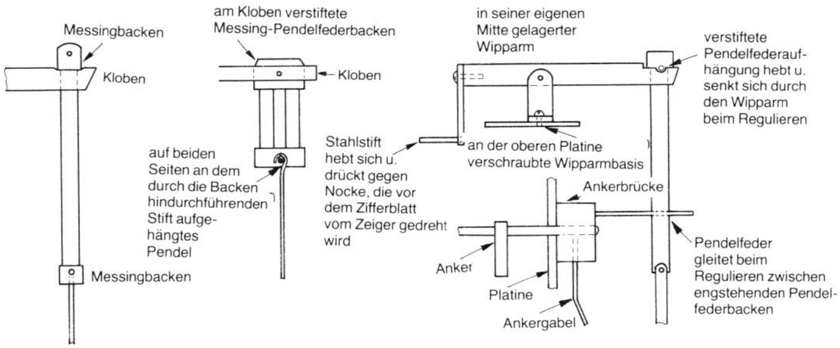

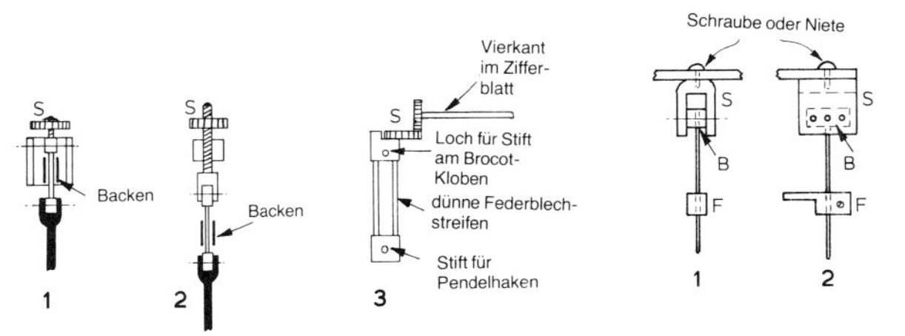

Ältere (2) und jüngere (1) französische Brocot-Pendelfeder. Die Schraube »S« wird von dem an einem Vierkant im Zifferblatt befestigten Rad gedreht.

1: Backen bewegen sich nach oben und unten entlang der Feder.
2: Feder hebt und senkt sich zwischen feststehenden Backen.
3: Übliche französische Pendelfederaufhängung.

1 Vorder-, 2 Seitenansicht. Pendelfeder verklammert in dem am einstellbaren Sattel S verstifteten Block B.
Gabel F steht im Eingriff mit langem Stift auf der Ankerwelle und dient als Ankergabel.

48 Verschiedene Pendelaufhängungen

renhandel nicht alles entdecken. Uhren werden, genau wie Autos, nicht nur verkauft, weil der Besitzer zur Abwechslung eine andere Uhr haben will, oder weil er verstorben ist, oder weil er Geld braucht. Bestimmt haben nicht wenige von uns irgendwann einmal eine Uhr erstanden, bei der diverse Triebzähne fehlten, haben sich in Stil und Entstehungszeit eines Gehäuses total vergriffen oder entdeckten zu spät, daß Gehäuse und Werk nicht ihr ganzes Leben miteinander verbracht hatten. Ein solcher Irrtum hat meist zweierlei Folgen: erstens verliert man mit Sicherheit

Geld und zweitens kommt man ebenso sicher um sein Vergnügen, die Reparatur selbst durchführen zu können.
Offensichtlich lassen sich im einzelnen keine Regeln dafür aufstellen, wie derartige Unglücksfälle vermieden werden können, wenn so viele veränderliche Faktoren eine Rolle spielen, wie der Stand der eigenen Erfahrung, der Grad der technischen Ausrüstung, wieviel man ausgegeben hat, wieviel man hätte ausgeben sollen, wie gut die eigenen Bezugsquellen sind usw. Andererseits dürfte auch kein Zweifel darüber bestehen, daß sich nur sehr wenige dieser Fehlgriffe auf die Dauer als absolute Katastrophen erweisen. Mit der Zeit wird man vielleicht lernen, etwas zu tun, von dem man dachte, man brächte es nie zustande, oder man findet womöglich jemanden, der es für einen tut; schlimmstenfalls werden sich Überbleibsel für eine mögliche künftige Verwendung anhäufen. – Hier wurde versucht, die Gebiete aufzuzeigen, wo im allgemeinen etwas Vorsicht geboten ist. In den folgenden Kapiteln seien einige der Reparaturen angeführt, die der Bastler mit berechtigter Hoffnung auf Erfolg selbst vornehmen kann.

Reinigen und Zerlegen

Reinigen

Man hört oft, daß Uhren vornehmlich aus zwei Gründen gereinigt werden müssen: damit sie ansprechend aussehen und damit sie korrekt funktionieren. Schmutz wirkt unansehnlich – das wird man zweifellos schon einmal beim Vergleich zwischen einer für den Verkauf hergerichteten Reiseuhr und einer Reiseuhr, die nie in ihrem Leben gereinigt worden zu sein scheint, festgestellt haben –, und Ansammlungen von Schmutz erzeugen Abnutzung und erhöhte Reibung, die ihrerseits langsam und unbarmherzig an einer Uhr nagen, wie Holzwurm oder Trockenfäule am Gebälk eines Hauses. Das sind also zwei triftige Gründe für das Reinigen einer Uhr, aber es gibt noch einen dritten, mindestens ebenso wichtigen: nur wenn man eine Uhr völlig zerlegt und mit der Bedächtigkeit betrachtet, die das langsame Vorankommen während einer gründlichen Reinigung mit sich bringt, wird man die Uhr erst richtig kennenlernen. Vielleicht entdeckt man etwas Wichtiges, wie den Namen des Herstellers auf der Rückseite des Zifferblatts, oder Löcher, die vorher nicht zu sehen waren und die auf eine früher einmal vorgenommene Abänderung oder Umwandlung der Uhr hinweisen. Oder man kann anhand guter oder entstellender Reparaturen die Spuren der Kunstfertigkeit oder Unerfahrenheit seiner Vorgänger gewahren. Vor allem aber kommt man auf diese Art und Weise zwangsläufig dahinter, wie eine bestimmte Uhr arbeitet oder arbeiten sollte, denn, so begrenzt die Zahl wirklich von einander abweichender Konstruktionsprinzipien auch ist, bei ihren praktischen Anwendungsformen ergeben sich im einzelnen doch ganz erhebliche Unterschiede.

Man mache es sich zur Regel, sich niemals mit einer Uhr zu befassen – und auch nur selten an der Uhr eines anderen zu arbeiten –, ohne sie zuvor einer gründlichen Reinigung unterzogen zu haben. Zugegeben, bei einer Bodenstanduhr oder einer französischen Uhr, deren Werk fast völlig in einem ihr genau angepaßten Gehäuse untergebracht ist, sind die Werke normalerweise nicht sichtbar. Aber man wird es nicht über sich bringen, viele Monate verstreichen zu lassen, ohne ins Innere der Uhr vorzudringen, und ein Großteil des eigenen Vergnügens ist dann dahin, wenn man sich einer schwärzlichen, schmierig-verkrusteten Masse oder

Schlimmerem gegenübersieht. Zudem wird man die Hälfte der Teile gar nicht deutlich erkennen können, und man wird auch keine Gewißheit darüber haben, ob sie ordnungsgemäß exakt arbeiten. Daraus darf aber nicht gefolgert werden, daß alles hochpoliert und blank sein muß – viele der großen, in Gehäusen ohne Glaspaneele untergebrachten Gehwerke wurden niemals poliert oder auf Hochglanz gebracht, mit Ausnahme der arbeitenden Oberflächen, wo die Reibung auf ein Minimum reduziert werden muß. Aber es ist ein himmelweiter Unterschied zwischen sauberem, unpoliertem Stahl oder Messing und schwarz angelaufenem oder gar verrostetem Metall. Und schließlich will man seine Uhren auch durch und durch kennen, man will sie in ihrem bestmöglichen Zustand wissen, und man will sich mit ihnen sehen lassen können.

Das Reinigen einer Uhr ist eine langwierige Arbeit, die sich nicht überstürzt erledigen läßt. Man wird weder die gewünschte Wirkung erzielen, noch eine Verbesserung der mechanischen Funktion erreichen, wenn man das Gehwerk in ein Benzinbad legt, es trocknen läßt und dann allenthalben Öl aufträgt, um die Dinge in Bewegung zu halten. Behandelt man das Federhaus einer Zugfeder auf diese Weise, wird man sogar erheblichen Schaden anrichten, weil die Feder nicht richtig austrocknen kann. Tatsächlich gibt es keine befriedigende Alternative zur Notwendigkeit, das Werk völlig in seine Einzelteile zu zerlegen und ein Teil nach dem anderen zu säubern. Dies nimmt einige Zeit in Anspruch; darauf sollte man sich einrichten und entsprechend disponieren. Man sollte eine längere Freizeitperiode vor sich haben, wenn man diese Arbeit in Angriff nimmt, es sei denn, man verfügt über genügend Platz und kann die Teile gefahrlos tagelang herumliegen lassen. Man erspart sich dann den Ärger, nicht wieder zu identifizierende Teile vom Boden aufheben zu müssen, weil die Kinder den Tisch umgestoßen haben, und muß sich nicht mit dem Problem herumschlagen, wie die bereits gereinigten Teile staub- und schmutzfrei gehalten werden können. Ich nehme das Reinigen immer am Wochenende vor. Nach meiner Erfahrung läßt sich ein einfacher Zeitgeber relativ bequem in ein bis zwei Tagen und eine Uhr mit Schlagwerk oder Glockenspiel gerade eben an einem freien Wochenende bewältigen.

Wir haben gelernt, daß Materie, ebenso wie Energie, unzerstörbar ist. Jeder, der einmal eine vernachlässigte alte Uhr gereinigt hat, kann diese Tatsache bezeugen. Schmutz wird nicht zerstört, sondern lediglich von einem Ort zu einem anderen befördert. Im Interesse des häuslichen Einvernehmens und um nicht Gefahr zu laufen, Getanes wieder zu zerstören, sollte man für alles, was man von einer Uhr entfernt, eine Ablage bereitstellen. Man benötigt einen Arbeitskittel, Lappen in großen Mengen, zwei oder drei Marmeladegläser und einen breiten flachen Behälter, um die einzelnen Teile darin einweichen zu können. Dazu eignet sich besonders eine Wanne oder eine große Backform. Die wesentlichen Reinigungsmittel sind Salmiakgeist, milde Seife oder flüssiges Spülmittel und Metallpolitur. Fensterreinigungsmittel aus der Flasche oder als Spray hilft beim Säubern fleckiger Glasscheiben. Zu den notwendigen Werkzeugen gehören feinere Feilen, Schmirgellatten oder -papier, Lederfeilen oder Waschleder, Drahtbürsten, Beiß- und Zwickzangen und ein Sortiment Schraubenzieher.

Der Reinigungsprozeß ist weder etwas Geheimnisumwittertes, noch erfordert er großes Können; jeder hat natürlich seine Lieblingsmethode, wobei das Vorgehen im einzelnen je nach Qualität des Werks und der Art der Verschmutzung variiert. Werkbank oder Tisch werden möglichst mit weißem Papier abgedeckt; nur zu leicht verliert man sonst Schrauben und kleine Teile aus den Augen, und außerdem läßt sich das Papier auch zum Skizzieren der Positionen von einzelnen Stücken während des Zerlegens verwenden. Man schütte Salmiakgeist in die Wanne und in ein oder zwei Marmeladegläser und verdünne mit Wasser – der Grad der Verdünnung muß sich nach der Hartnäckigkeit von Schmutz und Beschlag richten. Verdünnt werden sollte mit sehr heißem Wasser, da die Lösung im warmem Zustand am wirksamsten ist. Dem verdünnten Salmiakgeist (Ammoniakverbindung) gebe man etwas Seife oder zwei bis drei kräftige Schuß Spülmittel bei. Es empfiehlt sich, während dieser Vorbereitungen mit Gummihandschuhen zu arbeiten, da Ammoniak in etwaigen offenen Wunden brennt, und bei offenen Fenstern und Türen, da die Ammoniakdämpfe unangenehm sind und die Augen tränen lassen können. Statt der oben beschriebenen Mischung lassen sich natürlich auch handelsübliche Reinigungsflüssigkeiten verwenden, aber in der Regel haben diese bei der manuellen Reinigung keine besonderen Vorzüge, und ihre Zusammensetzung ist in jedem Fall ziemlich die gleiche. Man kann auch Benzin verwenden – es eignet sich bestens zum Entfernen von altem Öl und Fett, hat aber keine große Einwirkung auf den Beschlag von Messing.

In die Lösung werden alle Messingteile eingelegt (einschließlich derer, die, wie Räder, mit Einpaßstücken aus Stahl versehen sind); dem Federhaus, falls ein solches vorhanden, sollte man diese Behandlung aber erst nach dem Entfernen der Feder zuteil werden lassen. Kleine Teile können an einem Stück Draht in eines der Marmeladegläser gehängt werden. Man achte darauf, daß alle Teile von der Lösung völlig bedeckt werden; ist das nicht der Fall, kann der Flüssigkeitsstand unschöne Ränder hinterlassen,

die nur sehr schwer wieder zu entfernen sind. Wie lange man die Teile eingeweicht läßt, bleibt dem eigenen Ermessen überlassen. Gewöhnlich genügen ungefähr 10 Minuten, große und sehr verschmutzte Teile brauchen länger. Doch sollte man das Bad nicht wesentlich über eine Stunde ausdehnen, da andernfalls, besonders an Metall ungleicher Qualität, Flecken entstehen können. Ich persönlich reinige Zug um Zug, während ich zerlege, und nehme mir Schrauben, Zeiger und andere Kleinteile zur Nachbehandlung vor, während zwei oder drei Messingstücke und Räder weichen. Dann lege ich den nächsten Schwung ein und mache mich an die Nachbehandlung der herausgenommenen Teile. Die Platinen werden gegen Ende des Reinigungsvorgangs eingetaucht, aber nicht erst ganz zum Schluß, weil sie meist länger in der Lösung bleiben müssen; es sieht zwar immer so aus, als bräuchten sie nur kurze Zeit, aber dann benötigen sie doch am längsten. Sind übrigens irgendwelche Teile, die in diese Flüssigkeit eingetaucht werden, lackiert, so muß man sich vorher überlegen, ob man sie lieber gleich so lassen will, wie sie sind, ob sie anschließend wieder lackiert werden, oder ob sie in Zukunft überhaupt unlackiert bleiben sollen:der Lack wird nämlich mit abgelöst.
Grundsätzlich wirkt die Salmiakgeist-Mischung viel mehr schmutzlösend als -entfernend. Trotzdem hat sich am Ende des Tages ein häßlicher Bodensatz in Wanne und Gläsern gebildet, und die Flüssigkeit läßt sich nur einmal wirksam verwenden. Wenn die Teile aus ihrem Lösebad herausgenommen werden, kann einen ihr Aussehen zuweilen geradezu erschrecken; oft haben sie ein stumpfes Grau oder Braun angenommen und wirken sehr viel unansehnlicher als vor dem Eintauchen. Aber das ist durchaus in Ordnung. Man wasche die Lösung mit einer in Benzol oder Benzin angefeuchteten Bürste ab, denn Ammoniakrückstände auf Stahl erzeugen Korrosion. Dann werden die Teile entweder bei milder Wärme, etwa von einem elektrischen Heißluftventilator, oder mit einem nichtfusselnden Tuch getrocknet. Sind noch immer hartnäckige Schmutzrückstände vorhanden und handelt es sich nicht um hochpolierte Teile, bürste man sie kräftig mit einer Messingdrahtbürste ab; das ist in jedem Fall bei den Zähnen der Werkräder erforderlich (hier kommt einem der früher erwähnte Elektromotor mit der rotierenden Bürste zustatten). Die glatten Oberflächen hochglanzpolierter Teile, insbesondere von französischen Reiseuhren, können leicht von der Drahtbürste zerkratzt werden; deshalb geht man bei ihnen am besten gleich zum Endstatium über und behandelt sie mit Metallpolitur. Ist diese trocken, kann man die Teile mit Waschleder nachpolieren. Kleine Ecken, Ritzen und Spalten lassen sich mit Hilfe von zugespitztem Putzholz reinigen. Die Zähne der Räder

müssen abschließend mit einer weichen Bürste nachbehandelt werden. Sind diese Messingteile gesäubert, so vermeide man nach Möglichkeit, sie mit den Händen zu berühren; was zunächst wie eine stumpfe, vom Hautfett herrührende Spur aussieht, wird mit der Zeit ein unansehnlicher brauner Fleck, und es ist immer sehr viel leichter, ein ganzes Teil (besonders wenn es sich um eine Platine handelt) zu säubern, als einen kleinen Fleck nachträglich wieder wegzubringen. Größere Teile sollten mit einem Tuch zwischen Fingern und Metall angefaßt werden, kleinere mit einer Pinzette. Der Fachmann arbeitet mit Seidenpapier, um Fingerabdrücke auf polierten Teilen zu vermeiden.
Die Behandlung von Stahl hängt von seinem Zustand ab. Gut polierte Teile können gewöhnlich mit einem Lappen und etwas Öl abgerieben werden. Leicht verrostete Teile lassen sich mit der Drahtbürste behandeln. Stärkerem Rostansatz muß mit einer Schmirgellatte oder gar mit einer feinen Feile zu Leibe gerückt werden. Nur in den schlimmsten Fällen wird man Rostlöser oder Säuren zu Hilfe nehmen müssen; dabei sind allerdings Vorsichtsmaßnahmen zu beachten, wie das Tragen von Gummihandschuhen und das Aufbewahren des gut verschlossenen Behälters nach Gebrauch an einem sicheren Ort. Nach dieser drastischen Behandlung sind die Teile jedoch sauber und sehen ganz annehmbar aus. Wurde die Reinigungslösung gut abgespült und sind die Teile, besonders in den Spalten, gründlich abgetrocknet worden, so werden sie künftighin keinen Rost mehr ansetzen. Je nach dem Grad der voraufgegangenen Verrostung können sie allerdings an manchen Stellen Vertiefungen aufweisen. An runden Teilen lassen sich diese ohne eine Drehbank oder einen Elektromotor mit Dreibackenfutter nicht glätten; ist eines dieser Hilfsmittel vorhanden, kann man das Teil gegen zunehmend feinere, rotierende Schleif- oder Polierscheiben halten, wodurch schließlich wieder neues und solides Metall zum Vorschein kommt. Flache Oberflächen lassen sich sauber und glatt abfeilen und blankpolieren.
Bei Stahlzeigern und Zapfen ist besondere Vorsicht geboten. Die Zeiger werden wahrscheinlich neu gebläut werden müssen, was absolut saubere Oberflächen erfordert. Zapfen müssen in ihre vorhandenen Lager passen oder ihre Lager sind entsprechend abzuändern. Sehr stark verrostete Zapfen können nicht gereinigt, sondern müssen erneuert werden; die überwiegende Mehrzahl der Zapfen aber wird nach dem Abwaschen, Bürsten und Blankreiben durchaus sauber sein. An Zapfen, und besonders an feinen, viel herumzudoktern heißt, vor allem für den Anfänger, neue Schwierigkeiten auf den Plan rufen. Ist ein Zapfen nicht ernsthaft aus der Form geraten, sondern lediglich etwas angegriffen, läßt er sich mit

einem Polierstahl oder der leicht mit Schmirgelpapier angerauhten flachen Seite einer Feile reinigen. Diese Arbeit läßt sich am leichtesten durchführen, indem man die Welle mit einem Stiftenkloben festhält und den Zapfen in die zu diesem Zweck eingeschnittene Kerbe eines Holzblocks legt, um ihn derart abgestützt zu glätten.

Triebzähne lassen sich mit Hilfe eines scharf zusammengefalteten Schmirgelpapiers reinigen; nötigenfalls verstärke man die Falte mit einem zugespitzten Putzholz. Zugfedern werden, wie feine Zapfen, am besten einfach sauber gewischt und dann mit einem von einer feinen Pinzette gehaltenen öligen Lappen nachgerieben. Angesammeltes Öl läßt sich mit Benzin entfernen. Keinesfalls darf eine Feder zum Reinigen entrollt werden; die unvermeidliche Verzerrung wird ihre Funktionsfähigkeit beeinträchtigen und sie nach einiger Zeit brechen lassen. Pendelaufhängungsfedern sollten sauber abgewischt werden; es wäre sinnlos, an ihnen herumzufeilen oder zu -schaben, denn die kleinste Verzerrung kann hier zu Abweichungen in der Zeitmessung, wenn nicht gar zum Stillstehen der Uhr führen. Pendelfedern sind billig, und eine stark angegriffene Feder sollte man ersetzen. Das gleiche gilt für Spiralfedern; im Gegensatz zu Rost läßt sich Schmutz hier durch leichtes Abtupfen mit der oben beschriebenen Lösung und anschließendes Neutralisieren entfernen. Sodann wird die Feder zum Trocknen in ein Seidenpapier gewickelt und zum Schluß ganz behutsam abgebürstet.

Ein mit neuen Stiften versehenes Werk sieht sehr viel besser aus als eines, bei dem unvollkommen geradegerichtete, in Stärke und Tiefe nicht mehr passende, alte Stifte wiederverwendet wurden. Diese Kleinigkeiten sind nicht teuer und machen doch sehr viel aus. Das Abfeilen von Unebenheiten an Aufziehvierkanten ist ein weiteres Detail und das Bearbeiten von Schrauben wieder ein anderes. Besonders geformte alte Schrauben, vor allem solche mit viereckigen Schraubenköpfen, lassen sich mit Drahtbürste und Schmirgellatte säubern oder mit einem Rostlöser behandeln. Ein etwas neuerer, womöglich polierter Schraubenkopf, der durch den nachlässigen Umgang mit einem Schraubenzieher oder durch gewaltsames Herausziehen der infolge Verrostens festgefressenen Schraube stark beschädigt ist, läßt sich nur sehr schwer wieder instandsetzen. Am Anfang tut man natürlich sein möglichstes. Im Laufe der Zeit wird sich aber wahrscheinlich ein Vorrat an Schrauben ansammeln, so daß sich eine in Größe und Stil passende Schraube finden läßt. Es gibt allerdings zuweilen verzweifelte Situationen, in denen man einen ganzen Satz neuer Schrauben einpassen muß, weil man für die einzig fehlende alte Schraube keinen Ersatz auftreiben kann. Hin und wieder läßt sich das

Problem auch dadurch lösen, daß man das Schraubenloch vergrößert und mit einem Gewinde für eine stärkere Schraube aus dem eigenen Vorrat versieht.

Das Reinigen der Werkplatinen nimmt stets mehr Zeit in Anspruch als erwartet, aber man wird für seine Mühe durch das sichtbare Ergebnis belohnt. Nach dem Reinigungsbad werden die Platinen abgetrocknet und mit Metallpolitur behandelt. Es ist unbedingt erforderlich, sämtliche Löcher durch Drehen scharfkantig zugeschnittener Putzhölzer zu säubern, die immer wieder frisch zugespitzt werden, bis das Putzholz schließlich völlig sauber aus dem Loch herauskommt. Ölsenkungen (die Zapfenlager gut gearbeiteter Werke umgebende Vertiefungen) lassen sich mit dickeren abgerundeten Holzstückchen oder einem mit Lappen umwickelten Putzholz reinigen. Man kann auch sehr wirksame, speziell geformte Poliereinsätze zur Verwendung in Dreibackenfuttern für diesen Zweck kaufen; ist kein Elektromotor vorhanden, so lassen sich diese Einsätze oder das Putzholz auch im Bohrkopf eines Handbohrers verwenden. Gravuren können mit Putzholz gereinigt werden. Soll die Platine wirklich sauber sein, so wird man sie mindestens zweimal behandeln müssen; in welchem Stadium auch immer man die trockene Metallpolitur abreibt, etwas davon wird stets wieder in die Löcher geraten, und wenn man sich das Säubern der Löcher bis zuletzt aufhebt, wird etwas von dem geronnenen Öl in ihnen unweigerlich wieder die umgebende Platine verschmieren. Ein zweckmäßiges und erprobtes Vorgehen beim Reinigen unbequem geformter Platinen-Löcher, wie desjenigen, durch welches die Ankergabel greift (sowie beim Säubern der Radschenkel und inneren Ränder von Rädern), besteht darin, am Tisch oder an der Werkbank Streifen von Waschleder und Lappen zu befestigen. Der an seinem einen Ende fixierte Streifen wird durch das Loch hindurchgezogen und das zu behandelnde Teil an dem straff angespannten Streifen hin- und herbewegt, bis es sauber ist und glänzt. Unpolierte Platinen können oft eine gefällige Körnung haben oder erhalten. Man reinige sie gründlich und halte sie fest gegen eine Kante oder einen Anschlag der Werkbank. Dann bearbeite man sie unter langsamen, völlig geraden und jeweils nur in einer Richtung gehenden Bewegungen mit immer feinkörnigerem, um einen Kork- oder Holzblock gewickelten Schmirgelpapier. Abschließend müssen natürlich die Löcher wieder gesäubert werden.

Beim Zifferblatt ist ein versuchsweises Vorgehen am besten. Es handelt sich nämlich nicht nur darum, das Metall zu reinigen, sondern es gilt dabei auch, eine Beschädigung der Ziffernarbeit zu vermeiden. Eintauchen in eine Reinigungslösung ist fast immer schädlich. Vorsicht mit Schleifmit-

teln und Bürsten! Zahlenreifen werden am besten in warmem Seifenwasser abgewaschen; mit Metallpolitur sind sie nicht immer völlig zu säubern, und selbst wenn dies der Fall ist, löst die Politur eine dünne Schicht Silber mit ab; infolgedessen ist es nicht ratsam, einen dünn versilberten oder stellenweise bereits fleckig gewordenen Ziffernring kräftig zu polieren. Eine beschädigte Versilberung läßt sich jedoch ganz befriedigend wieder restaurieren – der Vorgang wird später noch erörtert werden. Weiße Emailzifferblätter sind gewöhnlich unproblematisch, denn ihre glasierten Oberflächen lassen den Schmutz nur anhaften, nicht aber eindringen. Behutsames Abreiben mit etwas Milch, Brotkrumen oder einem milden Fensterreinigungsmittel wird im allgemeinen genügen. Im Fachhandel gibt es auch einen Spezialradiergummi für diesen Zweck zu kaufen. Mit solchen Zifferblättern muß man sorgfältig umgehen, die Zahlen sind nicht vertieft eingelassen und blättern beim leisesten Kratzen ab; auch ist das Email äußerst spröde, und das geringste Biegen wird Risse oder ein Abspringen des Emails zur Folge haben.
Soviel über das Reinigen. Im großen und ganzen ist es für alle Uhren gleich und birgt keine größeren Schwierigkeiten in sich. Der Prozeß ist langwierig, aber man wird für seine Mühe durch einen blanken, reibungslos und präzise laufenden Mechanismus reich belohnt. Es lauern natürlich immer kleinere Fallen und Gefahren. Einige wurden bereits erwähnt, andere wird man bald entdecken. Aber auf diesem Gebiet sind dem Erfindergeist keine Grenzen gesetzt: man kann den Küchenschrank durchstöbern und Erfolg dabei haben, oder bei einem ergiebigen Plausch mit dem Drogisten dessen Ansicht in Erfahrung bringen und sich im Bewußtsein sonnen, etwas entdeckt zu haben. Jahre später wird man sehr wahrscheinlich herausbekommen, daß der naheliegendste Weg der beste gewesen wäre, oder daß die »Entdeckung« den frühen Uhrmachern längst bekannt war und auf den vergilbten Seiten vieler Handbücher über Uhrmacherarbeiten aus dem 19. Jh. beschrieben wird – aber das macht nichts, denn sie hat ja ihren Zweck erfüllt.

Allgemeine Richtlinien beim Zerlegen

Vor dem Reinigen muß die Uhr allerdings zerlegt werden; das kann nicht bei allen Uhren auf die gleiche Weise geschehen, und hier ist die Gefahr viel größer, daß bei unsachgemäßem Vorgehen zusätzliche umfangreiche Reparaturen notwendig werden, oder daß schließlich eine Vielzahl von Teilen über das Zimmer verstreut ist, von denen man nicht mehr weiß, wie sie zusammengehören, und darüber verzweifeln möchte. Zerlegt man eine Uhr, um sie zu reinigen und zu reparieren, so gehe man langsam und sorgfältig dabei vor, stets mit dem Ziel vor Augen, zu ergründen, wie die Dinge sein sollten, wie sie sind und wie man am besten vermeiden kann, sie zu verschlimmern.

Unterbinden der Antriebszufuhr (»Entspannen des Werks«).

Das erste, was beim Zerlegen einer Uhr zu geschehen hat, ist das Unterbinden der Antriebszufuhr. Das Zerlegen einer Federzuguhr, bei der die Feder voll aufgezogen ist, stellt eine Gefahr für die Uhr und für einen selbst dar; das Auseinandernehmen einer Gewichtuhr, an der noch Gewichte und Pendel hängen, ist lediglich lästig. Behandeln wir zunächst die Gewichtuhr und nehmen wir an, die in jenem Kapitel beschriebene Voruntersuchung sei durchgeführt, und die Bodenstanduhr – oder der Wiener Regulator – soll nun repariert werden. Nimmt man ein schweres Teil, sei es Pendel oder Gewicht von einem Bodenstanduhr-Werk ab, so bringt man es aus dem Gleichgewicht und läuft Gefahr, daß es nach vorn abkippt: diese Werke sind zwar gewöhnlich auf einem »Schlitten« im Gehäuse aufgeschraubt, der Schlitten selbst aber liegt im allgemeinen lediglich auf den Seiten (der »Schlittenführung«) des Gehäuses auf, so daß sich die exakte Lage von Werk und Zifferblatt dem Aufsatz entsprechend korrigieren läßt. Sachgemäß geht man vor, indem man den Aufsatz abnimmt, mit einer Hand oben das Werk festhält und mit der anderen die Gewichte und das Pendel losmacht, wobei das Pendel durch behutsames Entfernen des Stifts von der Pendelfeder getrennt und vorsichtig durch die Pendelführung nach unten herausgezogen wird. In diesem Stadium überprüfe man den Erhaltungszustand der Pendelfeder und der Antriebsketten oder -schnüre, so daß man nötigenfalls einen Ersatz besorgen kann, der dann am Ende der Reparatur gleich zur Hand ist.
Wiener Regulatoren und ähnliche Uhrentypen haben keinen abnehmba-

ren Aufsatz, und ihre Werke sind gewöhnlich durch Verklammerung an Eisenträgern, die im rechten Winkel zur Gehäuserückwand an dieser angebracht sind, fest im Gehäuse verankert. Es ist daher nicht erforderlich, das Werk abzustützen, aber man muß besonders behutsam mit dem Pendel umgehen, da seine Aufhängung sehr empfindlich und wahrscheinlich nicht zu sehen ist. Es kann in der üblichen Weise von einem Kloben am Werk herabhängen, aber meist ist der Kloben Teil der Gußarbeit an der Rückwand. In diesem Fall entferne man zunächst die Gewichte, schraube das Werk ab, nehme es heraus und beschäftige sich erst dann mit dem Pendel.

Entfernen der Zeiger und des Zifferblatts

Als nächstes sind Zeiger und Zifferblatt abzunehmen. Der Minutenzeiger wird durch einen Stift und eine Vorlegscheibe festgehalten. Der Stundenzeiger kann einfach nur auf seine Welle aufgedrückt oder zusätzlich mit einer kleinen Schraube befestigt sein. Das Zifferblatt ist von der vorderen Platine gewöhnlich durch drei oder vier Pfeiler abgesetzt, die durch die Platine hindurchgreifen und von Stiften festgehalten werden. Beim Herausziehen dieser (und aller anderen) Stifte ist Vorsicht geboten – nicht wegen der Stifte, die ja zu ersetzen sind, sondern weil ein Ausrutschen des Werkzeugs einen unschönen Kratzer auf dem Metall hinterlassen kann, das später poliert werden muß. Ist ein Stift jedoch im Loch abgebrochen, wird einem nichts anderes übrigbleiben, als ihn, so gut man vermag, mit Hilfe eines Durchschlags nach rückwärts herauszuschlagen. Zahlreiche Wiener Regulatoren und im letzten Jahrhundert auf dem Kontinent gefertigte Uhren haben komplizierte Zifferblatthalterungen – etwa ein oder zwei mit Stiften befestigte Zifferblattträger und ein von Klammerschrauben festgehaltenes Mittelteil. Diese Art der Halterung ist zwar störend, wenn man rasch einmal hinter das Zifferblatt sehen will, und es ist auch nicht immer leicht, sie wieder korrekt zusammenzusetzen, aber in diesem Stadium stellt sie für den Bastler noch kein größeres Hindernis dar, ebensowenig wie die einfache Zifferblattbefestigung an Prismenwerken – hier ist das Zifferblatt oft mit Ösen versehen, die lediglich an die Decken- und Bodenplatte angeschraubt sind.

Schlagwerke

Hat man das Zifferblatt von einer Uhr entfernt, so sieht man sich einem verwirrenden Mechanismus gegenüber, von dessen Existenz man wahrscheinlich keine Ahnung hatte, da er von Zifferblatt und Gehäuserand meist völlig verdeckt wird. Seine Hauptbestandteile sind Hilfsräder, die

die Drehzahl der Minutenzeigerwelle auf die für den Stundenzeiger erforderliche Geschwindigkeit reduzieren; außerdem befindet sich hier der größte Teil von etwa vorhandenen Kalenderwerken oder ähnlichen Sy-

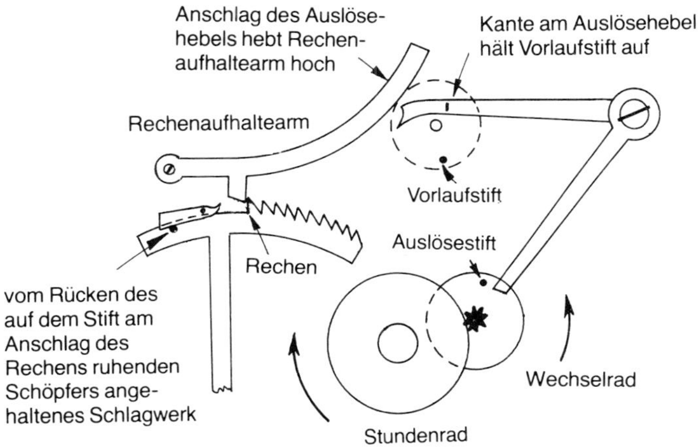

Englisches System

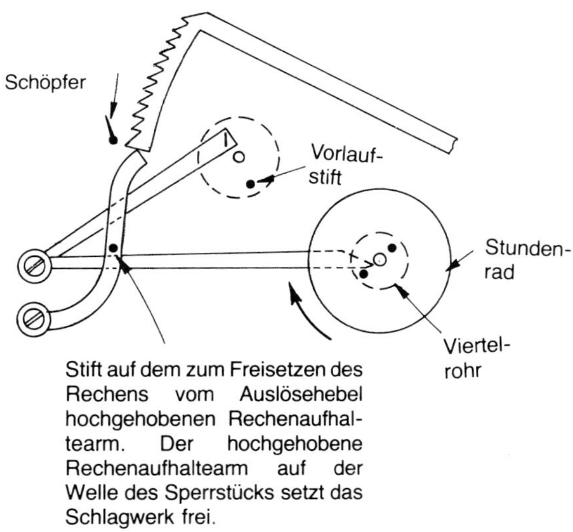

Französisches System

49 Englisches und französisches Rechenschlagwerk-Auslösesystem

stemen, sowie, bei Rechenschlagwerken, der Rechen. Die genaue Anordnung des Rechenschlagwerks ist von Uhr zu Uhr ein wenig anders (im Prinzip hebt ein am Viertelrohr sitzender Stift einen Hebel an, der den Rechen auslöst, dessen Anschlag nun auf die für ihn bestimmte Stundenstaffel fällt – dadurch wird der Vorlauf des Schlag-Räderwerks ausgelöst: das Schlagwerk befindet sich in Alarmbereitschaft. Durch das Abgleiten des angehobenen Hebels vom Stift des Viertelrohrs wird der Schöpfer und das Hebnägelrad vollends ausgelöst – das Schlagwerk ist frei gesetzt –, und der Schöpfer kann am Rechen die zu schlagenden Stunden abschlagen); zwischen Zifferblatt und vorderer Platine wird man jedoch stets den Rechen selbst, die Stundenstaffel, den am Viertelrohr sitzenden Stift und den Hebel, den er anhebt, sowie Schöpfer und Hebnägelrad finden Abb. [49, 50]. Hat die Uhr nur einen Zeiger, so befindet sich hinter dem Zifferblatt gewöhnlich nur ein Rad, das meist mit einem auf der Sperradwelle sitzenden Trieb ineinandergreift. Dabei wird der Schlagwerkmechanismus durch einen am Stundenrad befestigten oder von ihm getriebenen 12strahligen Stern freigesetzt, und der Auslösehebel ist so geformt, daß er von den Zähnen des Sternrads hochgehoben wird. Bei Vorhandensein eines Schloßscheibenschlagwerks, das natürlich weder Rechen noch Schöpfer hat, befindet sich lediglich der Auslösehebel zwischen Zifferblatt und vorderer Platine.

Ganz gleich, um welches Schlagwerk es sich handelt und ob die Uhr feder- oder gewichtangetrieben ist, dies ist die letzte Gelegenheit, zu ergründen, wie das Schlagwerk arbeitet oder wie es arbeiten sollte, und man wird gut daran tun, diese Chance zu nützen. Man drehe die Minutenzeigerwelle mit Hilfe des provisorisch zurückgesteckten Minutenzeigers oder eines passenden Schlüssels und beobachte, wie der Auslösehebel vom Minutenrad oder vom Wechselrad hochgehoben wird. Man bewege eines der ersten Räder im Schlagwerk, das Hebnägelrad, von Hand, so daß das Schlagwerk unter Antrieb steht, und man wird feststellen, daß, kurz bevor der Auslösehebel seinen höchstmöglichen Stand erreicht hat, das Schlagwerk für einen Augenblick läuft (»der Vorlauf läuft an«) und dann sofort wieder stillsteht. Beim Rechenschlagwerk wird in diesem Moment der Rechen freigesetzt, um auf die Staffel zu fallen. Nun beobachte man das Räderwerk des Schlagsystems zwischen den Platinen; man wird erkennen, daß ein Stift auf einem der Räder (dem »Vorlaufrad«) mit dem anderen Ende des Auslösehebels in Berührung gekommen ist. Dreht man den Zeiger über die volle Stunde hinaus, wird das Schlagwerk freigesetzt. Dieser »Vorlauf«, das »Melden«, und das Fallen des Rechens erzeugen das Geräusch, das man drei oder vier Minuten vor dem Schlagen der Uhr vernimmt. Man halte die Räder weiterhin unter Antrieb; dann dreht sich ein an der verlängerten Welle eines anderen Rads im Werk sitzender Sperrkegel, »Schöpfer« genannt, und hebt, während die Hammerschläge erfolgen, den Rechen Zahn um Zahn hoch, bis er (bei alten englischen Uhren) durch das Einrasten des Schöpfers in einen Stahlstift am Ende des Rechens wieder angehalten wird. Je nach Alter und Herkunft der Uhr gibt es beim Rechenschlagwerk Unterschiede in den Details, und bei Reiseuhren findet ein Spezialsystem Anwendung, aber das Prinzip ist im großen und ganzen für alle Uhren stets das gleiche.

In einer Uhr mit Schloßscheibe wird man einen ähnlichen Auslösehebel und ein ähnliches »Melde«- bzw. »Vorlauf«system finden, obgleich die Einzelheiten auch hier variieren [Abb. 65]. Die Anzahl der Schläge wird durch das Fallen eines Hebels in Kerben auf der Schloßscheibe bestimmt. Das muß jedoch zusammenfallen mit dem Einrasten eines an diesem Hebel befindlichen Fingers in den Schlitz eines Rads im Schlagwerk, das sich für jeden abzugebenden Schlag einmal um seine Achse dreht. Bei englischen Uhren hat dieses Rad – es ist das Sperrad, denn die Schloßscheibe selbst sperrt nicht – einen aufgenieteten erhabenen Messingrand (die »Kurvenscheibe«), der an einer Stelle eine Lücke hat. Fällt der Zählarm in diese Lücke, wird das Schlagwerk aufgehalten. Er wird stets in die Lücke zurückfallen, solange er nicht von den kurvenförmigen Vorsprüngen der Schloßscheibe, die vom anderen Ende des Zählarms gesteuert wird, daran gehindert ist. Wie beim Rechensystem wird das Schlagwerk hier für einen Augenblick entsperrt, wenn der Auslösehebel vom Minutenrad oder Wechselrad emporgehoben wird; es wird aber sofort wieder durch das Aneinandergeraten von Vorlaufrad-Stift und Auslösehebel aufgehalten und erst dann völlig freigesetzt und die Stunden schlagen, wenn der Auslösehebel herunterfällt, d. h. genau zur vorgeschriebenen Zeit. Das französische Schloßscheibensystem entspricht in etwa, außer daß das Sperrad nicht aus einer Kurvenscheibe besteht, sondern ähnlich der bei französischen Rechenschlagwerken üblichen Sperranordnung konstruiert ist. Französische Uhren geben gewöhnlich einen Schlag zur halben Stunde ab; das wird durch einen zusätzlichen Auslösestift im Zeigerwerk erreicht. Bei Uhren mit Rechenschlagwerken ist dieser Stift so plaziert, daß er den Auslösehebel nicht völlig emporhebt und der Rechen somit nicht herunterfällt. Beim Schloßscheibensystem hat die Schloßscheibe besonders breite Kerben zwischen den Stundenabschnitten, und hinter dem Abstand für die halbe Stunde befindet sich kein kurvenförmiger Vorsprung, so daß das Schlagsystem nicht am Sperren gehindert wird, nachdem es einen Schlag abgegeben hat.

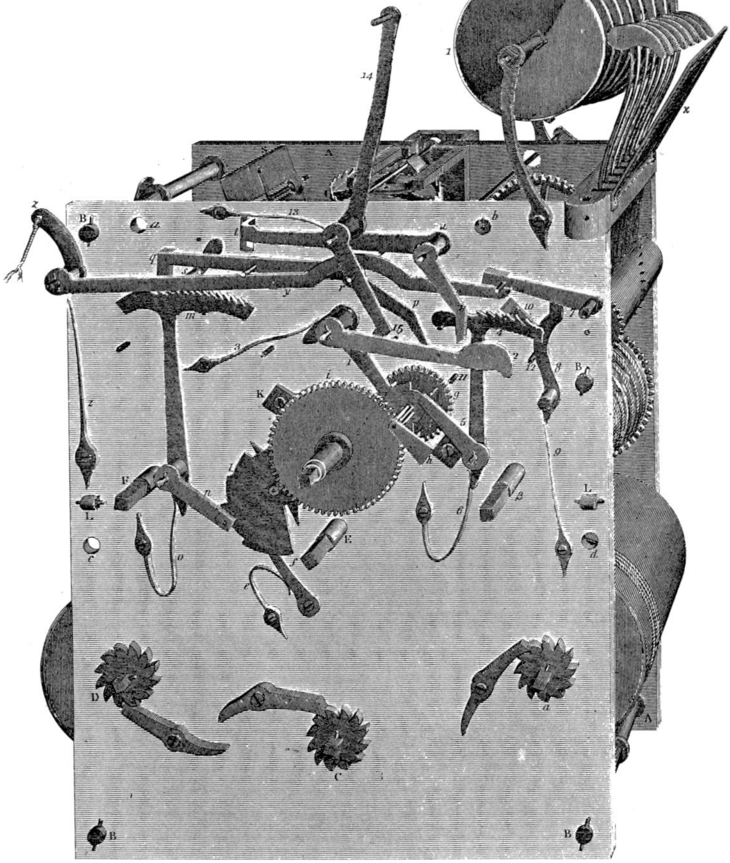

50 Englisches Rechenschlagwerk für Viertelstunde und Musikwerk

Besitzt die Uhr ein normales Viertelstunden-Schlagwerk, so hat sie ein drittes Räderwerk, und das gesamte Rechensystem ist praktisch doppelt vorhanden, wobei der zweite Rechen nur Viertelstunden-Unterteilungen hat und auf eine andere, viermal unterteilte Staffel fällt. Hat das Viertelschlagwerk geschlagen, löst es schließlich zur vollen Stunde den Stundenschlagmechanismus aus, der während der gesamten Viertelstundenschläge wartend in der Vorlaufposition gehalten wurde. Bei den älteren

Anordnungen wird das jeweilige Schlagen des Schlagwerks von einer Schloßscheibe auf der vorderen Platine kontrolliert, auf der sich ein Knopf oder Stift befindet, der das eigentliche Schlagen nach dem Läuten des letzten Viertels auslöst.

Bei französischen Reiseuhren mit Viertelstundenschlag und anderen Uhren mit »bim-bam«-Viertelstundenschlägen auf zwei oder mehreren Glöckchen oder Tonfedern hat das Schlagsystem jedoch nur ein Räderwerk. Dabei ist gewöhnlich eine Viertelstunden-Staffel und ein separater Viertel-Rechen lose auf derselben Welle wie der Stundenrechen montiert, und die beiden Hämmer werden von ein und demselben Hebnägelrad aus betätigt. Eine Vorrichtung unterbindet den Stundenschlag bis nach dem Schlagen des dritten Viertels, verhindert ein gemeinsames Schlagen von Viertelstunden und Stunden und bringt, während die Stunde geschlagen wird, einen der Hämmer für eine der Tonfedern zum Schweigen. Bewegt man die Zeiger herum, kann man beobachten, wie sich zwei Hebel hochheben, wovon der eine den Stundenrechen bis zur gewünschten Zeit am Fallen hindert und die Spitze des zweiten, kleineren, einen Hammer vom Schlagen der Stunde abhält.

Bei der »grande sonnerie« unterbindet ein anderer, von Hand bedienter Hebel das Tätigwerden dieser Vorrichtung, so daß diese Uhren, deren Schlagräderwerke mit besonders großen Zugfedern ausgestattet sind, auf Wunsch die volle Stunde vor jedem Viertel schlagen können. Manche Uhren mit »bim-bam«-Viertelstunden-Schlägen arbeiten nach einem anderen Prinzip: einmal findet man eine besonders kunstvolle Staffel, die auf den einzelnenen Stundenstufen jeweils eine zusätzliche Stufe für jedes Viertel hat und nur mit einem einzigen Rechen arbeitet, dessen erste drei Zähne verkürzt sind; ein andermal finden sich zwei Staffeln und ein Rechen. Hat man die hauptsächlichen Prinzipien der französischen Ausführung verstanden, stellen diese Varianten kein Problem mehr dar.

Bei Reiseuhren und vielen englischen Uhren mit Schlagwerk ist die Staffel auf einem an der Platine befestigten Stift montiert, und ein Sternrad, das von einem federnden Arm (der »Arretierfeder«) in seiner Lage gehalten wird, ist an der Staffel befestigt [Abb. 51]. Der gesamte Aufbau wird von einem auf dem Viertelrohr sitzenden Stift gedreht, der einen Zahn des Sternrads berührt. Dadurch wird jene die Anzahl der Schläge kontrollierende Staffel nicht fortlaufend vorangetrieben, sondern ruckweise jeweils kurz vor der vollen Stunde. Eine korrekt arbeitende bzw. fachgerecht instandgesetzte Repetitionsuhr wird daher bei Auslösen des Repetiermechanismus stets die vorausgegangene volle Stunde schlagen, da die Staffel ja noch nicht vorwärts bewegt worden ist.

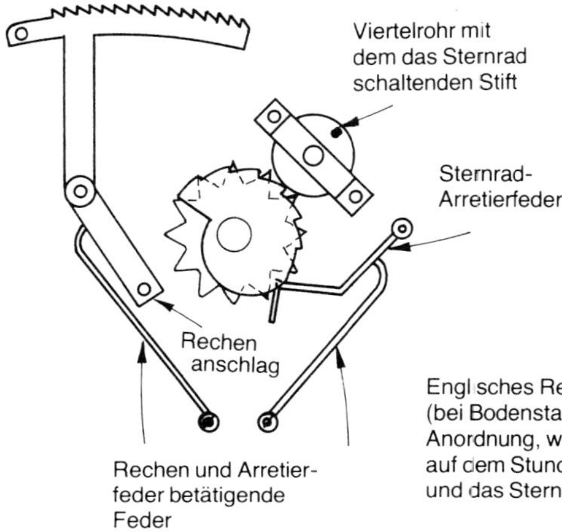

Englisches Rechenschlagwerk (bei Bodenstanduhren ähnliche Anordnung, wobei die Staffel jedoch auf dem Stundenrad montiert sein und das Sternrad fehlen kann).

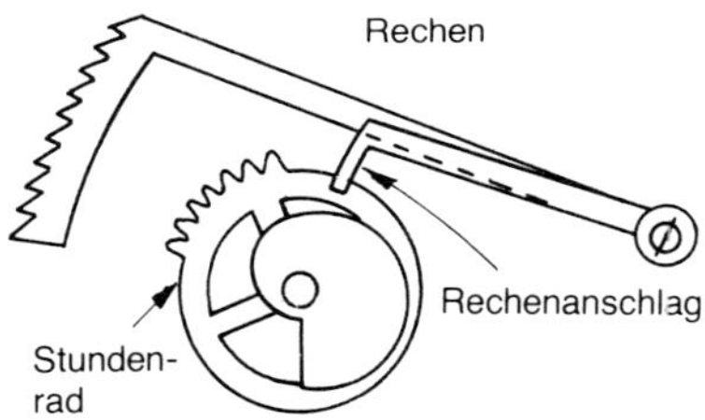

Französisches Rechenschlagwerk.

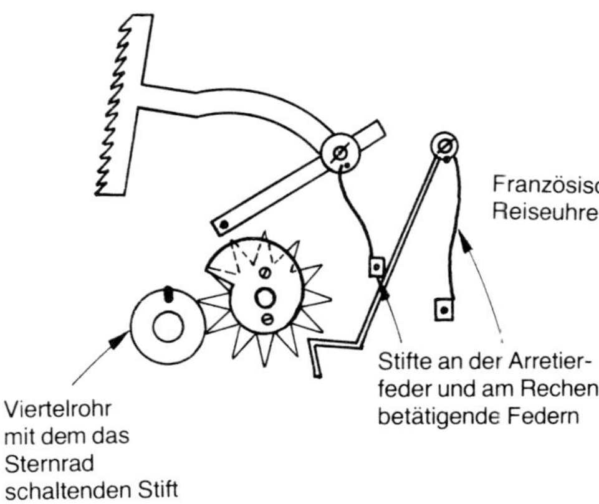

Französisches Rechenschlagwerk Reiseuhren

51 Sternrad und Stundenstaffel bei Rechenschlagwerken

Zeigerwerk

Das, was nun noch vor der vorderen Platine übrigbleibt, ist das Zeigerwerk, durch das – bei einer zweizeigerigen Uhr – die Geschwindigkeit von Viertelrohr und Minutenzeiger so reduziert wird, daß die Stunden angezeigt werden können, und das das Stellen der Zeiger nach der Zeit überhaupt erst ermöglicht. Existierte nämlich kein Zeigerwerk, so müßte man die Zeiger zum Einstellen der Zeit abnehmen oder aber die Stunde abwarten, zu der die Uhr stehengeblieben ist, um sie dann wieder in Bewegung zu setzen. Beim Versuch, festverankerte Zeiger zurückzudrehen, würden, wenn man Glück hätte, die Zeiger abbrechen, und wenn man Pech hätte, Räder und Hemmung kaputtgehen. Hier wird nun die so oft gemiedene Reibung verwertet. Der Zeiger einer schlagenden Uhr muß auf seinem eigenen Rad sitzen, da dieses Rad unmittelbar mit dem Schlagwerk in Verbindung steht, das sich seinerseits stets in der gleichen Position zum Zeiger befinden muß; nur die Gesamtposition von Rad und Zeiger zu allen übrigen Teilen des Werks läßt sich verändern. Die einzelnen Systeme, die den zuerst beschriebenen Zweck erfüllen sollen, sind verschieden [Abb. 52]. Eine der geläufigsten und bei Bodenstanduhren fast universell gebräuchliche Konstruktion besteht darin, daß der Minutenzeiger auf das vierkantige Ende eines Messingrohrs (des »Viertelrohrs«) aufgesetzt ist. Das Viertelrohr kann reibungsfrei auf seiner Welle (der Minutenradwelle) sitzen oder es kann lose, mit einer fast flachen Blattfeder verspannt unter ihr angebracht sein; in diesem zweiten Fall müssen Zeiger und Viertelrohr stark gegen die Federscheibe zurückgedrückt werden, damit der Sicherungsstift in das Loch an der Welle vor dem Zeiger eingeführt werden kann. Reibung bzw. Spannung ist von entscheidender Bedeutung. Sie darf nicht so stark sein, daß der Zeiger beim Zeiteinstellen gefährdet wird, sie darf aber auch nicht so schwach sein, daß sich der Minutenzeiger nicht gleichmäßig dreht und das Schlagwerk dadurch ebenfalls durcheinander gerät. Bei etwas moderneren Uhren, wie häufig auch bei späten Reiseuhren, wurde ein anderes System verwendet. Hier besteht entweder die eigentliche Minutenwelle aus zwei durch eine Feder gegeneinander verspannten Gliedern, oder das Minutenrad der Uhr ist nicht auf der Welle selbst befestigt, sondern wird von einer stark gespannten Blattfeder an die Welle gehalten. Um welches System es sich auch handeln mag, man wird es unschwer verstehen, wenn man weiß, daß es einen zweifachen Zweck erfüllen muß – das Drehen des Minutenzeigers beim normalen Ablauf der Uhr und gleichzeitig auch sein Gedrehtwerden bei der Zeiteinstellung unabhängig vom Gehwerk zu gestatten.

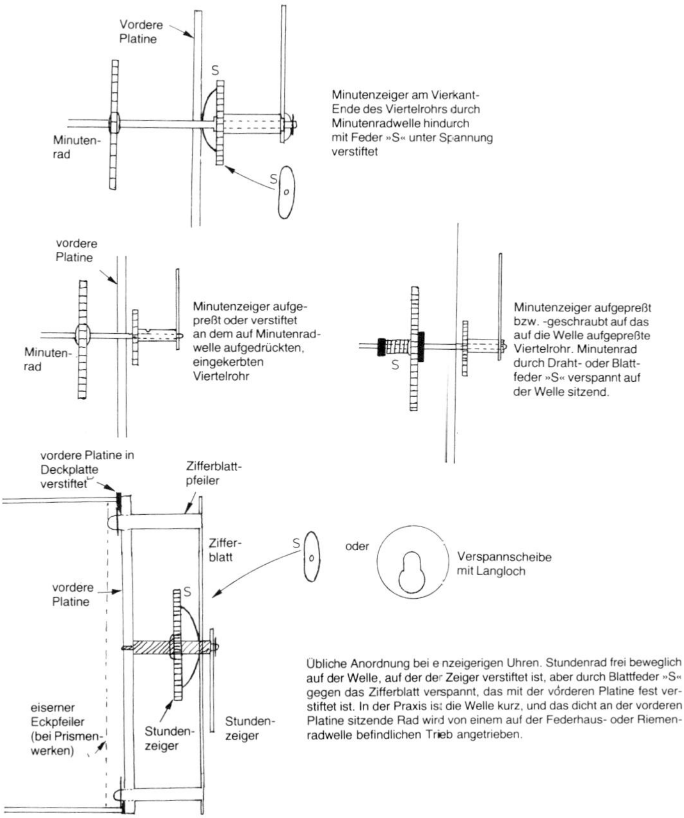

52 Zeigerfriktionen

Der Stundenzeiger und sein Rad sind auf einem Rohr über dem Viertelrohr angebracht; ob mit Stützbrücke oder -sockel versehen oder nicht, sie müssen frei beweglich und dürfen lediglich dem Räderwerk des Zeigerwerks unterworfen sein. Bei Vorhandensein nur eines Zeigers und eines Stundenrads kann das eine Ende seiner Welle an der Vorderseite der vorderen Platine verstiftet sein und ihr anderes von einer Spannfeder am Zifferblatt gehalten werden, die der Welle gestattet, unabhängig vom Rad bewegt zu werden, oder das Rad selbst kann durch einen Federbügel an der Welle befestigt sein.

Pendel und Hemmung

Oben auf dem Werk, zwischen den Platinen einer Pendeluhr, sind das Hemmungsrad und die über ihm montierten Anker befestigten Paletten zu sehen. Der Zapfen am einen Ende der Ankerwelle lagert, wenn das Pendel nicht an der rückwärtigen Gehäusewand sondern am Werk aufgehängt ist, gewöhnlich in der abnehmbaren Ankerbrücke. Diese Ankerbrücke kann mit ovalen Schraublöchern versehen sein, durch die sich die Höhe der Paletten über dem Hemmungsrad (die »Tiefe« der Hemmung) funktionsgerecht regulieren, d. h. exakt einstellen läßt. Die Ankerbrücke kann aber auch mit unverrückbaren Führungsstiften oder Schrauben in der genau erforderlichen Lage fixiert sein; in diesem Fall ist eine etwa notwendige Positionsberichtigung weniger einfach. Bei den meisten dieser Werke ist die Glocke auf einem starken, in der rückwärtigen Platine verschraubten Träger angebracht, der bei Prismenwerken gewöhnlich oben auf dem Prismenrahmen montiert ist. Bei diesem Uhrentyp geht die Ankerwelle von vorn bis hinten fast durch die ganze Uhr hindurch, und ihre Zapfen lagern in erhabenen Winkelstützen. Bei qualitativ hochwertigen Uhren, besonders aber bei französischen Werken, laufen die Zapfen gewisser Räder des Schlagwerks in kleinen Messingkloben, die über größeren Löchern in den Platinen verschraubt sind; diese Konstruktion hat große Vorzüge, wie wir später sehen werden, wenn wir darüber sprechen, wie eine Uhr eingestellt werden muß, damit sie korrekt schlägt.

Gehwerk

Ein 8-Tage-Werk [Abb. 53] hat selbstverständlich mehr Räder als ein 30-Stunden-Werk. Die Anzahl der Zähne an den Rädern variiert zusammen mit der Anzahl der Zähne an den Trieben, aber es gibt gewisse Regeln der Verzahnung dieser Räderwerke, besonders bei Werken mit Sekundenpendel, so daß die Details eines fehlenden Stücks gewöhnlich den Tafeln bzw. Aufrissen von Räderwerken in einem Handbuch entnommen werden können; sie lassen sich natürlich auch errechnen, und zwar ausgehend von der Tatsache, daß das Minutenrad, an dem das Viertelrohr aufgesetzt ist, eine Umdrehung in der Stunde vollbringen muß. Nach der Grundformel entspricht das Verhältnis von Rad- zu Triebzähnen im Räderwerk der Anzahl der Umdrehungen, die das sich am schnellsten bewegende Rad (nämlich das Hemmungsrad) für eine Umdrehung des sich am langsamsten drehenden Rads ausführt. Die Anzahl der Zähne an einem verzehnten Federhaus, an der Schnecke oder an

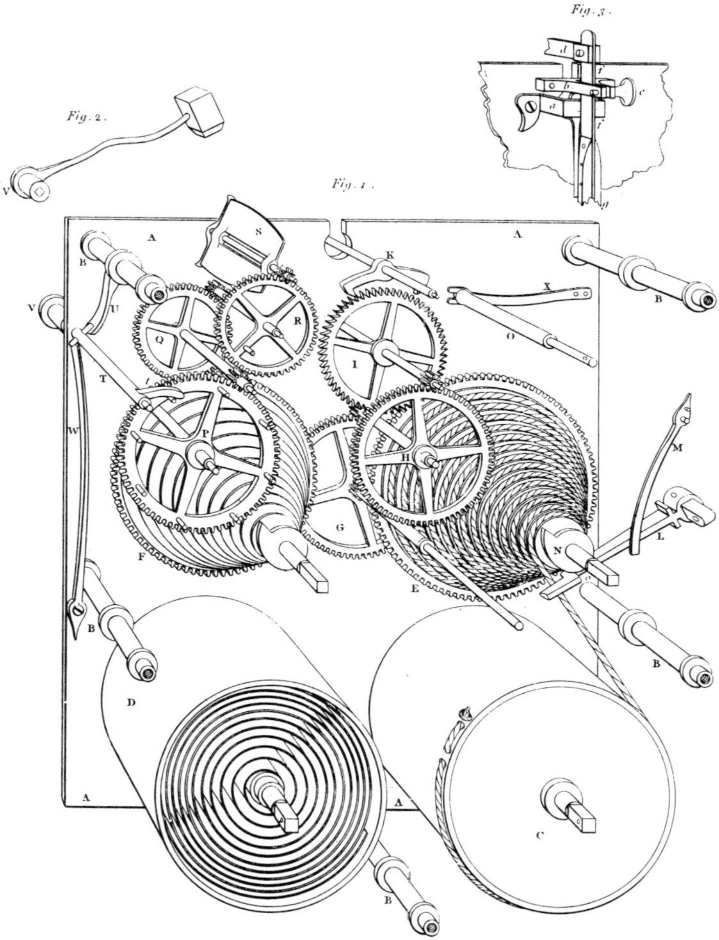

53 Schematischer Aufbau eines Platinenwerks mit Stundenschlag

irgendeinem dazwischenliegenden Rad und die Anzahl der Zähne am Viertelrohr sind nicht etwa für die Zeitmessung ausschlaggebend, sondern entscheiden darüber, wie lange die Uhr, nachdem sie voll aufgezogen wurde, gehen wird. Eine Ausnahme bildet die einzeigerige Uhr, bei der das Stundenrad unmittelbar von den Zähnen des Sperrads getrieben wird; hier ist kein Großbodenrad als solches vorhanden, und sämtliche Rad- und Triebzähne müssen in die Berechnung miteinbezogen werden.

Gesperr [Abb. 54, 55]

Ebenso wie die Zeiger imstande sein müssen, sich selbständig und unabhängig von den relativ feststehenden Rädern im Räderwerk zu drehen, so müssen beim Aufziehen Sperrad bzw. Kettenrad, Vierkant und Schneckenwelle sich drehen lassen können. Dies wird durch ein an der Aufziehwelle befestigtes Sperrad erreicht, das durch einen gefederten Sperrkegel mit dem ersten Rad im Räderwerk, d. h. entweder mit der Basis der Schnecke oder dem verzahnten Federhaus, in Eingriff steht. Beim Prismenwerk und vielen anderen frühen Werken wurde das gleiche Prinzip angewandt, aber hier werden nicht die Zähne eines Sperrads, sondern die Speichen des Schnurrads von der Sperrfeder erfaßt. Der Sperrkegel und seine Feder sind als »Gesperr« und »Sperrfeder« bekannt; es versteht sich fast von selbst, daß sie einer erheblichen Bela-

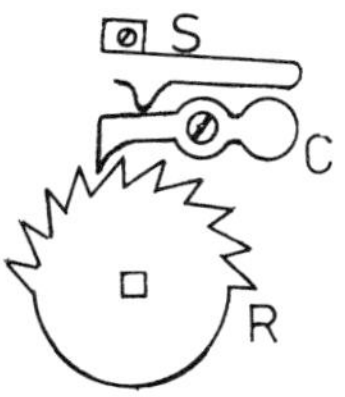

»C« Sperrkegel
»S« Sperrfeder
»R« Sperrad

54 Standardgesperr

stung ausgesetzt sind, und deshalb müssen sie auf Abnutzung (die sich gewöhnlich durch Feilen beheben läßt) und andere Mängel untersucht werden. Die runde Sperrfeder der 30-Stunden-Uhr muß häufig neu vernietet werden, wenn sie sicher fixiert sein soll. Bei sehr gut gearbeiteten Bodenstanduhren kann eine Klinke in ein Sperrad auf dem Kettenrad eingreifen. Der Druck dieser Klinke liefert (in Form eines »Gegengesperrs«) »erzwungene Energie«, die das hochwertige Werk während des Aufziehens weiterticken läßt (nämlich dann, wenn die ganze Kraft des Gewichts für einen Augenblick aufgehoben wird und die Räder, beim geringfügigsten Widerstand des Gesperrs, den Versuch unternehmen können, rückwärts zu laufen).
Dies sind die Hauptbestandteile des Gehwerks (andere, dem federangetriebenen Werk wesenseigene, werden noch zu behandeln sein), und bevor man das Werk zerlegt, sollte man sie genau betrachten und ergründen, wo sie sich befinden und wie sie arbeiten, und sie daraufhin untersuchen, ob einige von ihnen repariert oder ersetzt werden müssen, wenn das Werk einmal zerlegt ist.

Man präge sich die Arbeitsweise des Schlagsystems genau ein, sei aber nicht allzu besorgt, wenn in diesem Stadium die korrekte Anzahl von Schlägen nicht immer abgegeben wird; das läßt sich beim Zusammensetzen einstellen. Man achte besonders auf einen etwa verbogenen Rechenanschlag, der nicht zuverlässig auf die Staffel fällt, auf möglicherweise verbogene Hebnägel, die ein zu frühes oder zu spätes Einsetzen des Schlages bewirken, auf das etwaige Fehlen eines Vorlaufstifts (gekennzeichnet durch einen Stummel oder ein Loch auf dem Rad, das dem Windflügel am nächsten liegt) und auf eingelaufene Lager von Schloßscheiben- und Schöpferwellen. All diese Dinge können die Ursache dafür sein, daß das Schlagwerk überhaupt nicht oder nur unzuverlässig arbeitet. Man betrachte die Arbeitsweise der Hemmung einer Pendeluhr. Ist die Hemmung einigermaßen in Ordnung, so müßte es möglich sein, durch leichtes Ausüben von Druck auf eines der Gehwerkräder die Pendelgabel hin- und herschwingen zu lassen. Schwingt sie zwar, aber nur ungleichmäßig, versuche man, den Winkel der Gabel nach der Seite hin durch leichtes Biegen zu verändern, bis das Ticken in regelmäßigen Abständen erfolgt. Ist die gesamte Hemmung verklemmt, lockere man die Ankerbrücke und versuche, sie etwas höher anzubringen und die Hemmung so zu befreien. Werden dagegen nicht alle Zähne des Hemmungsrads erfaßt, oder bewegt sich das Hemmungsrad zügellos herum, versuche man, die Paletten zu senken, indem man die Ankerbrücke leicht nach unten drückt. Die korrekte Höhe der Paletten über dem Hemmungsrad, die »Tiefe« der Hemmung, ist ausschlaggebend für die zeitmessende Funktion einer Uhr. Eine weitere entscheidende Spielraumzone ist der »Fall« – der Zeitabschnitt zwischen dem Freisetzen eines Zahnes durch die eine Palette und dem Umschließen des nächsten Zahnes von der anderen Palette. Während des Überprüfens der Hemmung wird man möglicherweise feststellen, daß die Paletten kaputt oder ihre Hebeflächen stark abgenutzt sind. Dem muß abgeholfen werden. Diese Einstellungen und Reparaturen werden wir im nächsten Kapitel behandeln.

Nicht nur bei der Hemmung, sondern auch bei allen Zapfenlagern ist ein Minimum an Spielraum notwendig – aber nur das tatsächlich für die Bewegungsfreiheit absolut erforderliche Mindestmaß ist hier der Idealzustand. Lager, die zu weit geworden sind, lassen sich am leichtesten identifizieren, solange das Werk noch nicht auseinandergenommen ist; sie sind daran zu erkennen, daß die Zapfen in ihnen herumholpern. Der seitliche Spielraum ist allerdings nicht allein entscheidend; die Wellen müssen auch Spielraum in ihrer Gesamtlänge, also an ihren in den Platinen liegenden Enden, sog. »Endluft«, haben – aber auch hier eben nicht zu viel. Eine Welle, deren Zapfen zu eng an den Platinen ansitzen, kann das Öl nicht halten und wird sich nach einiger Zeit festfressen. Andererseits wird eine Welle, die zuviel Endluft hat, unpräzises Arbeiten der Übersetzungen bewirken, weil ständig andere Angriffsflächen miteinander in Berührung kommen, und kann beim Schlagsystem unvollkommenes Sperren oder Melden des Werks zur Folge haben.

Kurz, man kann in diesem Stadium die Uhr nicht gründlich genug untersuchen. Das wird einem später beim Zusammensetzen auch sehr zustatten kommen. Man sollte stets daran denken, daß es nichts Ärgerlicheres gibt, als das Vorhandensein eines noch immer unentdeckten Fehlers festzustellen, nachdem man die Uhr wieder zusammengebaut hat. Man wird dann nämlich höchstwahrscheinlich das ganze Werk wieder auseinandernehmen müssen und mit dem Wiederabwischen der unvermeidlichen Fingerabdrücke kaum noch fertig werden. Es wäre keine schlechte Idee, nach Abschluß der gründlichen Untersuchung den Aufbau des Werks in Form einer Skizze festzuhalten, besonders, wenn man den Uhrentyp, an dem man arbeitet, zuvor noch nicht in Händen gehabt hat. Bei einer Uhr mit Schlagwerk empfiehlt es sich schließlich, die Räder des Zeigerwerks an den Stellen, wo sie ineinandergreifen, zu markieren – zuweilen ist dieser »Eingriff« auch schon durch eingepunzte Punkte gekennzeichnet –, denn die korrekte Anordnung dieser Räder ist eine wesentliche Voraussetzung für das exakte und zuverlässige Schlagen der Uhr. – Nun kann man das eigentliche Zerlegen in Angriff nehmen.

Beim Zerlegen des Werks ist ein ordnungsgemäßes Vorgehen anzuraten. Man nehme den Anker mit seinen Paletten möglichst früh heraus – er wird leicht beschädigt, wenn man das Werk auf den Rücken legt, um daran zu arbeiten. Sodann entferne man durch Herausziehen der Befestigungsstifte Zeiger- und Schlagwerk, die sich auf der vorderen Platine befinden. Am besten nimmt man die Teile ab, reinigt sie und legt sie in der Reihenfolge, in der man sie abgenommen hat, vor sich aus. Auf diese Weise vermeidet man, etwas zu vergessen. Selbst wenn man sich auskennt, vergißt man beim Zusammensetzen allzu leicht ein unscheinbares Teilchen; so wird der Hammer beispielsweise oft durch eine Feder betätigt, die gewöhnlich auf die Innenseite der vorderen Platine aufgeschraubt werden muß, bevor die Platinen wieder zusammengesetzt werden. Die meisten Uhren mit Schlagwerk sind so etwas wie ein dreidimensionales Geduldsspiel – man weiß oft sehr wohl, wo alles zum Schluß sitzen muß, aber wenn man es nicht in der richtigen Reihenfolge wieder befestigt, wird man erst gar nicht an den Schluß gelangen ohne wieder von vorn anfangen zu müssen.

Hat man die außerhalb der Platinen befindlichen Teile entfernt, kann man die Stifte, mit denen die Platinen festgehalten werden, herausziehen und diese auseinandernehmen. Dabei sollte man behutsam vorgehen, und zwar aus zweierlei Gründen: erstens kann beim Abnehmen der oberen Platine (wenn das Werk auf dem Rücken liegt) nur allzu leicht ein feiner Zapfen abbrechen, und zweitens befindet sich zwischen den Platinen meist mehr als man gedacht hatte, und man tut gut daran, sich erst einmal davon zu überzeugen, wo die einzelnen Teile zwischen den Platinen hingehören.

55 Gesperr im Eingriff

Viele Uhrenräder sind einander sehr ähnlich, und wenn der Augenblick gekommen ist, alles wieder zusammenzusetzen, wird man sich oft fragen, wo um Himmelswillen man beginnen soll. Man sollte deshalb nicht nur alle Teile ordentlich in ihrer Reihenfolge vor sich auslegen, sondern sich die größeren Räder und Federhäuser möglichst bis zuletzt aufheben und zu allerletzt das Minutenrad entfernen, denn diese Teile müssen gewöhnlich als erstes wieder zusammengebaut werden. In eine alte, oben mit Löchern versehene Schachtel lassen sich die Wellen von gereinigten Rädern hineinsenken – dann braucht man später keine Zeit damit zu vergeuden, sich zu fragen, ob ein bestimmtes Rad nun »mit dem Trieb nach oben« oder »mit dem Trieb nach unten« wieder in das Werk eingesetzt werden muß.

Hat man ein Werk zerlegt, bringe man die Platinen zusammen und prüfe ihren Sitz. Ist irgend etwas verzogen, so wird man einen oder mehrere Pfeiler leicht zurechtbiegen müssen, damit die Platine ohne weiteres auf die Pfeiler gleitet. Derartige Berichtigungen sollte man gleich vornehmen, da sie etwaige Arbeiten an den Zapfenlagern beeinflussen können; ebenso sollte man die einzelnen Räderwerke an Ort und Stelle ausprobieren und sich davon überzeugen, daß alle gerade ausgerichtet sind. Ein Gehwerk mit schlecht sitzenden Platinen läuft nicht nur unrund, sondern es läßt sich unter Umständen auch sehr schwer wieder zusammensetzen und kann eine Beschädigung der Zapfen bewirken.

Zerlegen von federangetriebenen Uhren

Entspannen der Zugfeder

Bei federangetriebenen Uhren sind im allgemeinen die gleichen Maßnahmen des Untersuchens und Zerlegens zu befolgen wie bei Gewichtuhren; doch sind dabei wichtige Unterschiede zu berücksichtigen. Nach Abnehmen des Zifferblatts muß zu allererst die Zugfeder entspannt werden. Bringt man eine federangetriebene Uhr, die stehengeblieben ist, mit nach Hause, sollte man nicht von der Voraussetzung ausgehen, daß die Zugfeder nicht mehr unter Spannung steht. Die Uhr kann nämlich in vollaufgezogenem Zustand stehengeblieben sein, und selbst wenn das Werk abgelaufen ist, hat die Feder immer noch eine geringfügige Spannung, es sei denn, sie ist gerissen. Außerdem ist zu beachten, daß bei einer Uhr mit Schnecke diese immer unter einer gewissen Spannung steht, selbst wenn die Kette von der Schnecke völlig abgelaufen ist. Fürchtet man, daß die Plateau-Hemmung einer Reiseuhr oder ähnlichen Uhr während des Entspannens der Feder oder Schnecke Schaden nehmen könnte, so verkeile man zuvor das Werk und entferne die Hemmung. Man kann natürlich auch das Werk ablaufen lassen, aber bei einem 8-Tage-Werk kann das längere Zeit in Anspruch nehmen, und außerdem besteht die Gefahr, daß durch das Ablaufen des Werks bei einer solch unnatürlichen, überhöhten Geschwindigkeit Zapfen und Schlagmechanismus beschädigt werden.
Eine starke Zugfeder zu entspannen ist wahrscheinlich der riskanteste Augenblick beim Zerlegen einer federangetriebenen Uhr. Man sehe sich vor, daß man dabei weder das Werk ruiniert noch sich das Handgelenk bricht. Verliert man nämlich die Kontrolle über die Zugfeder, bricht fast mit Sicherheit ein Zahn von einem größeren Trieb ab und mehrere Zähne an den Rädern werden mit fortgerissen; diese Zähne wieder zu ergänzen liegt meist nicht im Bereich der eigenen Möglichkeiten, und die Ursache

des »Mißgeschicks« wird vom Fachmann, dem man das Wrack dann zur Reparatur bringen muß, beschämend leicht erraten werden. Es ist sinnlos, den Aufziehvierkant – oder bei einer Uhr mit Schnecke, den Vierkant der Federhaus-Welle – mit einer großen Zange zu umfassen und auf sein Glück zu vertrauen, daß diese nicht ausrutschen möge. Hierzu benötigt man einen gut auf den Vierkant passenden Schlüssel, der diesen eng umschließt, oder einen stabilen Stiftenkloben. Man drehe den Schlüssel oder Stiftenkloben leicht, wie wenn man aufziehen wollte, bis der Zug der Feder zu spüren ist, löse dann das Gesperr und lasse es nach und nach über die einzelnen Sperradzähne gleiten. Kann man die Hand nicht mehr weiter drehen, ohne die Kontrolle zu verlieren, lasse man das Gesperr wieder einschnappen und beginne von vorn. Langsam aber sicher, lautet hier die Devise, denn durch etwaiges Mißgeschick oder Ungeschicklichkeit verursachter Schaden tritt unverzüglich ein und ist unabsehbar. Schließlich überzeuge man sich davon, daß sämtliche Federn im Werk (auch die harmlos aussehende Wecker-Feder) wirklich entspannt sind; nimmt man nämlich die Platine von einem halb-aufgezogenen Werk ab, fliegen die Teile in alle Richtungen- einige können auf diese Weise beschädigt werden und man selbst hat dann außerdem nicht die geringste Chance, sich genau einzuprägen, wo sie alle hingehören.

Entfernen der Zugfeder

Sind die obere Platine und die Räder entfernt, müssen die Montage-Untereinheiten zerlegt werden. Dabei ist zunächst die Zugfeder aus ihrem Federhaus herauszunehmen. Den Deckel des Federhauses bildet eine mit einem Schlitz versehene Messingscheibe, die durch einen dicht abschließenden Schnappverschluß in die Trommel eingepaßt ist. Man kann den Deckel durch eine Kippbewegung des Schlitzes mit Hilfe eines Schraubenziehers oder eines Stückchen Holzes abnehmen oder dadurch, daß man die Welle von hinten gegen die Werkbank stößt, so daß der Deckel herausspringt. Keine dieser Methoden ist zu empfehlen – durch den Schraubenzieher wird möglicherweise das Messing zerkratzt oder verbogen und durch das Stoßen werden das Federhaus oder die Feder verzogen bzw. geknickt –, aber man wird zwischen beiden wählen müssen. Die beste Art und Weise, die Feder selbst herauszunehmen, ist, ihre innerste Windung mit einer Zange – deren Backen aus Messing bestehen oder mit Stoff abgedeckt sind – zu erfassen und sie unter langsamen Drehbewegungen herauszulösen. Eine andere Methode besteht darin, das innere Ende mit der Zange zu ergreifen, das Ganze von sich wegzuhalten und dann zu ziehen. Praktisch tut man ein wenig von beidem. Bei einer starken Feder ist es fast unmöglich, die Endwindungen allmählich herauszubekommen; ihr plötzliches Freisetzen kann die Feder jedoch verbiegen. Auch ist zu bedenken, daß das Herausziehen einer Feder ein gewisses Risiko einschließt, denn sie wird hinterher womöglich nicht mehr ganz flach liegen. Reiben aber einige der Windungen gegen den Deckel des Federhauses, so wird die Feder dadurch in ihrer Aktionsfähigkeit beeinträchtigt und kann mit der Zeit kaputtgehen bzw. reißen. In ungünstigen Fällen wird der Federhausdeckel herausgedrückt, was zur Folge hat, daß die Feder sich nicht mehr gleichmäßig entspannt. Deshalb sollte man so wenig wie möglich ziehen und so sanft wie möglich herauslösen. Bei einer wirklich großen Feder von mehr als etwa 1,3 cm Tiefe sollte das Federhaus in einem stabilen Tuch gehalten werden und das Herausnehmen der Feder möglichst in einer Plastiktüte oder einem Sack geschehen; beim letzten Herausschnellen kann einem die Feder nämlich in die Hand schneiden, und wenn man dann vor Schreck losläßt, fliegt das Federhaus wie ein Geschoß durch die Gegend. Steht man mit seinem Fachhändler auf gutem Fuß, so kann man eine große Feder zu ihm bringen – er wird sie dann mit Hilfe seines Federwinders herausnehmen und auch wieder einsetzen.

Federstellungen

Viele qualitativ hochwertige Uhren haben am Federhaus eine »Stellung«. Das ist eine einfache Vorrichtung, mit deren Hilfe sowohl ein übermäßiges Aufziehen der Feder als auch die Betätigung des schwachen Federendes am Schluß ihres Ablaufs verhindert wird. Wie die Schnecke, ist die Stellung unter Spannung aufgesetzt. Man erkennt die Stellung am Vorhandensein eines kleinen, ähnlich dem Malteserkreuz geformten und auf das Federhaus aufgeschraubten Rads und eines auf der Federhauswelle angebrachten Stahlfingers mit rundem Kopf [Abb. 56]. Der Finger

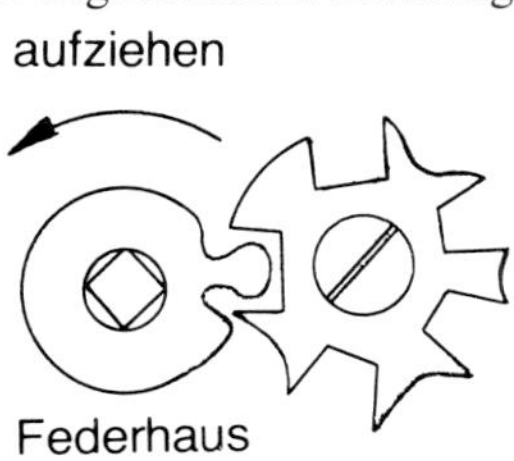

56 Malteserkreuz-Federstellung

dreht das Kreuz bei jeder Umdrehung, bis er auf den exzentrisch geformten Zahn des Rads stößt, das heißt gewöhnlich nach vier bis fünf

Umdrehungen. Vor dem Abnehmen des Federhausdeckels ist die Federstellung zu entspannen. Dabei halte man das Federhaus in einem Lappen, umfasse den Aufziehvierkant mit einem fest eingestellten Stiftenkloben oder einem Schlüssel und nehme die Spannung auf; dann erst schraube man das Stahlrad ab, um es zu entfernen. Sodann entspanne man die Feder vollends, wie zu Beginn des Prozesses.
Primitive Federstellungen finden sich auch an Rundrahmenuhren und vielen federangetriebenen Kuckucksuhren. Hier greift ein Trieb an der Federhauswelle außerhalb der Platine in ein Rad, bei dem zwei Zähne zu einem massiven Block zusammengefügt sind; trifft das Trieb auf diesen Block, läßt sich die Feder nicht weiter aufziehen. Dieses System ist sehr einfach, aber trotzdem vergewissere man sich auch hier, daß keine Spannung mehr vorhanden ist, bevor man es abnimmt.

Schnecken [Abb. 35, 36, 57.]

Die Federstellung bei Gehwerken mit Schnecke ist kein Luxus, sondern eine absolute Notwendigkeit. Sie verhindert nämlich ein übermäßiges Aufziehen der Schnecke, das die Darmsaite oder Kette reißen lassen könnte; damit würde – mit katastrophalen Folgen – die gesamte Spannung der Zugfeder auf einmal freigesetzt. Die Schnecken-Federstellung ist im allgemeinen abnehmbar und läßt sich nach dem Zusammenbau des Gehwerks wieder aufsetzen und neu einstellen; falls es wünschenswert erscheint, kann sie auch vor dem Auseinandernehmen der Platinen entfernt werden. Vor dem Herausnehmen überzeuge man sich jedoch, daß der hinter der Platine gefedert montierte Stellungsfinger auch tatsächlich von der Darmsaite hochgehoben wird, so daß er auf den oben auf der Schnecke befindlichen Anschlagbügel trifft und damit die Schnecke am Weiterdrehen hindert. Diese Gelegenheit sollte man auch wahrnehmen, um die Darmsaite bzw. den Draht zu untersuchen. Sind sie in gutem Zustand, können sie mit einem öligen Lappen zwischen den Fingern abgerieben werden, um ihre Elastizität auch weiterhin zu gewährleisten. Die Schnekkenketten der qualitativ hochwertigen Werke reißen selten, können aber, wenn sie Rost angesetzt haben, in den Gliedern steif werden. Sie lassen sich durch Eintauchen in Benzin reinigen, werden dann abgetrocknet und mit Öl eingerieben. Bei sehr starkem Rostbefall muß die Kette zuvor durch Hin- und Herziehen über eine Schmirgellatte vom Rost befreit werden.
Es empfiehlt sich, die Schnecke stets auseinanderzunehmen, sie sauber abzuwischen und sie einzuölen. Ihre Basis ist durch eine Schließfeder mit einer Sicherungs-Schraube oder einem Vorsteckstift auf der Schnecken-

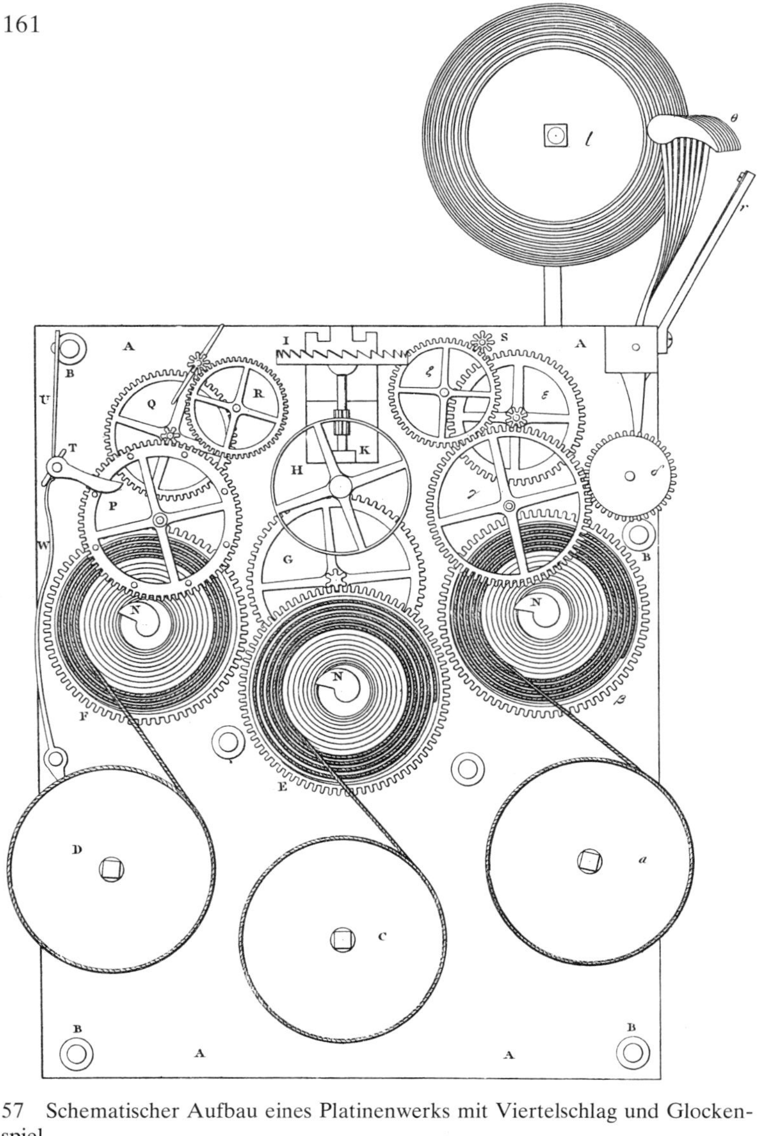

57 Schematischer Aufbau eines Platinenwerks mit Viertelschlag und Glockenspiel

trommel befestigt. Im Innern findet man das eigentliche Gesperr (denn auf dem Federhaus haben Gesperr und Sperrad keine Sperrfeder, da sie lediglich beim Vorspannen oder Entspannen der Feder betätigt werden; ihre Funktion besteht darin, die Welle entgegen der Kraft der sich aufwikkelnden Feder feststehend zu halten). Man vergewissere sich, ob das Gesperr an seiner Basis auch noch sicher vernietet ist, trotzdem aber genügend Bewegungsfreiheit hat, und ob die Sperrfeder einwandfrei funktioniert. Bei besonders gut gearbeiteten Werken besteht die Basis der Schnecke in einem vielzahnigen Sperrad, das mit dem stabilen Gußansatz

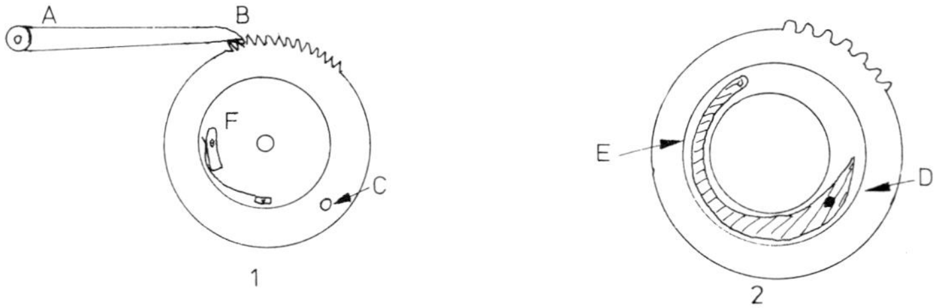

Kontragesperr-Rad (1) wird über Großbodenrad (2) aufgesetzt, so daß Stift »D« der Kontragesperr-Feder in Loch »C« steht. Bei Betätigung wird das Sperrad vom Sperrkegel »A« angehalten und das Werk dreht sich durch die Spannung der Feder »E«. »F« ist das durch ein an der Schnecke verschraubtes Sperrad arbeitende eigentliche Schnecken-Gesperr.

58 Schnecken-Kontragesperr

einer Rundfeder in Eingriff steht, die im Boden der Schnecke befestigt ist [Abb. 58]. Das ist das Gegengesperr, das hier den gleichen Zweck erfüllt wie bei den Gewichtuhren; dabei spannt das Eingreifen eines durch sein Eigengewicht herunterfallenden Sperrkegels in die Zähne des Kontragesperrs die Feder, während die Uhr aufgezogen wird.

Pendelaufhängung – Pendelfeder

Die Pendelaufhängungen bei englischen Stock- und Kaminuhren sind gewöhnlich die gleichen wie bei Gewichtuhren; allerdings hängt an einigen Werken das Pendel von einem Schwingarm herab, der durch einen Regulierzeiger auf dem Zifferblatt nach oben oder nach unten verschoben wird, wobei sich die Pendelfeder zwischen enganliegenden Backen bewegt. Das ist lediglich ein Mechanismus zum Regulieren des Pendels durch Verändern der effektiven Pendellänge. Hier ist gewöhnlich keine Reparatur erforderlich; nur sollte man sich davon überzeugen, daß weder die Backen sich in der Pendelfeder festfressen noch daß diese zwischen ihnen hin- und herwackelt [Abb. 48].
Die Pendelamplitude französischer Uhren wird oft an einem kleinen Vierkant im Zifferblatt reguliert. Am andern Ende dieser Vierkant-Welle befindet sich ein kleines Zahnrad, das mit einem horizontalen Zahnrad des ziemlich komplizierten Aufhängungs-Montagesatzes in Eingriff steht.

Diese Montage kommt in zwei hauptsächlichen Anordnungen vor [Abb. 48]: bei der einen werden durch das Drehen des Zahnrads kleine Messingbacken entlang der Pendelfeder auf- und abbewegt, bei der anderen, älteren, senkt und hebt sich die Pendelfeder selbst zwischen den feststehenden Backen. Wie bei der englischen Ausführung muß hier lediglich der Sitz der Messingbacken überprüft werden; außerdem bedürfen diese

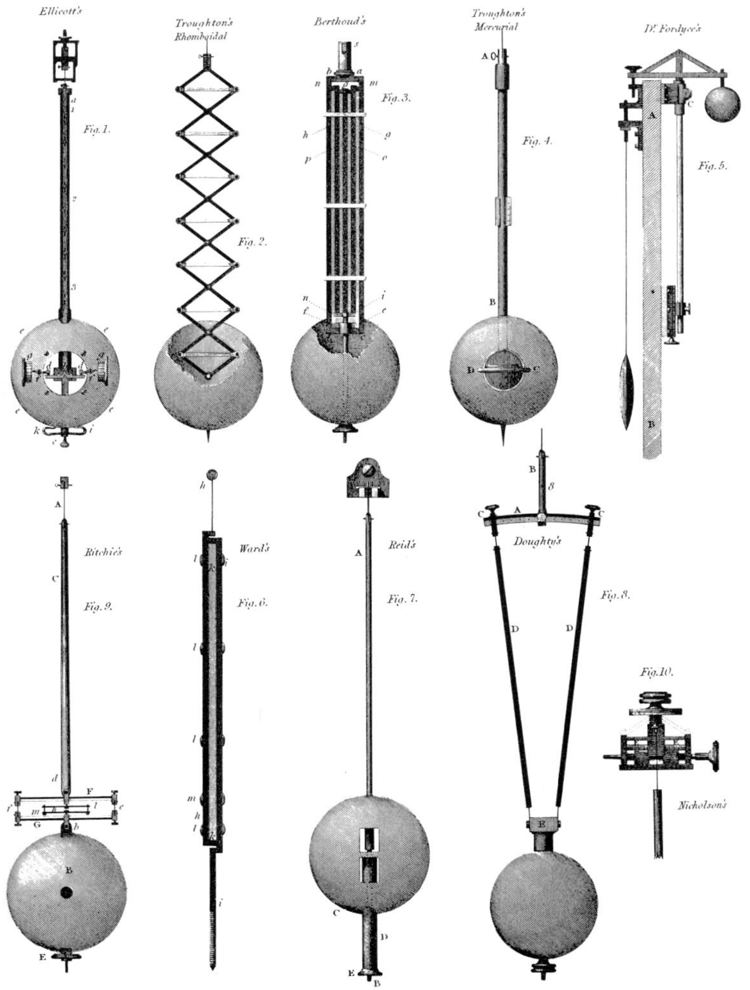

59 Verschiedene Kompensationspendel

kleinen Teile meist einer gründlichen Reinigung. Es muß hier jedoch noch einmal auf die Empfindlichkeit der französischen Pendelfedern hingewiesen und wiederholt werden, daß, besonders bei der Brocot-Hemmung, eine verbogene oder kaputte Pendelfeder stets durch eine neue ersetzt werden sollte.

Französische Uhren

Französische Uhren erfordern besondere Sorgfalt; man wird sich aber auch entsprechend belohnt finden. Sie laufen mit einem sehr geringfügigen Antriebsbedarf, haben empfindliche Zapfen und sind stets hochpoliert. Sie werden gewöhnlich von zwei langen Schrauben, die durch zwei am vorderen Glasrand aufgenietete Ösen hindurchgreifen und die Vorderseite mit der Rückwand verklammern, in ihren Gehäusen gehalten. In den meisten Fällen wird zuerst die Glocke entfernt werden müssen; ist eine Tonfeder vorhanden, kann das Pendel jedoch auch durch ihre Mitte hindurch herausgezogen werden. Hat man das Pendel entfernt und das Werk freigelegt, so schenke man dem Schlagmechanismus besondere Aufmerksamkeit. Auf welchem System er auch immer beruht, die Toleranzen sind hier fein, und es wäre unsinnig, nun anzufangen, Auslösehebel, Rechen u. ä. geradezubiegen, bevor man nicht absolut sicher ist, daß hier wirklich die Ursache für ein fehlerhaftes Funktionieren liegt. Schlägt die Uhr nicht korrekt, fällt aber trotzdem der Rechen genau auf die Stufen der Stundenstaffel, so wird man manchmal entdecken, daß der Hammer nach Beendigung des Schlagens sich zu weit über der Glocke oder der Tonfeder befindet. Ist dies der Fall, so wurde die Uhr nicht exakt eingestellt, und es besteht kein Grund zu befürchten, daß kunstvolle Reparaturen oder Abänderungen der Teile erforderlich wären.
Untersucht man die Tätigkeit des Werks, wird man bemerken, daß die Zapfen der Windflügel- und der Ankerwelle gewöhnlich in Kloben liegen, die in die vordere Platine eingeschraubt und oben mit einer Kerbe oder einer Öse versehen sind. Die Zapfenlager in diesen Kloben sind exzentrisch angebracht, und die Kerbe oder Öse gestattet ein Versetzen der Lager mit Hilfe eines Schraubenziehers oder einer Zange zur Einstellung der Windflügel- oder Hemmungstiefe. Man sollte diese Lager jedoch nicht – weder jetzt noch später – leichtfertig verändern oder neu einstellen, denn das kann sehr leicht zu einem Verbiegen oder Abbrechen der Zapfen führen.
Bei diesen Uhren ist es besonders wichtig, daß die gegabelte Pendelführung dem Pendel eng, aber reibungsfrei angepaßt ist. Man überzeuge sich so gewissenhaft wie möglich, daß die Seiten der Gabel vertikal und lateral

parallel zueinander ausgerichtet sind, und poliere die Innenseite der Gabel mit einer sehr feinen Polierfeile oder einem Polierstahl. Zum Schließen der Gabel führe man einen nur etwas dickeren Stab als den des Pendels – etwa eine alte Welle – zwischen die Seiten ein und klopfe die Gabel leicht zusammen; ist die Lücke sehr breit, löte man ein Stückchen Messing ein. Ist der Sitz zu eng, feile man den Schlitz aus. Die Gabelseiten müssen parallel ausgerichtet sein. Der Anker einer französischen Uhr sitzt meist nur an der Ankerwelle reibungsfrei; trotzdem vergewissere man sich, daß er sich nicht gelockert hat. Ist dies doch der Fall, kann seine Position an der Welle, wenn die Uhr »in Tritt« gesetzt wird, ohne Schwierigkeit korrigiert werden. Ein lockerer Sitz hier wird die Uhr hoffnungslos »außer Tritt« bringen und ein zu fester Sitz zu einer Beschädigung der Hemmung und ihrer Zapfen führen. Das »In-Tritt-Setzen« einer Uhr wird im letzten Kapitel noch ausführlicher behandelt werden.
Der Zerlegungsprozeß ist der gleiche wie bei anderen federangetriebenen Uhren; Schwierigkeiten können sich jedoch beim Abnehmen des Zifferblatts ergeben, wenn dieses aus mehreren Teilen besteht, und besonders bei einer vor dem Zifferblatt sichtbaren Hemmung. In diesem Fall wird man zunächst einen Teil des Zifferblatts entfernen müssen, dann den Anker und schließlich den Rest des Zifferblatts. Vorsicht beim Entfernen des Schöpfers! Er ist im Preßsitz auf eine ziemlich empfindliche Welle aufgedrückt. Entweder versuche man, ihn ganz vorsichtig abzulösen, oder – was vorzuziehen ist – man klopfe die Welle heraus, nachdem man das übrige Werk zerlegt hat. Bei Auseinandernehmen der Platinen (durch Herausziehen der Vorsteckstifte) gehe man sehr behutsam vor und hebe die Platine langsam und völlig senkrecht nach oben ab, denn diese Zapfen werden leicht verbogen oder beschädigt. Sämtliche Oberflächen dieser Werke müssen gut poliert werden, nicht nur, um die Reibung zu reduzieren, sondern auch um der äußeren Wirkung willen.

Reiseuhren

Die vorstehenden Bemerkungen über Pflege und Oberflächenbehandlung gelten ebenso für jene besondere französische Ausführung, die Reiseuhr, deren Werk ja voll zu sehen ist. Der Weg zu diesem Werk führt durch den Sockel. Zunächst nehme man die dort befindliche Bodendeckplatte ab, falls eine solche vorhanden ist. Sodann entferne man die vier Eckschrauben, mit denen die Gehäusepfeiler am Sockel befestigt sind. Man halte die Uhr mit der Oberseite nach unten und hebe das Werk samt seinem Sockel aus dem Gehäuse heraus. Bei den meisten dieser Uhren sind nämlich die in die Schlitze der Pfeiler eingeschobenen Glaspaneele und die Tür nicht anderweitig befestigt, weshalb sie entweder mit der Hand festgehalten werden müssen oder das Gehwerk eben auf diese etwas unbeholfene Art aus dem umgedrehten Gehäuse herausgenommen werden muß. An einigen der qualitativ hochwertigen französischen und an vielen englischen Reiseuhren hält ein zusätzlicher, mit den Gehäusepfeilern verschraubter Sockelreif aus Messing Paneele und Tür in ihrer Lage fest.

Die Struktur des oberen Gehäuseteils ist bei den einzelnen Uhren verschieden. Bei den älteren französischen Uhren besteht der Gehäuserahmen aus einem einzigen Guß, und das gesamte obere Deckblatt ist verglast; dabei sitzt das Glas in einem viereckigen Glasrand, der von unten her im oberen Rahmen verschraubt oder verstiftet ist. Der Henkel ist zwischen zwei aufrechte Ösen, die Teil des Gusses sind, eingesprengt. Bei den geläufigeren Ausführungen sind die vier Pfeiler einzeln von oben im Deckblatt verschraubt; diese Montage wird kaschiert durch eine Abdeckplatte aus Messing mit einer verglasten, rechteckigen oder ovalen Öffnung, durch die die Hemmung zu sehen ist. Das Deckglas wird hierbei von Klammern in seiner Lage festgehalten, deren Schrauben von unten durch die Abdeckplatte in die kleinen gedrehten Ösen greifen, in die der Henkel eingesprengt ist. Die Tür ist lediglich in Stifte eingehängt, die sich in Aussparungen am Sockel und am Kopfstück drehen. Diese Gehäuse sehen am schönsten aus, wenn sie feuervergoldet sind; eventuell kann man sie neu vergolden lassen. Ein bereits vergoldetes Gehäuse wird sich meist durch sorgfältiges Abwaschen mit warmem Seifenwasser reinigen lassen. Metallpolitur darf nicht angewendet werden, da sie den Rest der Vergoldung zerstört. Ist die Vergoldung nur noch stellenweise vorhanden, so daß sie unansehnlich fleckig wirkt, oder ist das Gehäuse niemals vergoldet worden, sollte man es sehr gründlich reinigen und polieren und sodann eine dünne Lackschicht aufpinseln oder, um ihm ein ansprechendes und wie vergoldet wirkendes Äußeres zu verleihen, den Lack aufsprühen.

Das Gehwerk einer Reiseuhr sollte vor dem Abnehmen des Zifferblatts von seinem Sockel befreit werden, da das Zifferblatt zuweilen fest auf dem Sockel aufsitzt und beschädigt werden kann, wenn man es abnimmt ohne zuvor den Sockel entfernt zu haben. Das Gehwerk wird gewöhnlich von zwei Schrauben mit großen Köpfen auf dem Sockel festgehalten, die von unten durch diesen hindurch in die beiden unteren Platinenpfeiler greifen. Bei älteren Werken kann der Sockel direkt mit den Platinen durch vier kleine Schrauben verbunden sein. Der Sekundenzeiger (falls ein solcher vorhanden) und der Weckerzeiger sind im Preßsitz aufgedrückt; man entfernt sie, indem man einen zur Schonung des Zifferblatts mit einem Holzstreifen oder einem Stückchen Karton unterlegten feinen Schrauenzieher als Hebelarm benützt, oder sie mit Hilfe einer sehr feinen Zwickzange vorsichtig ablöst. Bei späteren Uhren ist der Minutenzeiger ebenfalls im Preßsitz angebracht, bei älteren und qualitativ besseren Werken jedoch verstiftet. Der Stundenzeiger ist ausnahmslos aufgepreßt – hier ist wiederum beim Abnehmen Sorgfalt geboten, damit das Zifferblatt nicht beschädigt wird.

Ältere Reiseuhren mit Rechenschlagwerk haben meist ein den normalen französischen Uhren mit Schlagwerk ähnliches Schlagsystem; in der Blütezeit der Reiseuhren wurde es indessen üblich, das Schlagwerk mit einer »Wippe« als Auslöser an Stelle des konventionellen Auslösehebels auszustatten, und bei diesem System entfällt das Melden [Abb. 60]. Fände dieses nämlich statt, so würde der Repetitionsmechanismus für einige Minuten vor der vollen Stunde nicht tätig werden können, da das gesamte Schlagräderwerk bis zum Auslösen in der Warteposition angehalten sein

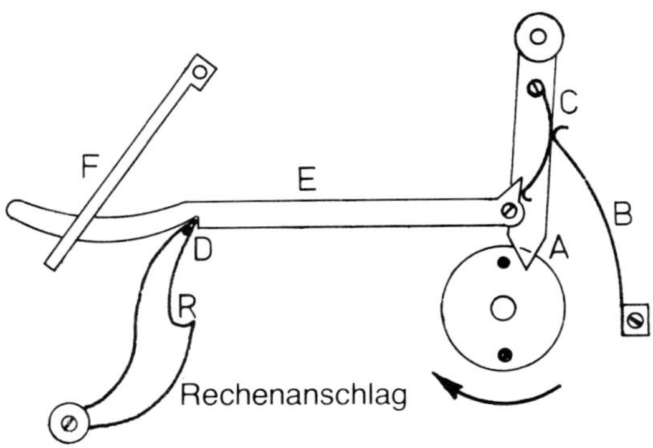

A – Auslösestift drückt Wippe nach rechts
B – Feder, die die Wippe beim Auslösen durch den Stift zurückschwingen läßt
C – Feder, die Wippe auf Stift D niederdrückend
D – Stift auf dem Rechenaufhaltearm, der von der ausgelösten Wippe zur Seite gestoßen wird
E – Wippe
F – die Wippe führender, gegabelter Arm
R – Ruhepunkt des Rechens bis zum Verschieben des Rechenaufhaltearms durch die Wippe

60 Auslösesystem bei Schlagwerk mit Wippe

würde. Die »Wippe« ist ein zweiteiliger gewinkelter Arm, dessen beide Hebel von einer empfindlichen Feder im erforderlichen Winkel gehalten werden. Der gesamte Arm bewegt sich ebenfalls gegen eine auf der Platine montierte Feder. Während das Viertelrohr sich dreht, wird die Spitze der Wippe von dem Auslösestift zurückgedrückt. Genau zur vollen Stunde geht der Auslösestift über die Spitze hinaus, und die Wippe schwingt kraft ihrer Feder quer über die Platine und stößt den Rechenaufhaltearm vom Rechen weg. Der Rechen fällt herunter, und der Schöpfer hebt ihn Zahn um Zahn wieder hoch, während die Stunde ganz normal schlägt. In abgeänderter Form findet man dieses System auch oft in modernen Uhren mit Glockenspiel. Ich kann mich nur immer wieder wundern, daß diese von Heath Robinson erfundene Apparatur überhaupt funktioniert – aber sie funktioniert wirklich, sogar sehr zuverlässig, und ihre korrekte Einstellung ist lediglich eine Frage der Beobachtung und des gesunden Menschenverstands.

Viele Reiseuhren, besonders solche mit Repetition, sind mit einem Weckerwerk ausgestattet. Dieses ist in Wirklichkeit eine sehr einfache und robuste Ankerhemmung, die von einer separaten kleinen Zugfeder angetrieben wird und bei welcher der Läutwerkhammer den Platz des Pendels einnimmt. Der Hammer schlägt gewöhnlich auf eine der für das Selbstschlagen bereits vorhandenen normalen Tonfedern oder Glocken. Die Arbeitsweise des Weckerwerks ist einfach und zuverlässig. Über dem Weckerrad befindet sich eine Nockenscheibe, die an einer Stelle eine Kerbe hat; gegen diese Nockenscheibe wird durch eine Blattfeder eine Wippe gedrückt, die mit ihrer anderen Seite den Weckerhammer arretiert. Deckt sich die Nase der Wippe mit der Kerbe der Nockenscheibe, so springt die Wippe hoch und gibt den Weckerhammer frei.

Normalerweise ist ein Abstellen des Läutwerks nicht vorgesehen; ist es aufgezogen, ertönt es nach dem Auslösen so lange, bis seine Feder abgelaufen ist. Man sehe sich den Mechanismus genau an und probiere ihn aus, bevor man das Werk zerlegt – dann wird der Wiederzusammenbau keine Schwierigkeiten bereiten. Man vergewissere sich lediglich, daß die Welle auch gut und fest zwischen den Platinen sitzt.

Reiseuhren wurden so genannt, weil sie sehr viel transportierfähiger waren als die pendelgeregelten französischen Uhren jener Zeit und wahrscheinlich auch weil sie tatsächlich auf Reisen mitgenommen wurden in Spezialetuis, deren Deckel sich nach oben öffnen ließen, so daß die Uhren vom Reisenden in seiner Kutsche gesehen und gehört werden konnten. Der Anblick einer vorderen Platine hinter dem Zifferblatt, besonders wenn es sich um eine Viertelstundenrepetitionsuhr mit Weckerwerk han-

delt, kann recht entmutigend wirken. Eine Vielzahl von Teilen arbeitet hier auf engstem Raum, und man muß sehr darauf achten, keines von ihnen zu verbiegen oder etwa zurechtbiegen zu wollen, bevor man sich nicht über jeden Zweifel hinaus vergewissert hat, daß tatsächlich eines oder mehrere Teile verbogen sind. Diese augenscheinliche Komplexität ist allerdings zum großen Teil der Tatsache zuzuschreiben, daß die meisten der sich bewegenden Teile, die nicht im eigentlichen Sinne Räder sind, durch Federn in ihrer Position festgehalten werden; außerdem befindet sich bei älteren Uhren das Gesperr ebenfalls auf der vorderen Platine. Eine korrekt zusammengebaute Reiseuhr schlägt häufig selbst dann, wenn sie auf dem Kopf steht (obgleich absolut kein zwingender Grund vorliegt, daß sie eine solche Prüfung bestehen müßte), und ihr normales Gehen dürfte schon gar nicht durch Lageveränderungen beeinträchtigt werden. Die Zeit, die man damit verbringt, sich mit der Arbeitsweise der Uhr vertraut zu machen, ist niemals vergeudet, und auch das Anfertigen einer Skizze von ihrer Anordnung wird einem sehr zustatten kommen.
Nun kann man die Uhr zerlegen, wobei wieder die allgemeinen Regeln zu befolgen sind. Man breite die Teile genau in der Reihenfolge vor sich aus, in der man sie abgenommen hat, und lege zu jedem Teil die zu ihm gehörenden Schrauben und Federn. Schrauben und die verschraubten Bolzen, an denen Wippe, Sternrad und andere Teile befestigt sind, scheinen oft untereinander austauschbar zu sein, sind es in Wirklichkeit aber meist nicht. Eine Schraube muß nämlich nicht nur in ihr Loch passen, sondern der Bolzen, den sie festhält, muß auch so befestigt sein, daß er dem auf ihm sich bewegenden Teil genügend Aktionsfreiheit gewährt.
Plateau-Hemmungen, sofern sie nicht sichtbar kaputt sind, kann man durch Drehen des Hemmungsrads überprüfen; dazu drücke man mit einem Putzholz stetig gegen das Trieb. Dies gibt der Hemmung genügend Antrieb, um arbeiten zu können – falls sie dazu noch in der Lage ist. Zur weiteren Untersuchung und zum Reinigen entferne man die den Unruhkloben festhaltenden Schrauben, drehe die Hemmung um (so daß sie auf dem Kopf steht) und lasse, durch eine leicht schüttelnde Bewegung, Kloben und Unruh zusammen auf die unmittelbar daruntergehaltene Hand fallen. Der Kloben sitzt auf festen Stiften, die ihn in seiner exakten Lage halten, und man wird manchmal mit einem Schraubenzieher etwas nachhelfen müssen, damit er sich löst. Auf keinen Fall trenne man die Unruh vom Kloben oder lasse sie durch ihr Eigengewicht hängen! Eine verzogene Spiralfeder kann am Kloben reiben, dadurch die Uhr zum Stehen bringen, und ist oft äußerst schwer wieder gerade zu richten. Die gesamte Unruh-Einheit läßt sich durch Herausdrücken des Befestigungs-

bolzens der Spirale von oben, bzw. durch Herausdrehen der den Bolzen festhaltenden Schraube (falls eine solche vorhanden ist) entfernen. Man kann auch den die Spiralfeder festhaltenden Stift vorsichtig lösen und den Reif drehen, bis er frei ist. Die Edelstein-Zapfenlager werden mit einem stumpfen Putzholz gereinigt – die Löcher sind spröde und ein scharfes Putzholz kann im Loch steckenbleiben und es sprengen. Das Hemmungsrad des Zylinderechappements ist aus empfindlichem blankem Stahl, und sehr behutsames Bürsten wird es gewöhnlich wieder zum Glänzen bringen. Die gleiche Behandlung kann man bei einem Ankerechappement dem wahrscheinlich aus Messing gefertigten Anker und seinem Hemmungsrad zuteil werden lassen. Die Zapfenlager dieser Teile sind auf die gleiche Weise zu reinigen, und das von allen Teilen befreite Plateau ist gründlich zu polieren, es sei denn, es ist mattvergoldet; in diesem Fall sollte es – vorzugsweise in Benzol, obgleich mildes Seifenwasser auch nicht schädlich ist – gewaschen und gut abgetrocknet werden.
Nach Entfernen der Unruh oder vor ihrem Wiedereinbau kann das Ankerechappement noch weiter getestet werden, indem man dem Hemmungsrad erneut etwas Antrieb zuführt und das Ende des Ankers berührt, worauf dieser rasch auf die andere Seite springen und einen Zahn des Hemmungsrads freigeben sollte. Selbstverständlich gibt in Wirklichkeit dieser Sprung dem Hemmungsrad den Impuls. Das Ankerechappement einer Reiseuhr befindet sich selten in schlechtem Zustand; es kann höchstens verschmutzt und die Spirale verbogen sein. Das Echappement kann man reinigen, und man sollte auch zunächst einige Zeit darauf verwenden, die Spirale mit einer Nadel und einer Pinzette zu bearbeiten, bevor man die Hoffnung aufgibt.
Die Unruh eines Zylinderechappements beschreibt keinen großen Bogen (tatsächlich hindert sie ein an ihrem Rand sitzender Stift daran, mehr als eine volle Umdrehung zu vollziehen), und ihre Tätigkeit hört sich zwar sehr geschäftig an, wirkt aber beim Zusehen ziemlich träge. Gibt ein Zylinderechappement keinen Anlaß zur Besorgnis, reinige man es und lasse es dabei bewenden; arbeitet es jedoch unzuverlässig, sollte man es lieber durch ein neues Plateau-Ankerechappement ersetzen. Die Erhaltung des Original-Echappements mag wünschenswert sein, aber ein ausgeleierter oder kaputter Zylinder lohnt in den meisten Fällen weder die Zeit noch die Mühe des Reparierens oder Ergänzens, was außerdem beides kaum im Bereich der Möglichkeiten des Bastlers liegt.
Die am häufigsten vorkommende Beschädigung an all diesen Hemmungen ist ein abgebrochener Zapfen der Unruhwelle. Der Bastler hat nicht die Möglichkeit, eine neue Unruhwelle zu drehen, noch kann er einen

neuen Zapfen einpassen. Handelt es sich um den oberen Zapfen, wird er es zweifellos zunächst mit einer Improvisation versuchen – er wird etwa den Kloben nach unten biegen, an der kaputten Welle einen neuen Zapfen zurechtfeilen usw. –, aber das wird nichts nützen. Der letzte Ausweg und in den meisten Fällen die einzig praktikable Lösung, nämlich eine neue Plateau-Hemmung, wird mit ihrer frischen Vitalität wie ein erquikkendes Labsal nach diesen fruchtlosen Mühen wirken.

Jahresuhren

Zum Zerlegen und Reinigen von 400-Tage-Uhren ist nichts besonderes zu bemerken, außer daß der erste Schritt im Ausbauen des schweren Pendels (das eingehakt ist) und im Entfernen der empfindlichen Pendelfeder bestehen muß und der zweite im Entspannen der äußerst langen und starken Zugfeder. Der Rat des Fachmanns richtet sich zwar gegen ein Belassen der Feder in ihrem Haus und Aufträufeln von etwas Öl auf die Windungen; ohne Zweifel müßte die Feder eigentlich herausgenommen und das alte klebrige Öl abgewischt werden. Trotzdem mag es in diesem Fall – eine kaputte Feder natürlich ausgenommen – besser sein, das Ganze in Ruhe zu lassen und – zu hoffen. Diese großen Federn werden während des schwierigen Prozesses des Herausnehmens und Wiedereinsetzens leicht verzogen, und einen durch das Reiben der verzogenen Feder am Federhaus verursachten Verlust an Antriebskraft kann man sich nicht leisten. Will man die Arbeit durchaus korrekt ausführen, kann man im Fachgeschäft einen Zugfederwinder kaufen (der es einem ermöglicht, die Feder zu der Größe, die leicht ein- und ausgleitet, fertig aufgewunden aus dem Federhaus herauszunehmen und wiedereinzusetzen) oder man kann Federhaus und Zugfeder zum Fachhändler bringen, der diese Aufgabe für einen durchführt.

Kleinere technische Eingriffe und Instandsetzungsarbeiten

Wir sind nun so weit, daß wir die sämtlichen Eingeweide der Uhr gereinigt und, wie zu hoffen ist, in der Reihenfolge, in der sie herausgenommen wurden, vor uns liegen haben. Beim Überprüfen des Werks und erneut beim Reinigen der einzelnen Teile hat sich sicher die eine oder andere Reparatur als notwendig erwiesen, und sehr wahrscheinlich wird noch manches andere instandgesetzt werden müssen, das man auf den ersten Blick nicht gleich als reparaturbedürftig erkannt hat oder erkennen konnte. In diesem Kapitel wird nun in alphabetischer Reihenfolge eine Anzahl von Routinereparaturen beschrieben, die auszuführen den meisten Bastlern möglich sein dürfte. Einiges davon gilt für fast alle Werke, anderes wieder betrifft nur ganz bestimmte Typen, mit denen man es höchstwahrscheinlich zu tun bekommen wird. Der Bastler kann dieses Kapitel also entweder zu seiner Information ganz durchlesen oder sich die Reparaturen heraussuchen, die für ihn gerade wichtig sind.

Bläuen von Stahl

Stahl ist im gebläuten Zustand rostbeständiger als in ungebläutem. Er wird aber auch aus dekorativen Gründen gebläut; das ist weitgehend eine Frage der Stilperiode, aus der eine Uhr stammt. Die Schrauben vieler robuster Stockuhren und Bodenstandwerke sehen, wenn sie gebläut sind, unecht, bzw. nicht authentisch aus; dagegen würden die schön gearbeiteten Schrauben zahlreicher französischer Uhren fehl am Platze wirken, wenn sie ungebläut wären. Man sollte es sich zur Regel machen, die Stahlteile, die zu einer bestimmten Stilepoche üblicherweise gebläut wurden bzw. die, welche an der Uhr, an der man arbeitet, einmal gebläut waren – gleich, ob es sich um Zeiger oder Schrauben handelt –, zu bläuen.
Man kann die Teile auch mit blauem Email anmalen, aber das Resultat wird im Vergleich zu traditionell gebläutem Stahl schwerfällig und dunkel wirken. Nach altbewährter Methode wird der Stahl zunächst völlig gesäubert und blank gerieben und dann auf einem Messingteller erhitzt;

dadurch wechselt er rasch die Farbe über Braunschattierungen zu Rot und dann zu Blau. Ist der gewünschte Blauton erreicht (was gewöhnlich bei einer Temperatur von 290 °C der Fall ist), wird das Metall unverzüglich in Öl abgelöscht.
Wichtig dabei ist, das Metall vor dem Erhitzen von Fett und Öl frei zu halten. Ein Zeiger, auf dem sich Fingerabdrücke befinden, wird sich niemals richtig bläuen lassen. Die praktischste Halterung für Schrauben besteht in einer alten Platine, in deren Löcher die Schäfte der Schrauben versenkt werden können. Zeiger werden am besten in einer kleinen Pfanne auf einer Schicht Messingfeilspäne gebläut, da diese einen beständigen und gleichbleibenden Wärmeleiter bilden und einen gleichmäßigen Verlauf des Prozesses gewährleisten.

Gewichte und Pendellinsen

Gewichte und Pendellinsen sind im Handel erhältlich; allerdings sind sie nicht immer in der Weise oberflächenbehandelt, wie man sie gern haben möchte. Man kann sie auch selbst anfertigen. Das Gewicht sollte so leicht wie möglich sein, und bei einem kettenangetriebenen 30-Stunden-Werk normalerweise 1 kg wiegen; stark eingelaufene Räderwerke benötigen jedoch häufig ein schwereres Gewicht. Bei einer Uhr mit 8-Tage-Gang beträgt das Gewicht des Gehwerks meist 5 kg, und das Schlagwerkgewicht ist um ein geringes schwerer; das Schlagen erfolgt jedoch um so langsamer und würdevoller, je leichter das Gewicht ist. Pendellinsen für Bodenstanduhren wiegen ungefähr 1 kg; Linsen von federangetriebenen Uhren sind natürlich erheblich leichter. Es wurde bereits erwähnt, daß die Linsen und selbst die Gesamtpendel französischer Uhren häufig untereinander austauschbar sind; hier lohnt es sich daher nicht, neue Pendellinsen anzufertigen. Je schwerer die Linse ist und je leichter das Antriebsgewicht, welches das Pendel in Schwung hält, um so besser ist es für das Werk.
Ansprechend wirkende Antriebsgewichte lassen sich aus Bleiabfällen, die man bei einer Werft oder bei einem Altmetallhändler bekommen kann, und aus Messingrohr, das zu gegebener Zeit poliert und lackiert wird, herstellen. Das Messingrohr muß einen Durchmesser von ungefähr 5 cm haben und wird, bleigefüllt und bei einer Länge von 22,5 cm, ungefähr 4 kg schwer sein. Man wird das untere Ende der Hülse und möglicherweise auch das obere mit einer eingelöteten Messingscheibe verschließen müssen; dies kann auch durch eine Holzscheibe geschehen, die man, damit sie

schöner aussieht, schwarz anstreichen kann (ein 5 cm starkes Holzrad für Spielzeug, Teewagen usw., dessen Rand kantig zugeschnitten wird, läßt sich sehr gut dafür verwenden). Man schmelze das Blei nach und nach stückchenweise in einem alten Topf, hebe die Schlacke ab und gieße das geschmolzene Metall in die Hülse. Es läßt sich leicht anbohren, so daß man am oberen Ende einen Haken oder einen Ring einpassen kann.

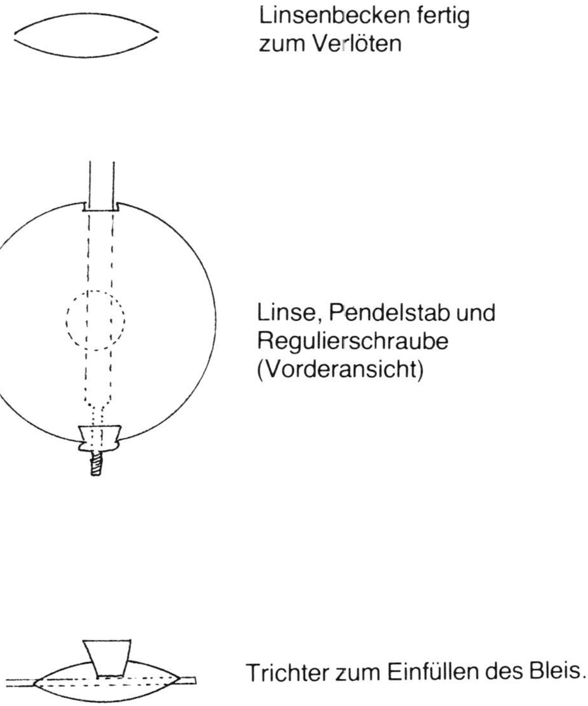

61 Anfertigen einer Pendellinse

Eine scheibenförmige Pendellinse wird aus zwei Messingblech-Scheiben gefertigt [Abb. 61]. Man höhle ein Stück Hartholz zu einer nach innen gewölbten Form aus und hämmere darauf die Messingscheiben mit einem Holzhammer zu flachen Becken. Man vergewissere sich, daß die Messingbecken ringsherum korrekt aufeinanderpassen, verzinne sie an den Kanten gut mit Lot und verlöte sie schließlich unter Hitze miteinander. Überflüssig zu erwähnen, daß die Kanten absolut sauber sein müssen, damit das Lot auch »fließen« kann. Nun säge man einander genau gegenüberliegende Schlitze in den Messingmantel ein; sie sind für den Pendelstab bestimmt, der mit Graphit eingerieben werden muß, um zu verhindern, daß er sich im Blei festfrißt. In eine Seite (die hintere) des Messingmantels bohre man ein ziemlich großes Loch, in das man einen Papptrichter einführt. Durch diesen vergieße man das geschmolzene Blei. Schließlich ziehe man den Trichter heraus, feile flächenbündig ab und poliere den Messingmantel samt dem Bleiknopf auf seiner Rückseite.

Hemmungen

Die korrekte Einstellung einer Hemmung ist keine Arbeit, die sich in einem Anlauf erledigen ließe und die auf Anhieb klappt. Eine wesentliche Rolle spielen dabei die exakten Winkel der Paletten-Ruhe- und Hebeflächen und die Position der Paletten zum Hemmungsrad. Die älteren rückfallenden Ankerhemmungen wurden jedoch nicht gerade mit peinlicher Genauigkeit gefertigt, und auch die feineren jüngeren Pendelhemmungen müssen gewöhnlich nicht von Grund auf erneuert werden, damit sie einigermaßen vernünftig arbeiten.
Die kritischen Faktoren, mit denen wir uns hier befassen müssen, sind Tiefe und Fall, Ruhe und Hebung. Tiefe und Fall betreffen das Verhältnis der Paletten zum Hemmungsrad. Zu dicht am Hemmungsrad sitzende Paletten blockieren in extremen Fällen die Radzähne, und in leichteren Fällen erzeugen sie Reibung und Energieverlust. Die Entfernung der Paletten zum Hemmungsrad ergibt das Verhältnis zwischen Ruhe und Hebung. Bei einer Pendelhemmung, bei der das Auftreffen der Hemmungsradzähne Rillen in die Palettenoberflächen eingegraben hat, stimmt der Winkel zwischen Palettenhebeflächen und Hemmungsrad nicht und die Hemmungstiefe ist zu niedrig – dadurch werden schlimmstenfalls die Zähne nicht zuverlässig angehalten und bestenfalls wird der gegebene Impuls nicht stark genug sein. Hier gibt es zwei Lösungen: entweder man kann die Hemmung so verschieben, daß eine nicht abgenutzte Oberfläche betätigt wird, oder man kann die Palettenoberflächen erneuern.
Nicht eingelaufene Palettenoberflächen können dadurch in Eingriff gebracht werden, daß man entweder die Lage des Ankers auf der Ankerwelle oder die des Hemmungsrads verändert. Letzteres ist meist im Zuge einer Routinereparatur leichter zu bewerkstelligen, da die Wahrscheinlichkeit immerhin groß ist, daß die Zapfenlager des Hemmungsrads oh-

nehin erneuert werden müssen (s. unten). Will man die Lage des Hemmungsrads verändern, kann man in sein Zapfenlager ein Futter so einpassen, daß es an der Innenseite der Platine übersteht, und die korrespondierenden Lager in der anderen Platine leicht »versenken«, um seine Welle dort tiefer einzulassen. Das Resultat ist, daß die gesamte Hemmungsradwelle um die Breite der halben Palette zwischen den Platinen verschoben wird und die Hemmungsradzähne daher auf eine noch nicht abgenutzte Stelle an den Paletten treffen. Bei einer sehr alten Uhr (etwa aus dem 18. Jh.) wird man häufig feststellen, daß das Radfutter des Hemmungsrads mit Weichlot auf die Hemmungsradwelle aufgelötet ist; unter Hitzeeinwirkung wird das Lot erweicht und das Rad selbst läßt sich entfernen. Die gleiche Methode läßt sich auch bei Uhren jüngeren Datums, etwa bei einem der geläufigen französischen Werke, anwenden, aber das Rad wird gewöhnlich die Welle sehr eng umschließen, die Zapfen sind empfindlich, und ein solches Vorgehen ist daher riskant. Ähnliche Versuche lassen sich auch mit den Paletten durch Verschieben der Ankerwelle durchführen – dabei ist jedoch Vorsicht geboten, denn sie sind sehr hart und spröde.
Zum Neubeschichten der Paletten erhitze man ihre Spitzen, bis Weichlot sie mit einem Film überziehen kann. Man erhitze ebenfalls ein Stück Federstahl (etwa von einer alten Armbanduhr-Zugfeder), bis es geschmeidig – aber nicht rotglühend! – wird, feile es blank, verzinne es mit Weichlot und schneide zwei Stückchen von der Größe der Palettenhebeflächen davon ab. Man verlöte die Federstreifen mit den Hebeflächen und feile sie an den Kanten zurecht. Die neuen Oberflächen sind nicht so hart wie die Original-Paletten, aber sie werden eine Weile halten.
Diese Reparatur ist nicht sehr zu empfehlen. Sie hält nicht lange, neigt dazu, die Hemmungsradzähne mit der Zeit zu beschädigen und Spuren auf ihnen zu hinterlassen, und wenn sie nicht sehr gut ausgeführt ist, wirkt sie unsauber. Die beste Lösung besteht in einem Versetzen der Hemmung, aber manchmal stellt sich heraus, daß das bereits schon einmal vorgenommen worden ist, oder daß die Paletten zu schmal, d. h. überall eingelaufen sind. Dann muß man sie entweder abschleifen (und exaktes Schleifen auf einer gehärteten Palette ist nicht leicht) oder sie neu beschichten.
Nachdem, mit welchen Mitteln auch immer, eine ernsthafte Abnutzung repariert oder behoben wurde, mag es sich herausstellen, daß die Hemmungstiefe zu groß ist, Hemmungsradzähne blockiert werden oder daß die Uhr zwar einigermaßen geht, der Impuls aber zu gering ist, um das Pendel richtig in Schwung zu halten. Die Tiefe muß also berichtigt und sehr wahrscheinlich müssen auch die Paletten im Winkel verändert wer-

den. Bis zu welchem Winkel sie geschlossen werden müssen, ist eine Frage des Ausprobierens – aber das Wiederöffnen ist nicht so leicht, weshalb man sie nach und nach und ganz behutsam schließen sollte. Man lege den durch Ausglühen geschmeidig gemachten Anker mit seinem Rücken über die geöffneten Backen eines Schraubstocks, unterlege zum Schutz ein Stück Messingabfall oder Hartholz und gebe mit einem stabilen Messingdraht (oder einem Messingpunzen, falls vorhanden) einen leichten Schlag in die Mitte der Paletten.

Die Tiefe wird durch Herunterziehen des hinteren Ankerwellenlagers oder, falls (wie es üblich ist) die Zapfen der Ankerwelle im Ankerkloben liegen, durch Senken des Klobens vergrößert. Dabei wird man die Schraublöcher des Klobens leicht nach oben verlängern müssen. Man verschraube den Kloben ziemlich fest – die Paletten müssen abgenommen und das Messing muß geschützt werden – und gebe ihm mit einem leichten Hammer einen Schlag nach unten. Man unterliege nicht der Versuchung, die Paßstifte zu entfernen – sie werden durch den Schlag af den Kloben hinreichend gebogen. Es wird kaum jemals nötig sein, die Hemmungstiefe zu verringern – es sei denn, man ist zu weit gegangen; sollte es sich dennoch als notwendig erweisen, so ist lediglich umgekehrt vorzugehen.

Die außer dieser am häufigsten vorkommende Reparatur bei Pendelhemmungen ist das Ersetzen einer abgenutzten oder fehlenden Palette an der vorn sichtbaren Hemmung vieler französischer Uhren. Diese Paletten sind genau halbkreisförmig und können aus Granaten, anderen dunkelroten Halbedelsteinen oder aus Hartstahl bestehen. Man richte sich in der Größe ganz gewissenhaft nach der noch existierenden Palette, falls vorhanden. Die mit Schellack gefüllten Löcher sind kein Richtmaß für die Größe, und eine zu große Palette bringt die Uhr zum Stehen, während eine zu kleine keinen hinreichenden Impuls liefert. Selbst wenn man Halbedelsteine bekommt, wird man nicht in der Lage sein, sie zurechtzuschneiden. Infolgedessen wird man die Palette aus Stahl erneuern müssen; sie sollte zwar eingetrieben werden, aber das Einkleben bzw. das Einpressen in unter leichter Hitze erweichtem Schellack ergibt ein befriedigendes Resultat. Dabei überprüfe man stets, ob die eingepaßten Paletten auch aufrecht in ihren Löchern stehen.

Es gibt zwei Grundsätze, die zu befolgen sind, wenn man diese Paletten in ihre korrekte Position bringt: die flachen Seiten sollten sich im rechten Winkel zur Ankerwelle und in der gleichen Richtung, in der das Rad sich dreht, befinden, und sie sollten auf eine vom Mittelpunkt des Hemmungsrades ausgehende Radiallinie fallen. Diese Hemmungen sind jedoch nicht immer perfekt ausgerichtet, und wenn die Umstände einen zur Entscheidung zwingen, sollte man wenigstens den zweiten Grundsatz befolgen. Die Hemmungsradzähne sollten nur wenig unterhalb seiner Mittelpunktlinie auf den Halbkreis fallen; wie gewöhnlich wird ein zu tiefer Sitz die Hemmung blockieren und ein zu flacher den Impuls schwächen [Abb. 19]. Die Radzähne dieser Hemmungen sind sehr fein, und nach Ablauf vieler Jahre können sie wie hakenförmig nach hinten gebogen wirken. Sie sollten mit der Zange vorsichtig geradegerichtet werden; dabei sollte man aber – schon um des Aussehens willen, aber auch um die Funktionsfähigkeit der Hemmung nicht zu zerstören – die flache »Vorderseite« des Zahns nicht berühren.

Schließlich ist bei den Pendelhemmungen noch anzuführen, daß die Stahlpaletten der ruhenden Hemmung von Wiener Regulatoren gewöhnlich durch kleine Stahlbrücken in ihrer Lage gehalten werden und umkehrbar sind, wobei die nicht in Gebrauch befindlichen Enden bereits im erforderlichen Winkel zugeschnitten sind. Normalerweise wird es nur bei starker Abnutzung notwendig werden, sie umzudrehen. Diese Paletten sehen irreführend einfach aus. Tatsächlich sind sie aber Ausschnitte aus einem Kreis mit exakt vorgeschriebenem Radius, und ihre korrekte Kurvenform ist eine wesentliche Voraussetzung für das Arbeiten der Hemmung. Sie sind natürlich durch Verschieben in ihren Stahlbrücken auf die korrekte Tiefe einstellbar, und eine weitere Einstellung wird durch Drehen der Drehscheibe, in der die Zapfen der Ankerwelle liegen, ermöglicht. Es wäre völlig unsinnig, die Paletten biegen zu wollen. – Genau das gleiche gilt für die Hemmungen der meisten älteren 400-Tage-Uhren; allerdings sind die Paletten hier gewöhnlich nicht umkehrbar. Da diese Uhren jedoch jüngeren Datums sind, ist es sehr unwahrscheinlich, daß ihre Paletten schon so stark abgenutzt sind, daß sie neu beschichtet werden müßten.

Es wurde bereits erwähnt, daß die Plateau-Hemmung einer Reiseuhr im allgemeinen nicht in einem Zustand in die Hände des Bastlers gelangt, den erheblich zu verbessern er imstande wäre; entweder sie arbeitet befriedigend oder sie sollte am besten durch ein neues Plateau ersetzt werden. Einige Einstellungen, denen bei Pendeluhren im Prinzip ähnlich, lassen sich jedoch an einem unregelmäßig funktionierenden, aber nicht eigentlich beschädigten Ankerechappement vornehmen. Sind die Paletten in den Stahl des Ankers eingelassene Edelsteine, lassen sie sich auf die erforderliche Tiefe und den korrekten Eingriff einstellen. Die Paletten sind in Schellack montiert, und die Einstellung wird mit einer Nadel und einer feinen Pinzette vorgenommen, wobei der Anker auf einen leicht erhitzten Metallblock gelegt wird – direkte Hitzeeinwirkung auf den Anker selbst

ist zu stark und hält den Schellack nicht lange genug in dem geschmeidigen Zustand, der ein Arbeiten an den Paletten ermöglicht.
Man erinnere sich an die im vorausgegangenen Kapitel beschriebenen Testverfahren für Plateau-Hemmungen. Nach Abnehmen der Unruh bringe man das Hemmungsrad zum Drehen und beobachte die Tätigkeit des Ankers. Die Paletten müssen jeden Zahn fest anhalten, keine der Paletten darf die Spitze eines Zahns blockieren, und der Anker muß regelrecht von einer Seite zur andern springen. Ist die Tätigkeit schleppend oder fehlerhaft, kann man durchaus mit den Paletten experimentieren; dabei sind aber zwei Dinge zu beachten: die erforderlichen Abänderungen sind minimal, und was der einen Palette in dieser Hinsicht »zugefügt« wird, muß der anderen »abgezogen« werden – oder der Zustand nach der Reparatur ist schlimmer als vorher. Bringt man eine Palette nach vorn, muß man versuchen, die andere um den gleichen Grad zurückzubringen. Winkelabänderungen sind selbst bei den kleinen Schlitzen, in denen diese Paletten montiert sind, ebenfalls möglich. Sollte der Anker, wenn ein Zahn gerade angehalten wird, nicht hart gegen den Prellstift schwingen, ist also der »Zug« unzulänglich, muß die Palette leicht nach innen geschoben werden (die Tatsache, daß es keine Vorrichtung für »Zug« gab, war möglicherweise die Ursache für die – bereits erwähnte – erst verspätet einsetzende allgemeine Verwendung dieser Hemmung im 19. Jh.). Andererseits muß, nach dem Augenblick des Auffalls auf die Ruhe, genügend Spielraum vom Ankermesser zu Sicherheitswelle und Prellstift gegeben sein. Ruht der Zahn und hat das Ankermesser keine »Luft« mehr, sich zu bewegen, ist der Prellstift neu einzustellen; im Idealfall sollte er zweimal im rechten Winkel gebogen werden, so daß er nach dem Zurechtbiegen dem Ankermesser immer noch eine vertikale Angriffsfläche darbietet.
Die abschließende Einstellung jeder Hemmung, das »In-Tritt-Setzen«, ist in mancher Hinsicht zugleich die einfachste und doch die entscheidendste Arbeit; mit ihr sind keinerlei Reparaturen verbunden, und selbst eine unvollkommen reparierte Hemmung wird wieder fröhlicher arbeiten, wenn sie einmal in Tritt gesetzt ist. Dieser Vorgang wird zusammen mit dem Einstellen und Aufstellen eines Werks im nächsten Kapitel behandelt werden.

Plateau-Hemmungen

Eine Plateau-Hemmung zu ersetzen ist nicht schwer. Technisches Verständnis und viel Behutsamkeit sind hier die besten Führer, denn die neue Hemmung kann während der Arbeit leicht beschädigt und zerkratzt werden.

Plateaus sind in vier oder fünf Standardgrößen erhältlich. Man messe die Größe des alten Plateaus bzw. den für das neue Plateau vorhandenen Platz aus und bestelle die den Maßen am nächsten kommende Größe. Sie muß nicht unbedingt einwandfrei passen, denn das neue Plateau kann natürlich zurechtgesägt und mit Feile, Schmirgel und Polierstahl geglättet werden, falls sich das als notwendig erweisen sollte.

Hat die Uhr ungefähre Standardmaße (das wäre bei einer Reiseuhr eine Höhe von etwa 12,5 cm) und hat sie ein Standard-Anker- oder Zylinderechappement, dann hat das Hemmungsrad-Trieb fast mit Sicherheit acht Zähne. Hat oder hatte sie ein ausgefalleneres Echappement mit einem Kronenrad von nur etwa 1,25 cm Durchmesser (wie besonders bei alten Ankerechappements der Fall, bei denen das Plateau sehr niedrig in eine Vertiefung zwischen den Platinen eingelassen ist und eine zylinderförmige Spiralfeder hat bzw. hatte), so müßte das Trieb eigentlich 12 Zähne haben. Die Ersatzhemmung kann mit dem erforderlichen Trieb geliefert werden; es ist jedoch unbedingt notwendig, daß das Trieb den richtigen Durchmesser und die korrekte Anzahl von Zähnen hat. Ist man nach sorgfältiger Untersuchung noch immer im Zweifel, muß man die Uhr zu einem Uhrmacher oder Fachhändler bringen, um sich Gewißheit über diesen Punkt zu verschaffen, oder man muß auf theoretischem Wege die Anzahl der Zähne des benötigten Triebs errechnen. Wird nämlich ein falsches Trieb eingesetzt, so wird die Hemmung höchstwahrscheinlich gar nicht erst arbeiten, und selbst wenn sie arbeitet, wird das durch Verwendung des falschen Triebs hervorgerufene Fehlmaß in der Zeitmessung zu groß sein, um durch Hinzufügen oder Wegnehmen von Gewichten am Unruhreif oder durch Auswechseln der Spirale korrigiert werden zu können.

Um die Anzahl der Zähne des Hemmungsrad-Triebs zu errechnen, muß man von zwei bekannten Faktoren ausgehen, nämlich daß das Minutenrad eine Umdrehung in der Stunde vollzieht und daß der Unruhreif eine bestimmte Anzahl von Schwingungen in einer Stunde ausführt. Man kann die Unruh (falls vorhanden) zum Schwingen bringen, die Anzahl der Schwingungen, die sie in einer bestimmten Zeit ausführt, zählen und entsprechend multiplizieren, bis man die Anzahl der Schwingungen pro

Stunde erhält. Handelt es sich aber um eine alte Hemmung, so kann man nicht davon ausgehen, daß die Ersatz-Unruh ähnlich sein wird wie die alte; ist die alte Unruh nicht mehr vorhanden, so wird man sich auf jeden Fall im vorhinein beim Lieferanten des neuen Plateaus über die Schwingung der Unruh erkundigen müssen. Hat man die Zeiteinheit pro Schwingung der neuen Unruh in Erfahrung gebracht, kann man errechnen, wie viele Umdrehungen das Hemmungsrad in einer Stunde vollziehen wird; alle modernen Hemmungsräder haben 15 Zähne und pro Hemmungsrad-Zahn muß man zwei Schwingungen des Unruhreifs rechnen. Die Anzahl der Umdrehungen des Hemmungsrads zu einer Umdrehung des Minutenrads (also eine in der Stunde) ist gleich dem Gesamtverhältnis der erforderlichen Verzahnungen dieser Räder zueinander.
Nun muß das Verhältnis der vorhandenen Verzahnungen zueinander errechnet werden; aus der Differenz zwischen dieser Zahl und dem erforderlichen Gesamtverhältnis der Verzahnungen ergibt sich die Anzahl der Zähne am fehlenden Trieb. Man addiere die Zähne der in Frage kommenden Räder, also des Minutenrads, des Kleinbodenrads und des Kronenrads plus x Zähne (des unbekannten Hemmungsrad-Triebs). Die Triebe des Minutenrads und des Großbodenrads spielen hier keine Rolle – sie sind nicht für die Zeitmessung bestimmend, sondern dafür, wie lang die Uhr läuft, nachdem sie voll aufgezogen ist.
Man setze die Rechnung wie eine Formel an, bei der die schrägen Linien das Verzahnungsverhältnis der Triebe zu den Rädern darstellen. Würde bei einem Hemmungsrad mit 15 Zähnen der Unruhreif beispielsweise 18000 Schwingungen in der Stunde ausführen, dann würde das Hemmungsrad 600 Umdrehungen in der Stunde vollziehen (18000 : [15 × 2]). Ein angemessenes Räderwerk würde etwa folgendermaßen aussehen:

	Minuten-rad	Kleinboden-rad	Kronen-rad	Hemmungs-rad
Radzähne	72	70	80	(15)
Triebzähne		12	7	x

$$18000 = \frac{72}{12} \cdot \frac{70}{7} \cdot \frac{80}{x} \cdot 30$$

$$x = \frac{6 \times 10 \times 80 \times 30}{18000} \qquad x = 8$$

Hier dreht sich das Kleinbodenrad 6 mal pro Stunde (72: 12) und das Kronenrad vollzieht für jede Umdrehung des Kleinbodenrads (70 : 7 =) 10 Umdrehungen, also insgesamt 60 Umdrehungen in der Stunde. Nun ist das vorhandene Verhältnis 60:1 bis zum erforderlichen Verhältnis 600 : 1 zu ergänzen. Man dividiere das erforderliche Verhältnis durch das vorhandene Verhältnis (600 : 60) und erhält damit das Verhältnis der Hemmungsrad-Triebzähne (x) zu den Kronenradzähnen (also 10:1). In unserem Beispiel hat das Kronenrad 80 Zähne; daher muß das fehlende Trieb 8 Zähne haben, um das Verhältnis 10 : 1 herzustellen.

Die Hemmung ist mit vier Schrauben, deren Köpfe meist erhaben sind, und schönen gewölbten Unterlegscheiben montiert. Ihre exakte Position – die für die Eingriffstiefe zu dem verzahnten Kronenrad entscheidend ist – muß durch Herumprobieren ergründet werden. Das ist kein großes Problem, wenn das Original-Plateau noch vorhanden ist. Man entferne sämtliche Teile von beiden Plateaus und markiere durch den Mittelpunkt der Montagelöcher des alten Plateaus die Stellen für die zukünftigen Löcher auf dem neuen Plateau. Die Markierungen werden mit einem Körner sorgfältig vertieft und zu leicht erweiterten Löchern für die Paßschrauben gebohrt. Ist das Original-Plateau nicht mehr vorhanden, lasse man das neue Plateau in seine neue Lage fallen, halte es fest, setze das Räderwerk leicht unter Antrieb und korrigiere die Position des Plateaus, bis Leben in die Hemmung kommt. Dann ritze man die Unterseite des neuen Plateaus leicht an in der Linie, in der es die innere Kante der vorderen Platine berührt. Man nehme das Plateau wieder ab und führe in jedes Loch an den Platinen einen gut, aber nicht festsitzenden Stift ein, der absolut senkrecht etwas über die Platine hinausragt. Auf jeden Stift tupfe man einen winzigen Tropfen Blau-Email (oder ein anderes Markierungsmittel) und lasse das Plateau längs der eingeritzten Linie auf die Stifte fallen, die es so mit den Markierungen für die Löcher versehen. Man befreie das Plateau von allen anderen Teilen und bohre leicht erweiterte Löcher, wie oben beschrieben.

Das Bohren von leicht erweiterten Löchern hat den Sinn, einen gewissen Spielraum zu schaffen, so daß sich die korrekte Tiefe für den Eingriff mit dem Kronenrad herstellen läßt. Nach Einsetzen der Hemmung wird man beobachten müssen, wie sie arbeitet, um dann diese Tiefe auf das bestmögliche Funktionieren einzustellen, denn ein zu tiefer wie ein zu flacher Eingriff werden die Uhr zum Stehen bringen. Außerdem muß eine weitere Einstellung vorgenommen werden. Der hintere Zapfen der Kronenradwelle ist mit einer Schraube begrenzt [Abb. 62], oder es befindet sich eine Schraube in einem separaten kleinen Kloben, der so aufgesetzt ist, daß er gegen das Ende dieses Zapfens drückt. Ein Anziehen der Schraube wird das Rad in der Seitenluft begrenzen, bis es sich festfrißt; das Einstellen dieser Lagerung auf bestmögliches Funktionieren wird allerdings nur

möglich sein, wenn sich das Plateau überhaupt in der richtigen Lage befindet.
Ist die Uhr alt, kann nicht davon ausgegangen werden, daß das neue Plateau sogleich auf den ihm zugedachten Platz paßt. Selbst konventionell konstruierte ältere Hemmungen wurden häufig vertieft eingelassen (umgekehrt wurden andere wieder völlig flach über den Platinen montiert), und besonders wenn das Kronenrad klein ist, neigt der untere Kloben des Hemmungsrads im neuen Plateau dazu, die Kronenradwelle zu blockieren. Strenggenommen müßte die Hemmungsradwelle gekürzt und ein

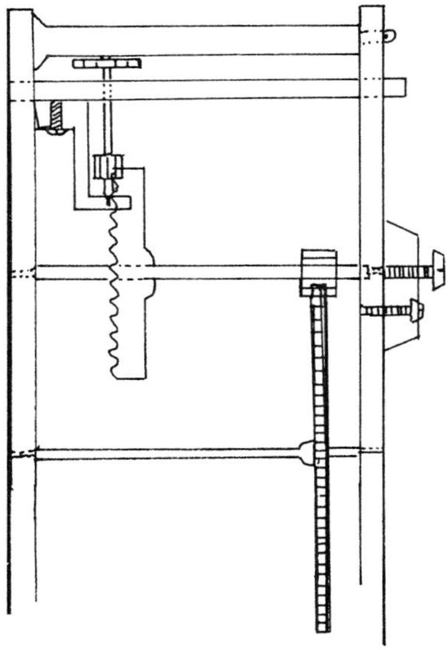

62 Schema einer Reiseuhr bei der der Eingriff von Kronenrad zum Steigradtrieb mittels einer Schraube justiert werden kann

kleinerer Kloben eingepaßt werden, aber dazu wird der Bastler kaum imstande sein. Deshalb muß das neue Plateau höher als das alte angebracht werden. Das läßt sich durch Verwendung extra-langer Schrauben und durch Unterlegen von Futtern zwischen Plateau und Platinenkanten einigermaßen bewerkstelligen, oder besser noch durch das Verschrauben von Messingstreifen und Versenken ihrer Schraubenköpfe in den Original-Befestigungslöchern oder durch das Einschlagen und Eintreiben von Stiften, die flächenbündig mit den Platinen glattgeschliffen werden.
Nach Einsetzen einer modernen Hemmung, die aber mit einem Trieb der Original-Größe arbeitet, wird die Uhr möglicherweise erheblich vorgehen. In diesem Fall können kleine Messinggewichte am Unruhreif verschraubt werden, oder einige der am Rand befindlichen Regulierschrau-

ben können, in gleichen Abständen rings um den Reif herum, durch schwerere Schrauben ersetzt werden; oder man kann die Spirale auswechseln. Wurde das neue Echappement einigermaßen fachgerecht eingebaut, wird der Bastler es ohne große Schwierigkeit so anpassen können, daß es durchaus befriedigend die Zeit mißt und auch schön wirkt, wenngleich es von Originalechappement sehr verschieden sein mag.
Alle neuen Plateaus werden mit einem rückwärts herausstehenden langen Rückerzeiger geliefert. Diesen halte man mit einer Rundzange nahe an den – völlig entlasteten – Unruhkloben und biege ihn im rechten Winkel zum Sockel der Uhr (aber nicht in einem scharfen Knick, sonst bricht er ab). Er wird dann, nach unten weisend, in das Innere des Gehäuses hineinpassen und läßt sich bei geöffneter rückwärtiger Tür zum Regulieren bewegen.

Räder

Mit Ausnahme der gröberen Räder bei Bodenstand- und größeren Stockuhrwerken liegt das Anfertigen neuer Zahnräder nicht im Bereich der Möglichkeiten des Bastlers, wenn er nicht über die dafür notwendige fachgerechte Ausrüstung verfügt. Außerdem wurde wiederholt betont, daß der Kauf einer Uhr, bei der Räder fehlen oder stark beschädigt sind, ein großes Risiko darstellt und daß man in diesem Fall höchstwahrscheinlich die Kosten für das Arbeiten lassen von neuen Rädern in sein Budget wird einplanen müssen.
Was dauerhafte Leistungsfähigkeit und äußere Wirkung eines Ersatzteils anbelangt, so ist das Anfertigenlassen natürlich immer die beste Lösung. Tatsache ist jedoch, daß viele Räder, an denen ein oder zwei Zähne fehlen, einigermaßen befriedigend repariert und große Messingräder, die nicht allzu viele Zähne haben, manchmal auch angefertigt werden können. Stahltriebe, an denen Zähne fehlen, können nur ersetzt, Triebstockkränze hingegen – sie bestehen aus zwei Bundringen, zwischen denen sich die jeweils erforderliche Anzahl von Stahldrähten befindet, die als Zähne fungieren – können repariert werden. Man findet sie weder bei älteren Uhren noch wurden sie in qualitativ hochwertigen Werken verwendet, aber sie arbeiten befriedigend und haben eben den Vorzug, daß sie sich reparieren lassen.
Ein einzelner Zahn wird aus zur Radstärke abgeflachtem Messingdraht gefertigt. Das Abflachen sollte mit dem Hammer und nicht durch Entfer-

nen von Metall mittels Feilen geschehen, da das Messing durch Hämmern gehärtet wird. Man entferne die Überbleibsel des alten Zahns und feile einen tiefen, dem Messingdraht genau entsprechenden Schlitz in den Rand des Rads ein. Man erhitze den Schlitz leicht und verzinne ihn mit Lot. Ebenso wird der Stift verzinnt, in den Schlitz eingeführt und die Verbindung unter Hitze verlötet. Dabei ist sicherzustellen, daß sich Drahtstift und Schlitz absolut senkrecht zueinander – d. h. auf ein und derselben Radiallinie vom Radmittelpunkt ab – befinden. Schließlich feile man den Stift zur Zahnform zurecht. Hierbei ist, wie bei allen Lötarbeiten, alles überschüssige Lot abzufeilen, und darauf zu achten, daß alles sichtbare Flußmittel abgewaschen wird, da dies nach Herstellung der Verbindung korrodierend wirkt.

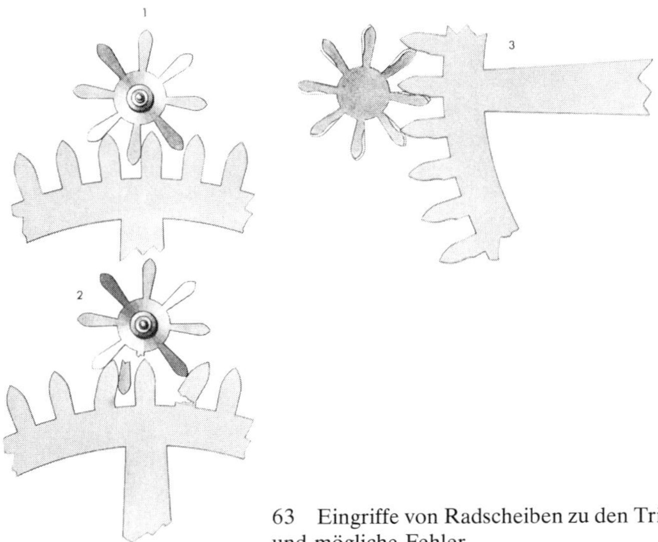

63 Eingriffe von Radscheiben zu den Triebzähnen und mögliche Fehler

Je nach der Belastung, der das Rad ausgesetzt ist, können zwei und sogar drei aufeinanderfolgende Zähne in ähnlicher Weise durch einen zurechtgefeilten und eingelöteten Messingstreifen ersetzt werden. Will man einen ganzen Ausschnitt des Rades auf diese Weise ergänzen, sollte man den Einpaßschlitz schwalbenschwanzförmig zufeilen; die Reparatur wird dadurch widerstandsfähiger, weil das Teil hier an einer größeren Lotfläche in seiner Lage gehalten wird.

Abgebrochene Zähne an verzahnten Federhäusern kommen ziemlich häufig vor, da eine voll aufgezogene Feder selten reißt ohne derartige Spuren zu hinterlassen. Zudem kann man das Federhaus meist nicht in seiner Gesamtheit sehen, wenn man die Uhr vor dem Kauf untersucht. Sind größere verzahnte Abschnitte herausgebrochen, bedeutet das, daß man ein neues Federhaus anfertigen lassen muß; ein oder zwei abgebrochene Zähne lassen sich jedoch mit einiger Aussicht auf Erfolg erneuern. Dabei müssen die Überreste des Zahns abgefeilt werden und man muß tief in den Sockel des Federhauses hineinbohren, damit ein entsprechendes Stück flach-gehämmerten Messingdrahts, das so solide und dick sein sollte wie die Stärke des Zahns es erlaubt, eingetrieben werden kann. Wenn die Dicke des Metalls es gestattet, kann der Zahn mit einem kleinen Gewinde versehen und dann fest eingeschraubt werden. Stahl sollte nicht mit Stahl und Messing nicht mit Messing im direkten Eingriff stehen, da sich hierdurch die Abnutzungsgefahr erhöht; allerdings lassen sich Stahlzähne natürlich fester in Messing eintreiben und sind widerstandsfähiger, was hier wichtig ist. Man wird sich in der Praxis also wahrscheinlich ohne Rücksicht auf die Theorie – und auf die Wirkung – für Stahlzähne entscheiden. Zuletzt wird das Metall, wie beim Reparieren eines Radzahns, zurechtgefeilt [Abb. 63].

Ersetzt man einen Zahn oder gar ein Rad, sollte man unbedingt das reparierte bzw. erneuerte Teil zusammen mit den benachbarten Teilen zwischen den Platinen ausprobieren, bevor man das Werk wieder zusammensetzt. Es ist nicht leicht, das exakte Profil eines Zahns rein visuell zu beurteilen; außerdem will man schließlich keinen Ärger mit der Verzahnung haben, wenn man das Werk gerade wieder zusammengebaut hat.

Die Stahlstifte, die die Zähne eines Triebstockkranzes (»Hohltrieb« oder »Laternentrieb« genannt) bilden, sind durch die Löcher in einem Mes-

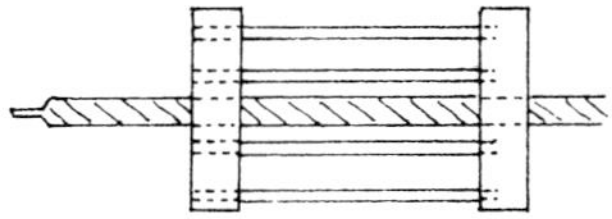

64 Laternentrieb

singbundring eingetrieben und im anderen Ring eingebettet [Abb. 64]. Gelegentlich sind die Löcher in beiden Ringen offen, aber in der Regel sind sie in einem Bundring verschlossen. Um den »Zahn« eines Hohltriebs zu ersetzen, ziehe man den alten Stift mit einer Zange aus dem offenen Loch. Es wird grob übergenietet sein und man wird erst etwas Metall

abkratzen müssen, um das Loch zu öffnen. Man ersetze durch Stahldraht der exakt gleichen Stärke (das ist wichtig) und klopfe mit Hilfe eines Punzens etwas von dem Metall über das Loch, um den Zahn abzusichern, oder man verlöte ihn über dem Loch. Man versuche nach Möglichkeit, keinen der Bundringe zu verschieben; sie können entweder nur auf die Welle hinaufgepreßt oder an ihr verlötet sein – und es ist wichtig, daß sie fest sitzen und gerade in einer Linie ausgerichtet sind. Schließlich will man vermeiden, daß alle Zähne während dieser Arbeit, oder gar erst, wenn die Uhr aufgezogen wird, herausfallen.
Zwei Punkte sind im Zusammenhang mit Hohltrieben erwähnenswert. Erstens liegt die Reparatur durchaus im Bereich der Möglichkeiten des Bastlers (was für das Ersetzen eines »massiven« Triebs, geschweige denn für dessen Reparatur, nicht zutrifft) und zweitens funktionieren Hohltriebe selbst dann einigermaßen gut, wenn sie nicht ganz fachgerecht eingestellt sind, was bei Volltrieben nicht der Fall ist. Wenn der Zahn eines Volltriebs oder eines Hohltriebs nachgibt, kann das vorausgehende Rad nichts mehr antreiben und dreht sich infolgedessen unkontrolliert mit großer Geschwindigkeit um seine Achse; dabei verliert es häufig die Spitzen der meisten seiner Zähne; zwar wird es gewöhnlich noch sämtliche Zähne haben, aber sie werden eben auf ihre halbe Länge reduziert sein. Ein solches Rad wird wahrscheinlich noch nicht einmal auf das reparierte Trieb treffen, geschweige denn mit ihm in Eingriff kommen. Hat man also das Trieb repariert, sollte man daher das betroffene Rad mit dem Trieb zwischen den Platinen zusammenbringen. Sehr wahrscheinlich wird man die beschädigten Radzähne mit einer Feile behandeln müssen. Da man sie wenigstens in etwa auf ihre Originalform bringen möchte, bearbeite man vorsichtig ihre Ecken, aber nur die Ecken, da die Zähne zweifellos bereits stark verkürzt sind. Vor allem dann, wenn die kurzen Radzähne zu weit vom Trieb entfernt sind, um mit ihm in sicheren Griff kommen zu können, erweist sich die wesenseigene Toleranz einer Hohltrieb-Verzahnung als äußerst vorteilhaft. Man versetze das Radlager, das der tatsächlichen Verzahnung am nächsten liegt, und bringe es mit Hilfe eines Futters auf den richtigen Eingriff. Sehr wahrscheinlich wird sich dann herausstellen, daß man auf diese Weise Trieb- und Radzähne wieder zusammengebracht hat. Man wird vielleicht das andere Lager der Radwelle ebenfalls versetzen müssen, aber die Toleranz der Verzahnung ist dergestalt, daß der Eingriff selbst dann arbeiten wird, wenn Trieb und Rad nicht völlig gerade aufeinander ausgerichtet sind. Man nehme die Abänderungen, die sich als möglich erweisen, in kleinen Raten vor und bedenke dabei stets, daß man die Tiefe der anderen Verzahnung ja so wenig wie möglich verringern

will; deshalb sollte man die Abänderungen jeweils nur an einer Seite auf einmal durchführen, denn man möchte doch das Rad nur eben um so viel versetzen, daß es mit dem Hohltrieb in Eingriff kommen kann, aber nicht um so viel, daß sein Eingriff mit dem vorausgehenden Rad dadurch in Mitleidenschaft gezogen wird.

Diese Reparatur wird vom Fachmann keinen Beifall ernten. Tatsache ist jedoch, daß sie überraschend wirkungsvoll ist, und überdies sind die meisten mit Hohltrieben versehenen Uhren nicht so wertvoll, als daß der Fachmann viel Zeit auf sie verwenden wollte. Das ist genau die Art von Arbeit, die der Bastler zu seinem und zum Vorteil anderer bewerkstelligen kann.

Um ein Rad anfertigen zu können oder um eines zu finden, das paßt, muß man seine Größe wissen. Die Summe der äußeren Radien des Rades und des nächsten Triebs, minus ihrer Eingriffstiefe, ist natürlich gleich der Entfernung zwischen ihren Lagern. Die abzuziehende Verzahnungstiefe des vorhandenen Rads oder Triebs ist bekannt. Der Rest, multipliziert mit 2, ist gleich dem Durchmesser des fehlenden Teils bis zu seiner Verzahnung; hier wird man (für den Teil des Zahns, der in Eingriff steht) etwas zugeben müssen, um den äußeren Gesamtdurchmesser des fehlenden Rads oder Triebs zu erhalten. Die Rechnung läßt sich nachprüfen anhand des Grundprinzips, daß die Zahngröße eines Rads im gleichen Verhältnis zum Triebzahn steht, wie die Anzahl der Rad- zu den Triebzähnen; d. h. ein Rad mit 60 Zähnen, das ein Trieb mit 10 Zähnen treibt, muß den sechsfachen Durchmesser des Triebs bis zum Eingriff beider Teile haben.

Die Unterteilung für die Zähne, sofern sie nicht ein Vielfaches von 4 betragen, lassen sich durch Dividieren des Umfangs durch die Anzahl der erforderlichen Zähne ermitteln. Der Umfang ist gleich $2\,r\pi$ ($2\,r \times 3{,}14$). Ist die Anzahl der Zähne durch 4 teilbar, läßt sich natürlich der Kreis sowie jeder seiner durch Teilung entstehenden Sektoren fortlaufend in zwei Hälften teilen, bis man die erforderliche Anzahl von Unterteilungen erhält.

Dies ist keine wissenschaftlich-technische Methode, ein Rad zu ersetzen, aber mit ihrer Hilfe wird man, wenn es sich um ein relativ großes und grobes Teil handelt, nach einigen Korrekturen mit der Feile meist ein hinreichend befriedigendes Ergebnis zustande bringen. Andere Räder müssen maschinell hergestellt werden.

Schloßscheiben

Das bei älteren Werken – besonders bei Bodenstand-, aber auch bei Stockuhren – am häufigsten fehlende Teil ist die außen sitzende Schloßscheibe. Ohne Schloßscheibe kann die Uhr nicht schlagen, und die Chancen, daß man zufällig eine alte Ersatzscheibe der passenden Größe findet, sind äußerst gering. Glücklicherweise kann der Bastler dieses Teil unschwer selbst anfertigen, obwohl er vielleicht nicht gleich auf Anhieb, sondern erst nach mehreren Versuchen die Form der Scheibe exakt trifft, so daß die Uhr zu jeder Stunde korrekt schlägt.
Die Schloßscheiben dieser Uhren sind aus massivem Messing gefertigt und bewegen sich auf einem Stehbolzen, dem »Anrichtstift« (der womöglich ebenfalls fehlt; durch ein mit einem Anzugsgewinde versehenes und in die Platine eingeschraubtes Stück Messingstab läßt er sich jedoch ersetzen), oder an der verlängerten Welle eines Rades im Schlagwerk einer Uhr mit 8-Tage-Gang. Saß die Schloßscheibe auf einem Stehbolzen, wird unter ihr ein verzahntes Rad befestigt gewesen sein, das von einem auf einer anderen Welle (meistens der des Ketten- bzw. Schnurrads) sitzenden Trieb angetrieben wurde. Sollte die Schloßscheibe abhanden gekommen sein, wird bei dieser Anordnung das verzahnte Rad, das mit ihr vernietet ist, ebenfalls fehlen und, da das Trieb selbst meist nur durch die überlappende Schloßscheibe in seiner Position festgehalten wird, auch dieses.
Diese außenliegenden Räderwerke kann man improvisieren; dabei ist das Verhältnis der Verzahnungen zueinander zwar ein kritischer Punkt, aber für sein Funktionieren muß der Eingriff nicht besonders fein sein, und bei der Anzahl von Zähnen an Rad und Trieb hat man eine gewisse Auswahl von Verzahnungsmöglichkeiten. Man kann ohne Schwierigkeit ein rohes Trieb zurechtfeilen oder man findet vieleicht ein anderes aus einer ausrangierten Uhr, das sich verwenden läßt. Man kann sich natürlich auch vor die langwierige Aufgabe gestellt sehen, sowohl Trieb wie Rad anfertigen zu müssen.
Das erforderliche Verzahnungsverhältnis wird von der Anzahl der Umdrehungen bestimmt, die das Antriebsrad – wir wollen es Riemenrad nennen – in 12 Stunden vollbringt. Man bedenke, daß das System dadurch in Gang gesetzt wird, daß der Zählvorrichtungshebel gleichzeitig in die Kerbe am Nockenrad und in den Schlitz an der Schloßscheibe einfällt. Das Nockenrad führt für jeden Schlag eine Umdrehung aus – das sind 78 Umdrehungen in 12 Stunden. Daher muß das Gesamtübersetzungsverhältnis der Verzahnung vom Nockenrad-Trieb über das Schnurrad mit seiner Verzahnung zu dem an der Schloßscheibe vernieteten Schloßscheibenrad

78 : 1 betragen. Man zähle die Anzahl der Zähne am Nockenrad-Trieb und die am Schnurrad und errechne, wie nahe man mit den vorhandenen Rädern an dieses Verhältnis herankommt – gewöhnlich beträgt es 13 : 1. Das Nockenrad dreht sich daher 78mal und das Schnurrad 6mal in 12 Stunden. Das verbleibende erforderliche Übersetzungsverhältnis beträgt daher 6 : 1; für jeden Zahn am Trieb, das die Schloßscheibe treibt, wird man also 6 Zähne an dem an der Schloßscheibe vernieteten verzahnten Rad benötigen. Bei einem Trieb mit 4 Zähnen (eine derart geringe Anzahl ist hier nicht selten) würde man also eine Schloßscheibenverzahnung mit 24 Zähnen, bei einem Trieb mit 6 Zähnen eine Verzahnung mit 36 Zähnen benötigen usw.

Hat man das Trieb, läßt sich die Größe des fehlenden Rads relativ leicht bestimmen. Sein Radius muß gleich der Entfernung vom Mittelpunkt der Welle, auf der das Trieb sitzt, bis zum Montagebolzen der Schloßscheibe minus des Trieb-Radius' sein. Hierbei ist natürlich der Eingriff der Zähne mit zu berücksichtigen; infolgedessen sollte der Radius gleich dieser Entfernung minus etwas mehr als der halben Tiefe eines Triebzahns angenommen werden. Man beschreibe einen Kreis mit diesem Radius und unterteile seinen Umfang entsprechend der erforderlichen Anzahl der Zähne. Sodann beschreibe man innerhalb dieses Kreises einen etwas kleineren Kreis (die Distanz zwischen beiden Kreisen muß der Tiefe eines Triebzahns entsprechen) und verbinde die Mitte der Kreise mit den am Rand des äußeren Kreises eingetragenen Unterteilungen. Entlang dieser Linien schneide man den äußeren Kreis bis zum inneren ein, knipse die Ecken ab und feile die Zähne zurecht, indem man deren Form allmählich angleicht, bis das neue Rad mit dem Trieb »läuft«, d. h. der Eingriff stimmt. Dieses Rad im Werk ist für das Auge nicht sichtbar und kann daher massiv belassen werden; man kann jedoch auch die Sektoren herausschneiden, so daß Speichen (»Radschenkel«) zurückbleiben.

Sind sowohl Rad wie Trieb anzufertigen, sollte man zunächst mit Trieben, die eine unterschiedliche Anzahl von Zähnen haben, herumprobieren; man wird sich für ein Trieb mit der Anzahl von Zähnen entscheiden müssen, die das Einpassen eines Rads, auf dem die für das Verhältnis erforderliche Anzahl von Zähnen untergebracht werden kann, gestattet. Das Herumprobieren wird durch die Verwendung von Karton oder steifem Papier erleichtert.

Die Größe der Schloßscheib wird durch die Entfernung ihres Mittelpunkts zu dem Hebel, der am Schlitz des Nockenrads eingreift, bestimmt. Diese Entfernung ist gleich dem inneren Radius der Schloßscheibe. Das Verhältnis vom äußeren Radius zum inneren ist unbedingt entscheidend und wird von der Tiefe des Schlitzes an der ockenscheibe bestimmt; gewöhnlich haben bei einer Bodenstanduhr die Vorsprünge der Schloßscheibe eine Tiefe von ungefähr 0,8 cm. Man beschreibe nun zwei Kreise der erforderlichen Größe und unterteile sie folgendermaßen:

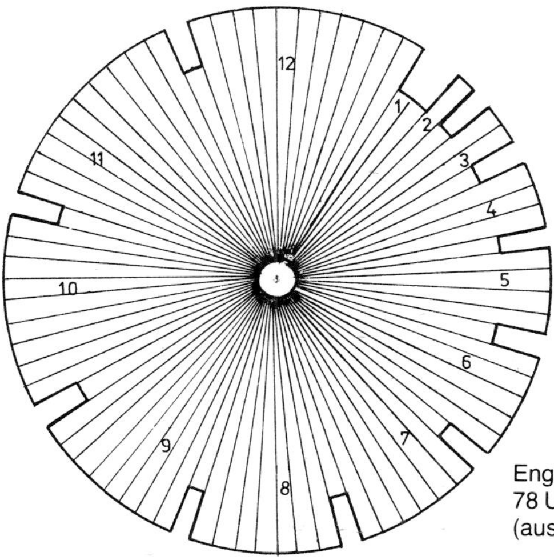

Englische Schloßscheibe, 78 Unterteilungen (ausschließlich Stunden!).

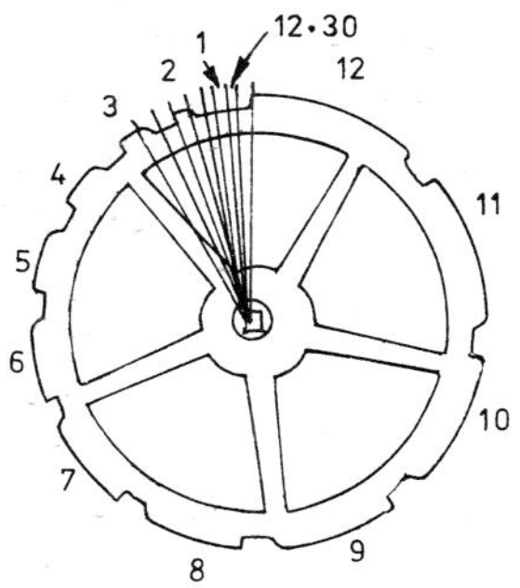

Französische Schloßscheibe, 90 Unterteilungen (Stunden und halbe Stunden).

65 System einer englischen und französischen Schloßscheibe

Es werden 78 Unterteilungen benötigt, eine für jeden Hammerschlag. Um diese Anzahl zu erhalten, muß der Umfang des äußeren Kreises (also $2\,r\pi$ oder $2\,r \times 3{,}14$) durch 78 geteilt und diese Strecke so genau wie möglich 78mal auf dem Kreisumfang abgetragen werden. Die so erhaltenen Schnittpunkte werden mit dem Kreismittelpunkt verbunden und die Vorsprünge auf dem äußeren Kreisumfang ausgeschnitten [Abb. 65]. Zwischen jeder Stunde ist eine Unterteilung herauszuschneiden. Für 1 Uhr gibt es keinen Vorsprung. 2 Uhr entspricht einem Vorsprung, 3 Uhr zwei Vorsprüngen usw. bis 12 Uhr (mit elf Vorsprüngen) und dann eine doppelte Kerbe für 1 Uhr.

Hat man die Schloßscheibe ausgeschnitten, verstifte oder verniete man sie am verzahnten Rad und montiere sie mit einer Vorlegscheibe oder einem Vorlegring (um zu verhindern, daß sie an der rückwärtigen Platine scheuert) auf ihrem Stehbolzen. Dieser ist gewöhnlich an zwei Seiten geschlitzt, und man wird eine gewölbte Blattfeder aus Messing anfertigen und in die Schlitze einspringen lassen müssen, damit die Schloßscheibe sich zwar frei dreht, aber nicht wackelt [Abb. 66].

Man überprüfe den Schlag rund um die Uhr. Stellt sich dabei ein Fehlverhalten heraus, versuche man, dieses durch Drehen der Schloßscheibe in eine andere Position zu beheben – für diese besondere Scheibe mag die exakte Plazierung von Scheibe und Trieb noch nicht stimmen. Hat man das Rad gegenüber dem Trieb einige Male gedreht, ergibt sich immer noch ein Fehlverhalten und tritt dies stets an den gleichen Stellen auf, feile man die kurvenförmigen Vorsprünge der Schloßscheibe etwas nach. Tritt jedoch der Fehler an immer wieder anderen Stellen (also nicht stets bei den gleichen Stundenschlägen rund um die Uhr) auf, so liegt das an der Schloßscheibenverzahnung; man wird die Berechnung überprüfen und das verzahnte Rad korrigieren bzw. erneuern müssen.

Ein solches Rad ist aus ziemlich schwerem Messingblech von ungefähr 1 mm Stärke anzufertigen. Man kann eine entsprechende Scheibe mit ihren Markierungen aus Karton ausschneiden und sie mit Kontaktkleber (der sich nach dem Trocknen abziehen läßt) auf das Messingblech kleben. Oder man reibt nach der traditionellen Methode das Messingblech mit einem in Kupfersulfat angefeuchteten Lappen ein und erhitzt es, worauf es schwarz wird und die Linien sich fein und haargenau mit einer Reißnadel einzeichnen lassen. Ist die Schloßscheibe nicht groß und ihr Umfang daher schwer in so zahlreiche Abschnitte zu unterteilen, kann man um das künftige Rad herum einen sehr viel größeren Kreis beschreiben, seinen Umfang errechnen, ihn entsprechend unterteilen und diese Schnittpunkte durch den gemeinsamen Mittelpunkt aller Kreise bzw. Scheiben mitein-

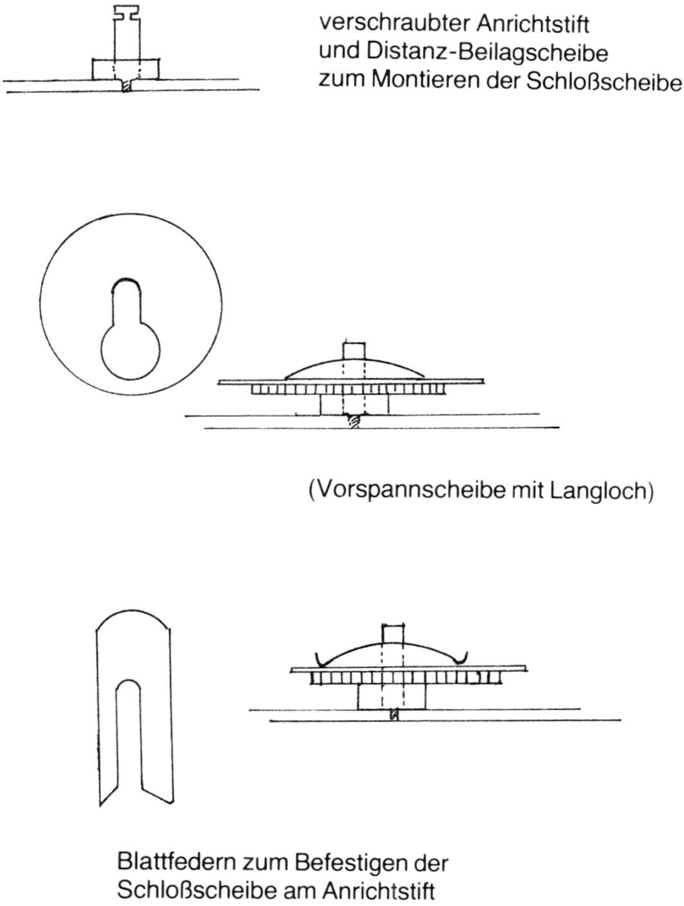

66 Arten der Schloßscheibenbefestigung

ander verbinden; sie werden die gewünschten Kreise dann an den exakt erforderlichen Punkten schneiden. Es ist noch zu erwähnen, daß manche Schloßscheiben ganz anders aussehen und aus einem mit unterschiedlich großen Segmentvorsprüngen versehenen, großen verzahnten Rad bestehen. Diese Art Schloßscheibe ist nicht leicht herzustellen, läßt sich aber durch die hier beschriebene geläufigere Scheibe ersetzen. In Wirklichkeit

ist aber ein Ersetzen nicht so oft erforderlich wie eine Reparatur, und dabei sind das Zuschneiden und Einpassen eines Messingstreifens als Ersatz für ein fehlendes Segment nicht schwer zu bewerkstelligen.
Schloßscheiben für französische und andere Uhren mit Halbstunden-Schlag lassen sich auf ähnliche Weise anfertigen – allerdings wird man sich hier mit dem Zuschneiden der Schenkel und mit der Oberflächenbehandlung mehr Mühe geben müssen. Um die Halbstunden-Schläge unterzubringen, werden auf dem Rad 90 Unterteilungen angebracht, wovon jeweils 2 für jede zwischen den Stunden liegende Lücke vorzusehen sind (für den einmaligen Schlag bei der halben Stunde gibt es keinen Vorsprung). Praktisch beginnen die Vorsprünge in einem Winkel kurz vor dem Ansatz der zweiten Unterteilung zwischen jeder Stunde, so daß der Zählhebel unschwer auf die Vorsprünge hinaufgleiten kann [Abb. 65].
Bei diesen Uhren sind die Berechnung der Verzahnung und das Anfertigen von Rad und Trieb nicht erforderlich, da die Schloßscheibe unmittelbar auf der Welle des zweiten Rads im Schlagwerk montiert ist.

Seile und Ketten

Dem Sammler alter Uhren und dem, der in ihnen eine Kapitalanlage sieht, erscheint die Umstellung einer Uhr von Seilen auf Ketten wie ein Akt der Barbarei, und selbst der Bastler mag dies als solchen empfinden. In Wirklichkeit ist jedoch ein neues Kettensystem leistungsfähiger, und weiches Uhrenseil ist schwer erhältlich und läßt sich überdies nur mit Mühe gleichmäßig und ohne Knötchen spleißen. Die Nachteile eines neuen Kettenantriebs sind das Geräusch beim Aufziehen und einfach die Tatsache, daß es eben nicht der Original-Antrieb ist.
Seilantriebsrollen eignen sich nicht ohne weiteres für Ketten, denn die Zacken, die das Seil am Rutschen hindern, liegen zu weit auseinander und sind zu scharf und zu kurz. Neue Rollen samt dazugehörigen Ketten der korrekten Stärke sind im Handel erhältlich. Die Zacken, die in die Kette greifen, sind viel dicker und liegen näher beieinander.
Die Umstellung selbst ist eine Arbeit, die der Amateur im allgemeinen nicht ohne Drehstuhl ausführen kann, denn die Wellen müssen – wenn man nicht zufällig das Glück hat, daß die passen – in der Regel auf eine kleinere Größe zurechtgedreht werden, um die neuen Rollen aufnehmen zu können. Dieses Zurechtdrehen ist jedoch eine der leichtesten Dreharbeiten, und ist man nicht selbst im Besitz eines Drehstuhls, wird man be-

stimmt jemanden finden, der diese Arbeit gegen eine geringe Entschädigung für einen ausführt.
Das Antriebsrad und das Sperrad sind auf der gleichen Welle aufgepreßt. Das ehemalige Schnurrad, auf dem sich das Gesperr befindet, ist – durch Herausschlagen des vor dem Schnurrad befindlichen Vorsteckstifts und Abheben der darunterliegenden Beilagscheibe – abzuziehen. Sodann wird das Gesperr vom Schnurrad auf das Kettenrad und dieses letztere wiederum so auf der Welle montiert, daß der Sperrkegel in das Sperrad greift und das Kettenrad auf der Welle sich zügig drehen kann. Nun setze man die Beilagscheibe wieder vor und sichere sie durch den Vorsteckstift ab.
Ist die Uhr bereits mit Kettenantrieb versehen, fehlt aber die Kette oder hat sie sich so gedehnt, daß sie fortgesetzt rutscht, sollte man zum Auswählen einer neuen Kette das vorhandene Kettenrad mitnehmen. Die Glieder der Kette sind zwar auf Zentimetermaße abgestimmt, aber um ganz sicher zu gehen, sollte man lieber die Kette der Verzahnung anpassen und sich nicht auf die Maße verlassen, da alte Kettenräder den Kettenstärken nicht immer genau entsprechen und womöglich verschiedene Stärken ausprobiert werden müssen.

Vernieten

Bei seinen Arbeiten, besonders aber beim Einpassen eines Ersatzrads oder -zeigers auf eine vorhandene Welle oder ein Rad- bzw. Zeigerfutter, wird sich der Bastler häufig vor die Aufgabe gestellt sehen, eine feste Nietverbindung herzustellen. Diese ist viel sauberer und, wenn ordentlich ausgeführt, widerstandsfähiger und dauerhafter als eine Weichlotverbindung.
Bei dieser Technik wird das Rad- oder Zeigerfutter auf eine Größe zurückgebracht, die es gestattet, den Zeiger oder das Rad dicht über den oberen Rand des Futters aufzuziehen; dazu schrägt man den Rand des Futters ganz leicht ab, so daß Zeiger bzw. Rad nach dem Aufziehen zwar frei beweglich, aber genau zentral sitzen. Nachdem das Futter mit dem Falz versehen wurde, wobei der verbleibende Ansatz absolut rund und eben sein muß, wird das Teil mit Hilfe eines Hohlpunzens gegen den Ansatz gepreßt oder geklopft. Dann wird die abgeschrägte Kante des Futters mit Hilfe eines Punzens über das Teil heruntergehämmert und die Nietverbindung glatt und flach (aber natürlich nicht ab-) geschliffen. Das Ge-

heimnis beim Vernieten dieser runden Teile besteht darin, das Futter während des Zuhämmerns der Nietverbindung ständig zu drehen, so daß die Verbindung rundherum gleichmäßig stark ist; vorausgesetzt der Ansatz wurde sorgfältig gearbeitet, wird das Teil dann auch rund laufen.

Zapfen

Eigentlich ist ein Präzisionsdrehstuhl für das Anfertigen von Zapfen unbedingt erforderlich; einige Reparaturen an größeren Wellen lassen sich aber auch ohne diese Ausrüstung einigermaßen erfolgversprechend durchführen.

Verbogene Zapfen können oft, nachdem sie unter Hitze geschmeidig gemacht wurden, wieder geradegerichtet werden. Dabei ist es am sichersten, den Zapfen in ein passendes Messingfutter zu stecken und das Ganze mit einer Zange langsam zurechtzubiegen. Hier liegt die Betonung auf »langsam«; mehrmaliges Biegen wird erforderlich sein, um den Zapfen von allen Blickwinkeln aus gesehen geradezurichten, und ein Zapfen, dessen Ansatz beim Biegen plötzlich stark geknickt wird, bricht mit Sicherheit ab. Der Zapfen läßt sich durch Erhitzen bis zum Rotglühen und sofortiges Abschrecken in Wasser wieder härten und muß sodann, damit er nicht spröde wird, durch sehr viel behutsameres Erhitzen auf die richtige Anlaßfarbe, d. h. die alte Härte gebracht werden.

Bei größeren Uhren kann ein grober Ersatz für einen Zapfen durch Zufeilen der Welle unter Verwendung von Futtern als Anschlag – um die Welle zu schonen und die Feilbewegungen zu mildern – geschaffen werden. Am besten geschieht das mit Hilfe eines Elektromotors mit Dreibackenfutter; man kann den Zapfen aber auch – allerdings zeitraubender – in einer am Schraubstock montierten, qualitativ guten Handbohrmaschine anfertigen. Hinterher ist die Welle natürlich verkürzt und muß daher in neue, innen an den Platinen überstehende Lager montiert werden. Kein Fachmann würde eine solche Reparatur auch nur in Erwägung ziehen; Tatsache ist jedoch, daß, falls das Rad keiner zu großen Belastung durch eine starke Feder ausgesetzt ist, eine derart reparierte Welle durchaus funktionsfähig ist.

Die zuverlässigere Methode einen Zapfen zu ersetzen (sie wird vom Fachmann auch mit etwas weniger Mißbilligung betrachtet) besteht im Anbohren der Welle und Einführen eines Stahldrahts der korrekten Stärke. Auch das geschieht am besten mit Hilfe eines Drehstuhls, kann aber, wenn es sich um einen relativ starken Zapfen handelt, auch ohne diesen bewerkstelligt werden. Man mache das Ende der Welle durch Erhitzen geschmeidig, feile es flach und markiere ihren Mittelpunkt mit einem spitzen Körner. Man kann eine Bohrschablone kaufen, um Welle und Bohrer zu »fluchten« (übrigens ein wirklich nützliches Hilfswerkzeug), oder es ohne sie versuchen. Man bohre die Welle vorsichtig zu größerer Tiefe als die Platinenstärke an und verwende dabei einen nur geringfügig schwächeren Bohrer als die Stärke des zukünftigen Zapfens. Man schneide die erforderliche Länge Stahldraht ab und klopfe sie geradewegs so weit wie möglich in das Loch hinein. Dann feile man den neuen Zapfen mit einer feinen Feile zurecht, flache sein Ende und runde seine Kanten leicht ab. Man überzeuge sich, daß der Ansatz des Zapfens dort, wo er in die Welle reicht, glatt ist, poliere das Ganze mit einer feinen Schmirgellatte und, wenn möglich, mit einem Polierstahl. Schließlich prüfe man die Endluft der Welle zwischen den Platinen und setze, wenn nötig, ein neues Lager ein. Diese Arbeit erfordert viel Geduld und geht langsam vonstatten; aber sie kann, ist sie von Erfolg gekrönt, einem große Befriedigung geben. Außerdem kommt es selten vor, daß mehr als ein Zapfen in einem Werk beschädigt ist.

Das Anfertigen von Zapfen für eine Plateau-Hemmung und an den Wellen der feineren Räder und des Windflügels einer französischen oder einer Reiseuhr ist selbst bei Vorhandensein eines Drehstuhls für den unerfahrenen Bastler einfach zu riskant; mit solchen Arbeiten sollte daher unbedingt ein Fachmann betraut werden.

Zapfenlager und Löcher

Die am häufigsten vorkommende aller Instandsetzungsarbeiten an alten Uhren ist das Reparieren von Zapfenlagern und Löchern. Geht die Uhr, wenn sie in die Hände des Bastlers gelangt, und ist er mit ihrer Zeitmessung eigentlich ganz zufrieden, kann er sich diese Arbeit natürlich auch schenken; allerdings ist sie damit nicht aufgehoben, sondern nur aufgeschoben. Das verbesserte Funktionieren eines Räderwerks, das sich durch Überholen der Zapfenlager erreichen läßt, lohnt nämlich durchaus jede Mühe. Im Laufe der Zeit erweitern sich die Zapfenlager, dadurch erhöht sich die Reibung, und dieser Prozeß steigert sich immer mehr. Außerdem laufen nicht nur die Lager aus, sondern unter dem Druck von Zugfeder bzw. Gewicht bewegen sich auch die Räder unregelmäßig zueinander hin und voneinander weg, so daß mit der Zeit auch die Triebe in Mitleidenschaft gezogen werden, ein großr Energieverlust eintritt und die Uhr schließlich stehenbleibt [Abb. 67]. Dann muß sie praktisch völlig erneuert werden. Ich erinnere mich, daß ich einmal eine federangetriebene erlesene alte Kuckucksuhr mit einem – wie sich nach dem Restaurieren herausstellte – besonders schönen Vogel nach Hause brachte. Zu meiner Schande muß ich gestehen, daß ich das Werk weder reinigte noch instandsetzte, da ich mit anderen Dingen beschäftigt war; ich säuberte lediglich

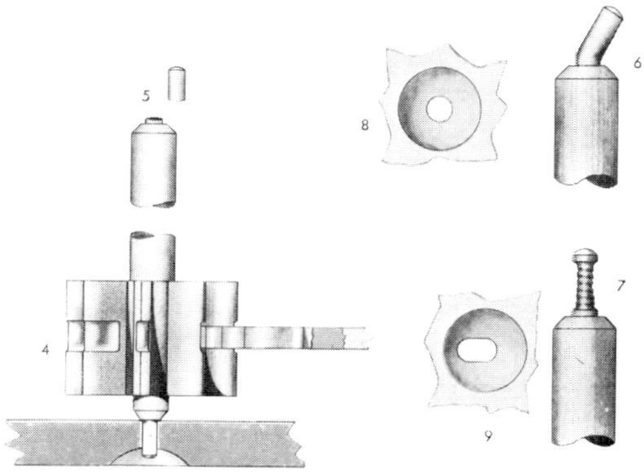

67 Eingelaufenes Trieb, beschädigte Zapfen, Lager

die sichtbaren Teile und reparierte die Blasebälge mit dem Leder von einem alten Glacéhandschuhe-Paar. Kaum ein Lager im Werk war noch rund, und die Uhr schlug zwar zuverlässig, aber mit dem für eingelaufene Triebe typischen, scheußlich schleifenden Geräusch. Die Uhr blieb nicht etwa nach einer gewissen Zeit stehen oder ging unregelmäßig, sondern plötzlich »explodierte« sie ganz einfach, da die Zähne des verzahnten Federhauses nicht mehr in die abgenutzten Zähne des nächsten Triebs eingreifen konnten. Ich will nicht behaupten, daß sie irreparabel beschädigt gewesen wäre – denn der Kardinalgrundsatz des Bastlers lautet, daß keine Uhr so kaputt ist, daß sie nicht wieder instandzusetzen sei –, aber diese Reparatur konnte bestimmt weder zeitlich noch finanziell als wirtschaftlich bezeichnet werden.

Wieviel Seiten- und Endluft ein Zapfen braucht, ist eine Frage des Gefühls und der Erfahrung; das richtige Maß läßt sich nur mit Hilfe des sehenden Auges und der tastenden Hand abschätzen und dosieren. Ein Lager, an dem das Öl beim Hin- und Herbewegen der Welle sichtbar herausquillt und wieder zurückweicht, hat entschieden zuviel Luft, und jedes Lager, das nicht mehr rund, sondern oval ist, muß bearbeitet werden.

Das zentrische Richten von ausgelaufenen Lagern wird als »Zentrieren«, das Verengen von Lagern als »Zutreiben« bezeichnet. Lager können im wahrsten Sinne des Wortes »zu«getrieben werden – ich gestehe, daß ich das selbst getan habe, und wahrscheinlich gibt es niemanden, der sich mit Uhren beschäftigt, der das nicht ebenfalls hin und wieder getan hätte. Dazu benutzt man einen Hohlpunzen mit einer konischen Öffnung, die größer als das vorhandene Lager ist. Der Punzen hat einen gefederten Mittelstift, dessen konische Spitze auf das Lager paßt und als Führung dient. Schlägt man mit dem Hammer auf diesen Punzen, gräbt er einen Ring um das Loch herum und verengt dadurch das Lager. Man kann auch mit Hilfe eines gewöhnlichen Zentrierpunzens tiefe Punkte dicht um den Rand des Lagers herum anbringen, mit dem gleichen – wenn auch nicht ganz so wirksamen – Resultat. Das Ergebnis beider Methoden ist unschön (den Pünktchen-Ring wird man in vielen alten Werken finden) und darüber hinaus unwirksam, denn das Metall, das in das Lager hineingetrieben wird, ist lediglich Teil der Platinenstärke. Infolgedessen hat der Zapfen keinen richtigen, ihm genau entsprechenden Halt, und die »Reparatur« wird nach relativ kurzer Zeit wiederholt werden müssen. Ein ausgelaufenes Lager wird durch dieses Verfahren nicht rund und der Lager-Rand wird bei Anwendung der Pünktchen-Ring-Methode nur mehr in einer Reihe von Beulen (anstatt in einem kreisförmigen Rund) bestehen. Es gibt wahrhaftig nichts, was eine dieser beiden Methoden empfehlen könnte, es sei denn ihre leichte und rasche Durchführung und das sind bedauerlicherweise mächtige Befürworter. Wir Bastler müssen leider bekennen, daß wir hin und wieder derart unorthodoxe Maßnahmen anwenden – aber wir können sie in keiner Weise rechtfertigen.
Fachmännisch-korrekt werden Lager dadurch zugetrieben, daß man etwas von dem umgebenden Metall wegnimmt, so daß ein Messingfutter eingepaßt und in ihm das Lager auf die exakt erforderliche Größe eingerichtet werden kann. Lager werden sowohl verkleinert als auch zentriert, indem man das umgebende Metall mit einer Reibahle durch »Aufreiben« auf den Außendurchmesser des Futterdrahts bringt und das Futter einpreßt. Futter sind in Form von Draht erhältlich, von dem die erforderliche Länge abgeschnitten werden kann, oder in Sortimenten fertig zugeschnittener Drahtlängen und -stärken. Diese lassen sich mit Hilfe eines Preßwerkzeugs oder eines Nietstocks einpassen – beide garantieren, daß das Lager auf Anhieb völlig senkrecht sitzt – oder von Hand, was jedoch Beurteilungsvermögen erfordert und ein Herumprobieren mit dem Rad zwischen den Platinen notwendig macht, um sicherzugehen, daß das neue Lager maß- und richtungsgenau eingesetzt wird. Diese letztgenannte Me-

thode werden wir nun näher untersuchen, da der Bastler sich die obenerwähnten, übrigens teuren Werkzeuge kaum gleich zu Anfang seiner Hobbyarbeit kaufen wird.
Das Wichtigste, das es zu bedenken gilt, ist, daß der Druck im Werk auf Platinen und Zapfenlager von innen nach außen, und nicht von außen nach innen verläuft. Wir arbeiten also hauptsächlich an der Innenseite der Platine, da andernfalls das Futter herausfallen kann. Man wähle ein Futter, dessen Loch gerade etwas zu klein für den Zapfen und dessen äußerer Durchmesser größer als der des eingelaufenen Lagers ist. Mit Reibahlen wird das beschäigte Lager erweitert, bis das Futter gerade eben hineinpaßt, nicht aber durch die Platine in ihrer Gesamtstärke hindurchgeht. Um das Lager auf seinen ursprünglichen Mittelpunkt zurückzubringen, reibe man mehr an der heilen als an der ausgelaufenen Seite weg – ist das Lager stark oval, wird man sogar eine ganze Menge Metall mit einer Rundfeile wegnehmen müssen – und wähle, nachdem man das Lager wieder gerundet hat, ein Futter von großem Außendurchmesser. Von Zeit zu Zeit halte man die Platine in Augenhöhe, belasse aber dabei die Reibahle im Lager, und vergewissere sich, daß das ausgeriebene Lager auch wirklich senkrecht gerät. Dann klopfe man das Futter ein, schleife mit Schmirgel glatt und poliere. Hatte der Zapfen zuvor ein Übermaß an »Endluft«, lasse man das Futter an der Innenseite der Platine etwas überstehen, um hier Abhilfe zu schaffen. An der Außenseite der Platine wird das neue Lager ausgesenkt – hier entsteht die Ölsenkung – und mit Hilfe eines Rundpunzens das andere Ende des neuen Lagers vernietet. Schließlich öffne man das neue Lager mit einer feinen Reibahle unter abwechselndem Arbeiten von beiden Seiten, so daß die Welle sich leicht, aber nicht locker, im Lager drehen kann; man prüfe den Lauf von Rad und Welle und ihren benachbarten Teilen zwischen den Platinen und justiere das Lager auf einwandfreies Funktionieren.

Zifferblätter

Ein Messingzifferblatt mit versilbertem Zahlenreif, das sich in schlechtem Zustand befindet, kann, falls man wünscht, daß es wieder wie neu aussieht, zum Restaurieren weggegeben werden. Will man jedoch das eventuell dazugehörige, wertvolle Gehäuse nicht ebenfalls von einem Fachmann restaurieren lassen, ist das nicht immer die beste Lösung. Im allgemeinen wäre es vorzuziehen, die Ziffern etwas hervorzuheben, so daß die Zeit gut abzulesen ist, und die Versilberung wieder einigermaßen instandzusetzen. Gefühl und Stilempfinden gebieten, daß eine alte Uhr zwar gepflegt, nicht aber wie frisch vom Hersteller kommend aussieht; ein total renoviertes Zifferblatt zeugt im allgemeinen von Geschmacksverirrung. Andererseits wirkt ein Zahlenreif, der einfach mit Aluminiumfarbe aus der Dose besprüht und dessen Zahlen schwarz-glänzend nachgezogen wurden, außerordentlich unschön.

Das Versilbern eines Zahlenreifs nach der traditionellen Methode ist ohne weiteres durchführbar; allerdings wird das Ergebnis von der Qualität der zur Verfügung stehenden Materialien, vom Zustand des unter dem Zahlrenreif befindlichen Messingblatts und vom Sauberkeitsgrad beider Teile abhängen. Immerhin wird man nach einigen Versuchen im allgemeinen einen durchaus befriedigenden versilberten Zahlenreif zustande bringen.

Zunächst werden sämtliche Spuren der Original-Versilberung entfernt – man kann das natürlich auch unterlassen, wird aber dann Gefahr laufen, daß das Endergebnis fleckig wirkt. Das Entfernen geschieht mit Hilfe von zunehmend feinkörnigerem Schmirgelpapier und unter ständigen, völlig gerade verlaufenden, reibenden Bewegungen in einer einzigen Richtung (auf die 12 zu). Dann besorge man sich Silberchlorid und Weinstein aus der Drogerie und vermenge beides zu einer steifen Paste. Dabei sollten zum Schutz der Hände und um fettige Fingerabdrücke zu vermeiden Gummihandschuhe getragen werden. Ist Silberchlorid (das sich unter Lichteinwirkung übrigens rasch zersetzt, weshalb es nach Gebrauch gut verschlossen aufbewahrt werden muß) nicht erhältlich, läßt sich auch Silbernitrat (Höllenstein) verwenden, das man entweder in pulverisierter Form oder als Höllensteinstift zum Entfernen von Warzen kaufen kann (man benötigt ungefähr 10 Stifte, von denen man das Nitrat in Klümpchen abbricht). Gibt man das Silbernitrat in (am besten destiliertes) Wasser und fügt reichlich Salz hinzu, fällt rötlich-weißes Silberchlorid aus, das, nach Abgießen des Wassers nunmehr verwendbar, jetzt mit Weinstein vermengt werden kann.

Der Zahlenreif wird mit stark gesalzenem Wasser gut angefeuchtet und mit einem feuchten, mit der Silberchloridpaste getränkten Lappen gründlich eingerieben. Dabei nimmt das Messing eine unansehnliche braungraue Farbe an; es besteht jedoch kein Grund zur Besorgnis – das soll so sein. Nun vermische man Weinstein mit Wasser zu einer Paste und reibe damit den Zahlenreif erneut gründlich ab – daraufhin wird er weiß. Man spüle sofort unter sehr heißem Wasser ab, berühre die Vorderseite nicht mehr mit den Händen, und trockne den Reif unter wedelnden Bewegungen an der Luft oder mit Hilfe eines Föns oder eines Heißluftventilators.

Nach dem Trocknen noch verbleibende oder unmittelbar hinterher erscheinende braune Streifen lassen sich durch nochmaliges Reiben mit einer zähen Weinsteinpaste entfernen. Die Originalziffern bestehen aus Siegellack und können, falls sie intakt sind, durch leichtes Erhitzen des Reifs wieder in guten Zustand versetzt werden. Anschließend muß der Reif, wenn die Versilberung länger als 1–2 Wochen halten soll, lackiert werden.

Übrigens bietet der Handel schon länger fertige Versilberungen an, die nur aufgerieben zu werden brauchen. Man spreche mit dem Fachmann über die für den gewünschten Zweck am besten geeignete.

Eigentlich müssen die Ziffern vor dem Versilbern retuschiert oder erneuert werden. Dazu wird der Reif erhitzt und die tiefeingegrabenen Zahlenvertiefungen werden mit schwarzem Siegellack ausgefüllt; nach dem Trocknen und Erhärten läßt sich überschüssiger Lack entfernen, und die Ziffern können in die entsprechende endgültige Form gebracht werden. In der Praxis ist jedoch schwarzer Siegellack überraschend schwer erhältlich, und wenn man keinen bekommen kann, lassen sich die Ziffern nach dem Versilbern mit rußschwarzer Ölfarbe nachziehen; man sollte das aber auf keinen Fall vor dem Versilbern tun, denn die Farbe braucht mindestens 2 Monate, bis sie durch und durch trocken ist und würde der Behandlung mit Ätzstoffen wie Salz und Silberchlorid nicht standhalten. In breite Vertiefungen wird die Farbe mit einem dünnen Malpinsel aufgetragen. Für feinere Linien verdünne man die Farbe etwas mit ganz wenig Leinöl und verwende zum Nachziehen eine Feder, die man besser unter Kontrolle hat.

Zugfedern

Es ist sinnlos, eine in der Mitte gerissene Zugfeder reparieren zu wollen, und auch ihr inneres Ende zu reparieren ist schwierig – die Reparatur wird vermutlich nicht lange halten und außerdem die Feder verziehen. Allerdings reißen Zugfedern meist am äußeren Ende, wo sie an der Innenseite des Federhauses eingehakt sind. Im Uhrenbau wird das Befestigen von Federn fast stets mit Hilfe eines Lochs oder einer Öse im Federende bewerkstelligt, das in einem in der Innenwand des Federhauses vernieteten – bzw. bei einer Uhr mit Schnecke durch die Federspannung in seiner Lage gehaltenen – besonders geformten Haken liegt. Hier ist eine Reparatur ohne weiteres durchführbar; das äußerste Federende wird durch

Erhitzen geschmeidig gemacht und durchbohrt; das Loch zu der dem Haken entsprechenden Form ausgefeilt und geräumt (eine runde Öse auf einem vierkantigen Haken wird nämlich mit Sicherheit kaputtgehen). Ist selbst die geschmeidig gemachte Feder zu hart für den Bohrer, kann sie mit einem Punzen angeschlagen und die erhöhte Blase auf der andern Seite abgefeilt werden – das ist besser, als das Federende übermäßig stark zu erhitzen. Wenn man schon an der Feder arbeitet, sollte man sich vergewissern, daß ihr inneres Ende auch fest an der Welle verhakt ist. Ist dies der Fall, wird die Feder sich beim Aufziehen kaum losmachen können; nichts ist nämlich so ärgerlich, wie ein Werk wieder völlig zusammenzubauen, um dann festzustellen, daß die Feder nach kaum zwei Schlüsselumdrehungen an dieser Stelle rutscht.
Es ist sehr wichtig, dem Loch bzw. der Öse die dem Haken entsprechende Form zu geben und das Federende zurechtzufeilen [Abb. 68]. Das Federende verändert beim Aufziehen der Feder seine Lage, und eine starre Befestigung würde es beschädigen. Das Loch muß, in gleichem Abstand von

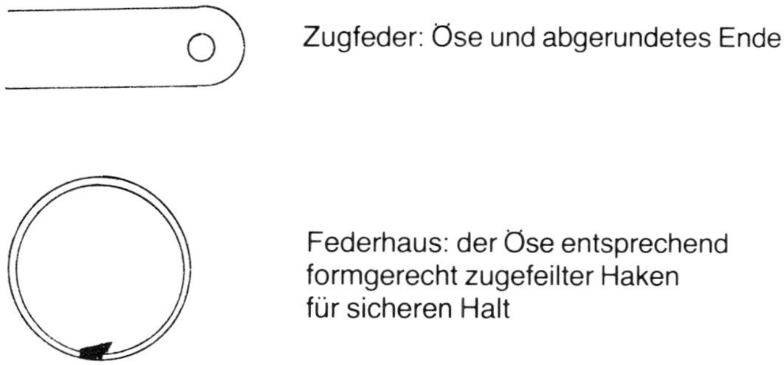

68 Verhaken der Zugfeder

jeder Federkante, genau in der Mitte liegen, und die Ecken des Federendes sollten abgerundet werden. Eine zu große Entfernung zwischen Öse und Federende sowie scharfe Ecken der Endkante belasten die Öse und führen zum Reißen der Feder.
Auch den Haken im Federhaus sollte man nachsehen. Ist er abgenutzt, muß er mit einer Feile bearbeitet oder erneuert werden. Hat er sich gelokkert, ist es am sichersten, einen neuen Haken anzufertigen und ihn im Federhaus zu vernieten, oder ihn mit einem Gewinde zu versehen, im Fe-

derhaus zu verschrauben und sein äußeres Ende außen am Federhaus zu vernieten. Man fertige den Haken aus einem starken Stahldrahtende oder auch aus einer langen Stahlschraube, wenn diese die richtige Stärke hat. Dabei versehe man das Loch im Federhaus mit einem entsprechenden Gewinde, das aber nicht durch das Federhaus in seiner Gesamtstärke hindurchgehen sollte. Wenn der Haken von innen eingeschraubt wird, frißt sich nämlich das Gewinde der Schraube tiefer ein, und der Haken sitzt dann wirklich fest. Schließlich schneide man sein äußeres Ende ab und feile flächenbündig mit der Außenseite des Federhauses glatt; nur die kleine Nietstelle darf etwas überstehen.

Die Federn von Uhren mit Schnecken sind häufig mit einem an der Feder vernieteten, vierkantigen Haken versehen, der in einem schrägen Winkel in das dickwandige Federhaus greift – die Federspannung bei diesem Winkel hält den Haken in seiner Lage fest. Das Erneuern kann mit Hilfe einer Feile geschehen, aber es ist sicherzustellen, daß der Winkel des Lochs dem neuen Haken einen guten Halt bietet. Oft ist es leichter, das Ersetzen mit Hilfe einer Öse und eines an der Trommel befestigten Hakens vorzunehmen. Einige behaupten, daß das Federende spitz zulaufen und nicht abgerundet werden sollte, da die Feder auf diese Weise besser in ihrer Lage gehalten würde. Das mag wohl sein, aber ohne Zugfederwinder wird sich eine solche Feder sehr schwer in ihr Federhaus einsetzen lassen, und es gibt eigentlich keinen triftigen Grund, warum das Federende nicht, wie oben beschrieben, abgerundet werden sollte.

Zusammenbau. Einstellen und Aufstellen

Zusammenbau

Alle Teile sind nunmehr poliert und sämtliche Reparaturen ausgeführt. Erneuerte oder reparierte Teile sind getestet worden und arbeiten befriedigend zwischen den Platinen. Nun muß alles wieder zusammengesetzt werden, und zwar, wenn irgend möglich, ohne jene ärgerlichen Fehler, die zu beheben ein neuerliches Auseinandernehmen und damit das Ruinieren so mancher Polierarbeit bedeuten würden. Wie kann das verhindert, wie hier geholfen werden? Wir werden zunächst die Vorgänge des Zusammenbaus behandeln, die für die meisten Uhrentypen Gültigkeit haben, und danach das Einstellen der am häufigsten vorkommenden, von jenen abweichenden Typen oder von solchen, denen besondere Sorgfalt geschenkt werden muß.
Zunächst werden die diversen Untereinheiten soweit wie möglich wieder zusammengebaut. Man setze etwa die Brocot-Hemmung zusammen, führe die Feder in ihr Federhaus ein und befestige Darmsaite oder Kette an der Innenseite des Federhauses und an der Schnecke.

Zugfeder und Schnecke

Hat man die Ausgabe für einen Zugfederwinder schließlich doch gescheut, muß man die Feder von Hand einsetzen. Zunächst überzeuge man sich, daß man sie richtig herum in der Hand hat. In den meisten Fällen kann man hier nicht fehl gehen, da sie sich nur in einer Richtung im Federhaus verhaken läßt. Dann führe man, bei herausgenommener Welle, das äußere Ende der Feder nahe dem Haken ins Federhaus ein. Man lasse es etwas über den Haken hinausstehen, da die Feder während des Einsetzens leicht nachrutschen wird und sich oft erst kurz bevor sie ganz im Federhaus drinnen ist richtig verhakt. Dies trifft besonders dann zu, wenn das Federende vor der Öse relativ lang belassen wurde. Dann drücke man unter Drehen des Federhauses das Federende nieder und winde die Feder nach und nach ein. Das ist eine langwierige Arbeit und sehr anstrengend für die Hände. Läßt man los, bevor die Feder völlig in ihrem Haus ist, springt sie einfach heraus, und man muß wieder ganz von vorn anfangen. Befindet sich die Feder endlich zur Gänze im Federhaus, überzeuge man sich, daß der Haken in die Öse eingerastet ist, führe dann die Federhauswelle ein und vergewissere sich wiederum, daß das innere Ende der Feder fest in den Haken auf der Welle greift. Man träufle ein paar Tropfen Öl auf die Federkanten und auf die beiden Befestigungshaken und setze den Deckel auf das Federhaus. Der Federhausdeckel wird durch Einschnappenlassen in die abgeschrägte Kante des Federhauses aufgesetzt; in den meisten Fällen wird er aber nur in genau der Lage sicher einschnappen, in der er ursprünglich eingepaßt war. Gewöhnlich befindet sich ein eingepunzter Punkt in der Federhauswand (das Schlagwerk-Federhaus ist zuweilen durch zwei Punkte gekennzeichnet), der mit dem Schlitz im Federhausdeckel auf einer Geraden liegen sollte. Man schütze das Federhaus durch einen Bürstengriff oder ein Stück Holz und gebe einen leichten Hammerschlag auf den Deckel, damit er einschnappt. Nun umfasse man den Aufziehvierkant mit einem Schraubstock, ziehe das Federhaus um eine volle Umdrehung auf (wodurch die Feder gespannt wird), damit man absolut sicher ist, daß Welle und Feder auch wirklich ineinander verhakt sind; beim geringsten Anzeichen eines Gleitens ist der Deckel wieder abzunehmen und die Krümmung des Federendes zu korrigieren. Es ist besser, sich jetzt die Zeit dafür zu nehmen, als später das ganze Werk noch einmal auseinandernehmen zu müssen.

Die Darmsaite oder Schnur einer gewichtangetriebenen Uhr ist hinter dem – einzigen – Loch in der Schnurrolle durch einen Knoten oder eine Schleife abgesichert. Welche Art von Knoten man knüpft, ist gleich, nur muß sein Ende kurz abgeschnitten und angesengt werden, damit die Schnur nicht ausfranst; auch vergewissere man sich, daß Darmsaite oder Schnur in der Richtung liegen, in der sie praktisch von selbst in die erste Rille auf die Schnurrolle hineinfallen. In der gleichen Weise greifen Schnur oder Darmsaite auch in die Schnecke einer federangetriebenen Uhr ein, aber bei diesen Uhren, die starke Federn haben, befinden sich gewöhnlich drei Löcher im Federhaus. Es gibt nur ein zuverlässiges Mittel, Schnur oder Darmsaite in diesen Löchern abzusichern [Abb. 69]. Nach dem Befestigen berühre man das Schnurende mit rotglühendem Metall; dieses Ansengen wird das Ende pilzförmig verdicken, so daß es nicht aus dem Knoten schlüpfen kann. Ist die Uhr an der Schnecke mit einer Kette statt einer Darmsaite versehen, so wird einem aufgefallen sein, daß die Endhaken der Kette jeweils unterschiedliche Formen haben. Der einfache, runde Haken gehört in die Schnecke, wo er sich hinter einem Schlitz an ihrer größten Windung um einen kleinen Pfosten legt. Der andere, fast wie eine Ankerhälfte geformte Haken ist für das Federhaus bestimmt. Die Kette wird jedoch erst an Ort und Stelle gebracht, nachdem das Werk zusammengebaut ist.

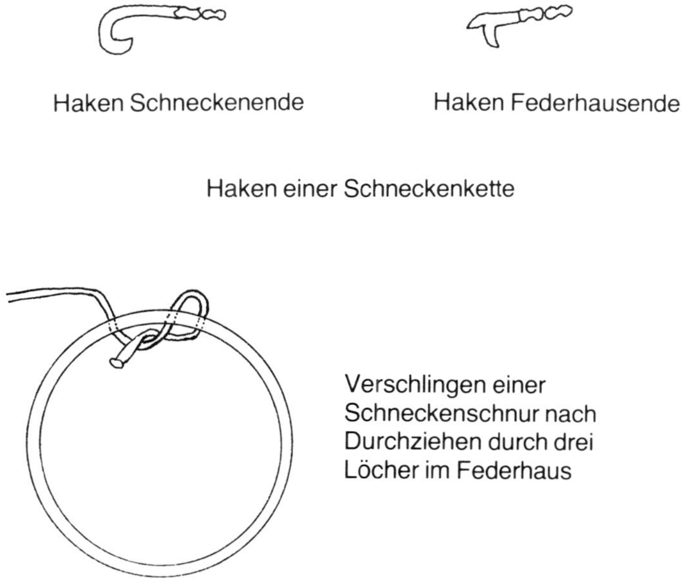

69 Schneckenkettenhaken und Befestigen einer Darmsaite am Federhaus

Handelt es sich um ein Federhaus mit Malteser-Stellung, kann dieses jetzt mit Vorspannung aufgesetzt werden (bei vielen dieser Werke ist die Federstellung jedoch an der Außenseite der Platine montiert und kann daher nachträglich unter Vorspannung aufgesetzt werden). Der Zweck der Stellung besteht, wie oben erklärt, darin, sowohl ein übermäßiges Aufziehen als auch die Inanspruchnahme der letzten Federwindung, bei der die Federkraft stark reduziert ist, zu verhindern. Man halte die Welle im Schraubstock und das Federhaus in der Hand, ziehe die Feder um eine Umdrehung auf und setze das Malteserkreuz in der Position ein, daß sein exzentrischer Zahn gegen den Stellungsfinger der Federhauswelle liegt, so daß die Feder sich nicht entspannen kann; schließlich wird die Stellung sicher verschraubt.

Räderwerke

Nun ist es soweit, daß man das Werk zusammenbauen kann. Zunächst befestige man alle an der Innenseite der Platinen verschraubten Teile (nicht zu vergessen das bereits erwähnte, wichtigste, nämlich die Hammerfeder bei Bodenstand-Stockuhren, die später meist nicht mehr eingepaßt werden kann) wieder an ihrem Platz. Dann bringe man die Platinen in ihre Lage, suche geeignete Vorsteckstifte für die Pfeiler heraus, schneide sie zurecht und feile sie glatt und eben, so daß sie nach dem Eintreiben mit den Platinenrändern abschließen. Der Zusammenbau wird sehr erleichtert, wenn man im entscheidenden Augenblick nicht nach einem passenden Stift suchen muß.
Die Räder werden in der umgekehrten Reihenfolge wieder eingesetzt, in der sie abgenommen wurden – hier zahlt sich das ordentliche Auslegen während des Reinigens aus. Am besten legt man die Platine mit den Pfeilern nach oben auf eine offene Schachtel, die etwas kleiner als jene ist, und richte es so ein, daß das Zusammenbauen in Augenhöhe vor sich gehen kann. Dann sind einem nämlich die überstehenden Wellen nicht im Wege, wenn man die Zapfen der Räderwelle in ihre unteren Lager fallen läßt, und man muß sich nicht verrenken, wenn man sich später auf die schwierige Aufgabe zu konzentrieren hat, die Zapfen in ihre Lager an der oberen Platine zu bringen. Die obere Platine aufzusetzen ist niemals leicht, und bei einigen Werken, besonders den französischen, nimmt das sehr viel Zeit in Anspruch und erfordert wahre Engelsgeduld. Man sollte damit an einer Ecke – am besten der des Gehwerks – beginnen. Zunächst führe man die Federhauswelle und die Zapfen der ersten beiden Räder sowie die etwa vorhandenen höherliegenden Wellen für den Hammer und die Schloßscheibe ein, damit man als provisorischen Halt einen der Vorsteckstifte bis zur Hälfte in den Pfeiler an dieser Ecke eintreiben kann. Die andern Zapfen müssen alle ohne weiteres in ihre Lager gebracht werden können. Es ist sinnlos, dabei Gewalt anzuwenden, lediglich leichter Druck ist erforderlich, damit die Platine nicht auf den Enden der Zapfen hoch über ihren Ansätzen herumschwankt. Durch übermäßigen Druck wird die Innenseite der Platine verkratzt, und die Zapfen brechen ab. Bei gut gearbeiteten Werken ist die Länge der einzelnen Zapfen oft leicht unterschiedlich abgestuft, wobei die längsten auf die Federhäuser zu und die kürzesten vorne auf die Windfang- und Hemmungsradwellen hin gerichtet sind – das erleichtert die Arbeit etwas. Liegen alle Zapfen in ihren Lagern, fällt die obere Platine durch ihr Eigengewicht von selbst auf die Pfeileransätze – ein äußerst befriedigendes Geräusch. Man verstifte die Pla-

tine zunächst erst locker und überprüfe jedes Räderwerk durch Druckausübung mit dem Finger, um sicherzugehen, daß es sich zügig dreht, denn bei einer Uhr mit Schlagwerk sollte man die Stifte noch nicht endgültig eintreiben, da zuvor noch wichtige Einstellungen vorgenommen werden müssen.

Einstellen des Schlagwerks

Für das Einstellen eines Schlag- oder Glockenspiel-Werks gibt es zwei goldene Regeln. Vergißt man sie, wird das Schlagen nur im äußersten Glücksfall befriedigend zustande kommen, sehr wahrscheinlich aber völlig unzuverlässig erfolgen. Die erste dieser beiden Regeln lautet: Wenn die Uhr zu schlagen aufhört, muß der Hammer unten sein. Mit anderen Worten, der Anschlag des Hammers (bzw. bei Vorhandensein mehrerer Hämmer, eines jeden Hammers) darf zu diesem Zeitpunkt von den Stiften am Hebnägelrad nicht berührt werden, sondern sollte sich vorzugsweise zwischen zwei Stiften befinden. Oder anders ausgedrückt: in dem Augenblick, in dem der Hammer ausgelöst wird und auf die Tonfeder schlägt, muß der Sperrstift auf dem Rad nach der Schloßscheibe sich dem Schließstück, das das Schlagwerk schließt bzw. anhält, nähern, darf aber noch nicht auf ihm ruhen. Die sicherste Distanz ist ein Achtel einer Umdrehung. Das gleiche trifft für den »Hebel« und den Arm zu, die das englische Schloßscheiben-Schlagsystem anhalten, und für den Anschlag des Schöpfers und den Rechenaufhaltearm beim alten englischen Rechenschlagwerk. Die zweite Regel ist, daß bei den Uhren, bei denen ein Vorlauf erfolgt (was, wie wir gesehn haben, mit Ausnahme der Repetitionsschlagwerke die Regel ist), auch Spielraum für dieses »Melden« vorhanden sein muß. Wenn die Uhr gerade geschlagen hat und das Schlagwerk angehalten wurde, muß sich daher der Vorlaufstift mindestens um eine halbe Umdrehung seines Rads vom Auslösehebel entfernt befinden, den er einige Minuten vor dem Schlagen zum Aufhalten des Schlagwerks veranlaßt hat [Abb. 70].
Arbeitet man an einer französischen Uhr mit einzelnen Kloben für die jeweiligen Räder, kann man in diesem Stadium natürlich die Räder hochheben und sie in ihre richtige Position bringen. Andernfalls wird man die obere Platine dort, wo sich das Schlagwerk befindet (durch Lockern der anderen Seite) anheben und das Hebnägelrad so festhalten müssen, daß der Hammer zwischen zwei Stiften sitzt, um das Rad nach der Schloßscheibe und das Vorlaufrad so lange gegeneinander zu verschieben, bis sie

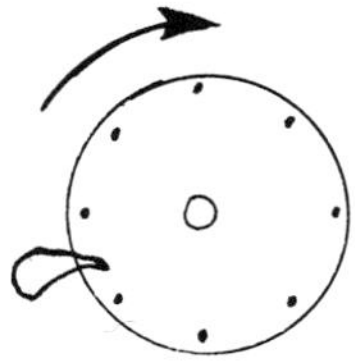

Position des Hammeranschlags zwischen den Stiften des Hebnägelrads bei angehaltenem Schlagwerk (gültig für alle Systeme).

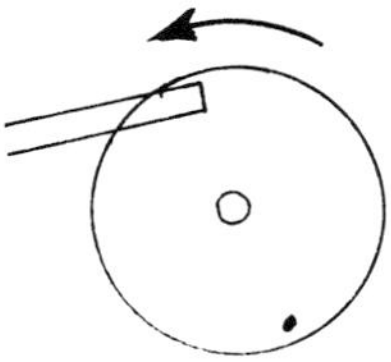

Position von Vorlaufstift zu Auslösehebel bei angehaltenem Schlagwerk (gültig für alle Systeme mit Vorlauf).

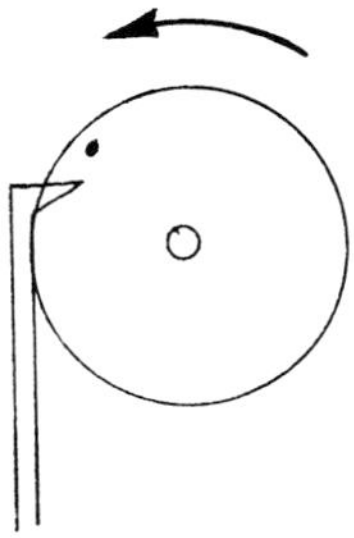

Position von Sperrstift zu Sperrstück während Hammer die Tonfeder schlägt (bei französischen Rechen- und Schloßscheiben-Systemen).

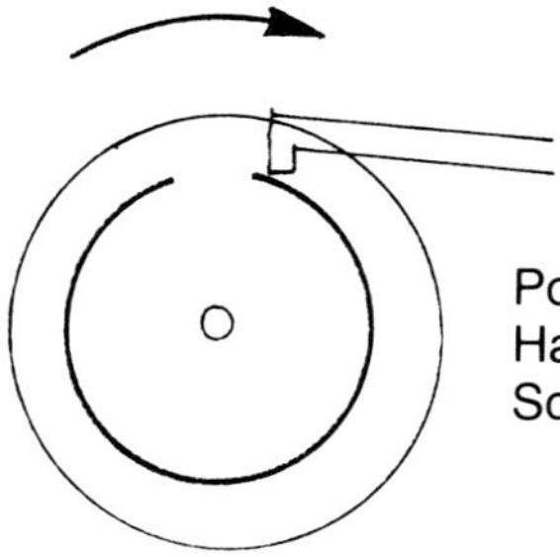

Position von Nocke zu Sperrstück während Hammer die Glocke schlägt (beim englischen Schloßscheiben-System).

korrekt zueinander ausgerichtet sind. Das ist eine tüftelige Arbeit, aber von ihrer richtigen Ausführung hängt das zügige und einwandfreie Tätigwerden des Schlagwerks ab.
Nun treibe man die Vorsteckstifte endgültig in die Pfeiler ein und bringe die außen sitzenden Teile an der hinteren Platine an. Ebenso müssen sämtliche verschraubten Stehbolzen und Hebelfedern vor dem Wiederanbringen des Auslösehebels, des Rechens, der Wippen und der Zeigerwerkräder wieder an der vorderen Platine befestigt werden. In der Regel sind diese Teile in einer ganz bestimmten Reihenfolge wieder einzubauen. Setzt man beispielsweise das Stundenrad zu früh ein, wird man es fast mit Sicherheit wieder abnehmen müssen, um den Auslösehebel einzupassen. Preßt man an einer französischen Uhr den Schöpfer wieder auf, vergewissere man sich, daß dies in der korrekten Richtung geschieht, so daß er in die Zähne des Rechens greifen kann; gewöhnlich ist sein Loch auf der einen Seite weiter als auf der anderen, so daß er exakt auf die sich verjüngende Verlängerung der Welle paßt. Man überzeuge sich, daß der Schöpfer – ganz gleich welchen Typs er ist – seine korrekte Position einnimmt. Der lange englische Schöpfer muß, wenn die Uhr geschlagen hat und das Schlagwerk ruht, auf dem Stift am Ende des Rechens aufliegen – tut er das nicht, wird das Schlagwerk nämlich nicht angehalten. Der kleine französische Schöpfer muß zum gleichen Zeitpunkt den Rechen völlig frei lassen – beim Einsetzen des Schlagens nach dem Melden braucht er Bewegungsfreiheit, so daß das Schlagwerk, wenn die Glocke oder Tonfeder geschlagen wird, mit der korrekten Geschwindigkeit ablaufen kann. Die richtige Position der Zeigerwerkräder zueinander ist entscheidend für exaktes Schlagen. Selbst wenn man die Räder vor dem Zerlegen markiert hat, läßt sich ihre korrekte Anordnung zuweilen nur durch Herumprobieren herausfinden. Meist – besonders bei französischen Uhren – ist die genaue Position durch einen eingepunzten Punkt zwischen zwei Radzähnen und die abgeschrägte Kante eines Triebzahns, der zwischen sie eingreifen muß, gekennzeichnet.
Bei einer Reiseuhr mit Viertelstundenschlag untersuche man den Mechanismus, der den Hammer am Schlagen der zweiten Glocke hindert bzw. ihn dafür freigibt. Er besteht in einem Hebel, der bei jedem Viertel vom Stundenrechen etwas hochgehoben wird (obgleich dieser Rechen, außer bei einer Uhr mit »grande sonnerie«, nicht herunterfällt), so daß ein Schöpfer am Ende der Hammerwelle freigegeben wird, um in eine Kerbe am Hebel einzufallen, und der Hammer zuschlagen kann. Beim Schlagen der Stunden ist der Rechen natürlich heruntergefallen und der Hebel gleichzeitig mit ihm, so daß die Kerbe sich nicht mehr mit dem Schöpfer

deckt und diese höher-gestimmte Tonfeder und ihr Hammer nicht schlagen können [Abb. 71]. Diese Arbeitsweise läßt sich schwer erklären oder veranschaulichen, aber durch Beobachten und Herumprobieren wird man bald lernen, wie sie funktioniert. Sie scheint die Ausnahme zu bilden,

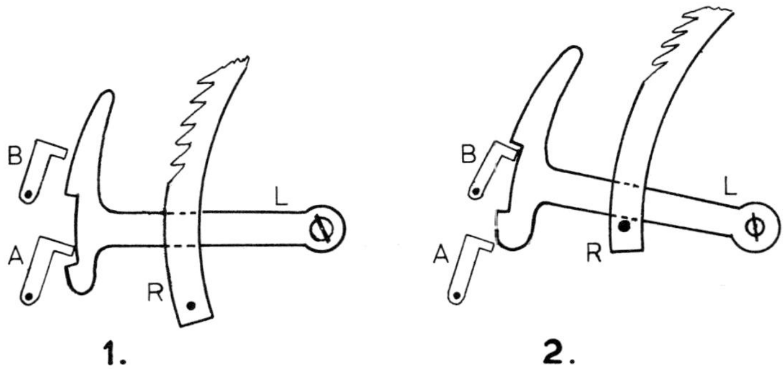

1. Schlagen der Stunde.
Der herunterfallende Stundenrechen R läßt Hebel L ebenfalls herabfallen. Die höher-gestimmte Tonfeder kann nicht geschlagen werden, da der an der Hammerwelle angebrachte Schöpfer B von der Spitze des Hebels L blockiert wird. Der Hammerschöpfer A für die tiefer-gestimmte Tonfeder befindet sich in einer Aussparung im Hebel und kann daher schlagen.

2. Schlagen der Viertelstunden.
Der Stundenrechen R wird während des Viertelstundenschlags durch einen unter ihm befindlichen Hebel hochgehalten; Hebel L ist ebenfalls oben. Der Hammerschöpfer B für die höher-gestimmte Tonfeder kann in die Aussparung am Hebel L einfallen, also schlagen; der andere Schöpfer A am Hammer für die tiefer-gestimmte Tonfeder fällt unter den Hebel L und ist ebenfalls zum Schlagen freigegeben.

71 Schlagkontrolle bei Reiseuhren mit Viertelstundenschlag

die die Regel bestätigt; wenn diese Uhren die Stunde schlagen, wird der Hammer für die höher-gestimmte Tonfelder in Wirklichkeit »oben« sein, da er so lange nicht in die Kerbe am Hebel einfallen kann, bis der Hebel beim Viertelstundenschlag von dem Stift am Ende des Schlagrechens hochgehoben wird. Natürlich ist das strenggenommen keine Ausnahme,

denn der Hammer wird ja von dem Sonderhebel und nicht vom Hebnägelrad, für das die Regel gilt, oben gehalten.
Bei dieser Art von Uhr vergewissere man sich auch, daß der Hebel, der normalerweise den Stundenrechen daran hindert, bei den Viertelstunden herunterzufallen, zur vollen Stunde zur Seite geschoben wird, so daß der Stundenrechen herunterfallen kann. Dies muß dann geschehen, wenn der Viertelrechen auf der höchsten Stufe seiner Staffel angelangt ist; andernfalls bringt die Uhr die vollen und die Viertelstunden in verwirrender Weise durcheinander. Ähnliches ist bei »bim-bam«-Werken zu beachten, die nur einen Rechen haben, bei dem ein Hebel die Viertelstunden-Hämmer hindert, während des Schlagens der vollen Stunden herunterzufallen. Das Wechselrad, das diesen Hebel durch Stifte betätigt, muß so plaziert sein, daß der Hebel kurz vor der vollen Stunde ganz hochgehoben wird und vor dem Schlagen des ersten Viertels herunterfallen und alle Hämmer auslösen kann. Diese Uhren haben oft mehr als zwei Hämmer, werden aber trotzdem den »bim-bam«-Werken zugeordnet, da sie kein separates Glockenspiel-Werk neben dem Schlagwerk haben. Bei moderneren Uhren, die ein mit einer Schloßscheibe arbeitendes Glockenspiel-Werk haben, bei dem das Schlagen nach dem Rechen-Prinzip erfolgt, ist die Position dieser Schloßscheibe auf ihrer Welle ausschlaggebend. Sie ist gewöhnlich an einer Stellschraube einstellbar. Eine Vorrichtung, etwa ein Höcker an der Schloßscheibe, löst das Stundenschlagwerk zur vollen Stunde aus.

Vorspannen der Zugfeder

Bei einer federangetriebenen Uhr mit Schnecke muß die Feder vorgespannt werden. Dies ist der Augenblick, in dem man die Kette einpassen oder sich endlich von den Sehnenwindungen, die sich einem um die Füße schlängeln, befreien kann. Man löse den Sperrkegel am Federhaus und bringe ihn außer Kontakt mit dem Sperrad. Unter langsamem Drehen der Federhauswelle führe man die Sehne so, daß sie sich ordentlich und gleichmäßig am Federhaus aufwindet, bis sie gänzlich aufgewickelt auf dem Federhaus liegt. Mit einer Kette verfahre man ebenso, winde sie aber nicht zur Gänze auf dem Federhaus auf, sondern verhake ihr Ende am größten Durchmesser der Schnecke. In diesem Stadium wird man Schnur oder Kette straff gespannt halten müssen, damit sie nicht vom Federhaus abgleiten. Wie auch immer Schnecke und Federhaus miteinander verbunden sind, ist diese Verbindung einmal straff gespannt, umfasse man den Vierkant der Federhauswelle mit einem Stiftenkloben oder mit einem großen Schlüssel und spanne die Feder um eine halbe bis volle Umdrehung, schiebe – unter anhaltender Spannung – den Sperrkegel in sein Sperrad und ziehe die Befestigungsschraube an. Die Feder wird nun so vorgespannt sein, daß ihr Kraftminimum nicht zur Verwendung kommt und daß Kette, Darmsaite oder Schnur so straff liegen, daß sie am Federhaus nicht verrutschen können.

Abschluß des Zusammenbaus

Man bringe den Anker in seine Lage bzw. baue das Echappement ein und richte seine Tiefe auf die Kronenradzähne aus. Nun können die Räderwerke aufgezogen werden. Beim Aufziehen eines Gehwerks mit Schnecke vergewissere man sich, daß bei fast voll-aufgewundener Sehne oder Kette der Schneckenhaken auch wirklich mit dem gefederten Kettengesperr in Eingriff steht und daß die Kette oder Sehne sich auch gleichmäßig vom Federhaus an der Schneckenspirale aufwickelt. Hat sie dies einmal getan, wird sie es auch in Zukunft stets tun.

Überprüfen des Schlagens

Sind alle Räderwerke aufgezogen, kann man das Schlagsystem rund um die Uhr überprüfen. Dies geschieht am besten bei abgenommenem Zifferblatt; allerdings mag das bei den französischen Uhren, bei denen der Anker vor dem Zifferblatt vor- und zurückschwingt und das Hemmungsrad von vorn eingeführt werden muß, nicht möglich sein. Fällt der Rechen nicht genau auf jede Stufe der Staffel – und schlägt die Uhr etwa nicht Zwölf, weil der Rechen zu früh auf die hohe Stufe der Staffel fällt und Eins geschlagen wird –, wird man die Position der Zeigerwerkräder zueinander so lange verändern müssen, bis dieser Fehler korrigiert ist. Man sollte daran denken, daß bei einem – englischen oder französischen – Schloßscheibensystem die korrekte Lage der Schloßscheibe entscheidend ist. Hat die Uhr ursprünglich korrekt geschlagen und schlägt sie nach dem Reinigen nicht mehr zuverlässig, wird eine Abänderung der Position der Schloßscheibe gegenüber ihrer Welle oder dem sie antreibenden Trieb hier wahrscheinlich Abhilfe schaffen.

Ölen

Nun muß etwas Öl aufgetragen werden. Man sollte damit nicht so lange warten, bis man das Zifferblatt wieder angebracht hat, weil man sonst den zahlreichen kritischen Stellen auf der vorderen Platine nicht völlig gerecht werden kann. Über die richtige Verwendung von Öl wurden Bücher und über seinen Nutzen bei Uhrwerken ganze Kapitel geschrieben. Drei Dinge allein sind jedoch von entscheidener Bedeutung: erstens sollte man nur Uhrenöl verwenden; zweitens sollte man Öl auf sämtliche sich bewegenden Teile (außer den Räderwerkzähnen) dort auftragen, wo sie ein anderes Teil berühren; drittens sollte man sparsam mit dem Öl umgehen. Ein kleiner Tropfen Öl – etwa mit der sauberen Spitze einer Nadel aufgetragen – kommt auf jeden Zapfen, jeden Montage-Stehbolzen, ein winziger Tropfen auf die Ankergabel dort, wo sie das Pendel berührt, etwas mehr auf die Gesperre und ein Tropfen auf den Anschlag des Hammers dort, wo er mit den Hebnägeln in Berührung kommt. Es gibt noch unzählige andere Stellen, aber man wird sie von selbst erkennen, ohne daß sie hier besonders aufgeführt werden müßten. Bei der Spirale hingegen ist Öl wie die Pest zu meiden; ein besonders kleiner Tropfen sollte lediglich auf einen oder zwei der Hemmungsradzäne aufgetragen werden. Darüber hinaus ist jeder Zapfen zu ölen (ein auf das Zapfende aufgetragener Tropfen wird in das Zapfenlager rinnen), wobei jedoch die vertieften Ölsenkungen das Öl zwar halten, aber nicht randvoll sein sollten, da das Öl sonst an den Platinen herunterrinnt, die äußere Wirkung zerstört und außerdem völlig verschwendet ist. Die Verzahnungen werden auf die Dauer durch Öl- und Schmutzansammlungen beschädigt und sollten daher nicht geölt werden. Übermäßiges Ölen kann, besonders bei einer empfindlichen Hemmung, großen Schaden anrichten, der dann kaum geringer sein dürfte als eine langfristige, durch Nicht-Ölen hervorgerufene Beschädigung. Hier muß sich der Bastler durch Maßhalten und gesunden Menschenverstand leiten lassen.

Uhrzeiger und Weckerzeiger

Der letzte Punkt im Programm des Zusammenbaus ist das Einpassen der Glocke oder Tonfeder, wenn diese am Werk angebracht sind, und das Wiederanbringen von Zifferblatt und Zeigern. Ist der Minutenzeiger durch einen Stift befestigt, sollte man einige Zeit darauf verwenden, einen hübschen Stift von der gleichen Größe der Nabe herauszusuchen, und sein Ende glatt feilen, so daß keine unansehnliche, von der Zwickzange herrührende Spur mehr zu erkennen ist. Hat die Uhr ein Weckerwerk, drehe man seinen Einstell-Vierkant, bis der Wecker läutet, und halte ann sofort an. Der nunmehr auf dem Hauptzifferblatt ablesbaren Zeit entspricht die Zeit, auf die der Weckerzeiger eingestellt ist, wenn man ihn aufdrückt. Um nun auch sicherzugehen, daß Stunden- und Minutenzeiger richtig angebracht sind bzw. werden, drehe man die Welle, bis die Uhr eine volle Stunde schlägt, und setze diese Zeiger in der exakten Position für den entsprechenden Stundenshlag auf. Gelegentlich muß der Minutenzeiger auf seinem Futter verschoben werden, so daß die volle Stunde auch wirklich genau dem Schlag entspricht. Man vergewissere sich, daß die Zeiger bei ihrem Weg rund um die Uhr einander nicht kreuzen und daß die gewölbte Beilagscheibe vor einem mit einem Stift befestigten Minutenzeiger von der für das Spannen der Feder unter dem Viertelrohr erforderlichen Stärke ist: ein zu starr sitzender Zeiger wird verbogen werden und ein zu locker sitzender bei der Zeitmessung seinen eigenen Impulsen folgen.

Einstellen und Aufstellen der Uhr

In-Tritt-Setzen

Die nunmehr noch verbleibende größere Einstellung ist, die Hemmung »in Tritt« zu setzen. In diesem Stadium kann man das entweder ganz grob vornehmen, ohne das Pendel vorher eingesetzt zu haben, oder man kann das Werk auf einer ebenen Stütze anbringen und das Pendel einhängen; in jedem Fall aber wird nach dem Wiedereinbau des Werks in sein Gehäuse ein erneutes, diesmal entgültiges Nachstellen der Hemmung notwendig sein. Wenn die Hemmung die Zeit messen soll, ist es von entscheidender Bedeutung, daß sie sich »in Tritt« befindet; dies ist beinah ebenso wichtig, wenn die Hemmung überhaupt gehen soll. Sie befindet sich »in Tritt«, wenn sie ein klares deutliches »tick-tack« von sich gibt, das einem »tack-tack« so nahe wie möglich kommen sollte. Genauer gesagt, damit das Pendel oder die Unruh bei jedem Freisetzen eines Zahns – ganz gleich durch welche Palette – einen gleichmäßigen Impuls erhält, müssen die Paletten aus dem Mittelpunkt des Ankers heraus arbeiten können. Das können sie allerdings nicht, wenn die Unruh sie durch ihre Spiralfeder oder wenn das Pendel sie durch seine Schwerkraft aus dem Mittel hält.
Ein Pendel wird gewöhnlich durch leichtes Biegen der Ankergabel nach der einen oder anderen Seite hin in Tritt gesetzt. 400-Tage-Uhren werden durch Drehen der ganzen Pendelfeder (die gewöhnlich oben durch eine Schraube reibungsfrei befestigt ist) eingestellt, so daß der Winkel des an

die Pendelfeder geklammerten Pendelführungsstifts abgeändert wird. Zur korrekten Einstellung probiere man aus, wie sich das Heben und Senken der Gabel entlang der Pendelfeder auf die Hemmung auswirkt, und befestige dann die Gabel in der wirksamsten Lage. Ein zu niederer Sitz wird einen »Flatter«effekt, ein zu hoher ein stoßweises Arbeiten der Hemmung und ihr Stehenbleiben zur Folge haben. Hier können zwei oder drei Millimeter ausschlaggebend sein. Ebenso wichtig ist, daß die Gabel im Gleitsitz auf dem Pendelführungsstift sitzt. Wie bereits erwähnt, haben einige französische Uhren eine auf der Ankerwelle aufgeschraubte Ankergabel, die sich in Bezug auf den Anker drehen läßt, aber bei anderen muß die Ankergabel hin- und hergebogen werden (was in jedem Falle sicherer ist).Die meisten Wiener Regulatoren haben an der Ankergabel eine Vorrichtung, bei welcher sich der Tritt durch Drehen von Kordelschrauben einstellen läßt; zuweilen besteht die Ankergabel aus zwei Teilen, die im Winkel zueinander eingestellt werden können, und manchmal kann der mit dem Pendel verbundene Pendelführungsstift durch das Drehen von Schrauben verstellt werden.
Wie auch immer die Ausführung in der Praxis, das zugrundeliegende Prinzip ist stets das gleiche. Eine Hemmung ist dann außer Tritt, wenn sich – bei korrekter Höhe der Ankerwelle (also bei richtiger Tiefe) – eine Palette zu weit vom Hemmungsgrad entfernt und die andere zu nah an ihm befindet. Macht die Uhr nicht »tick«, wenn Ankergabel und Pendel nach rechts ausgeschwungen sind, oder »tickt« sie verspätet, ist diese Palette zu weit vom Mittelpunkt des Ankers entfernt und die Ankergabel muß nach rechts gebogen werden (bzw. bei einer Jahresuhr müssen Pendelfeder und Ankergabel so verändert werden, daß sie in diese Richtung weisen).Während dieser Abänderung sind natürlich die Paletten und – falls bereits angebracht – die Pendelfeder zu schützen. Man halte daher die Ankergabel oben fest, behalte die Pendelfeder im Auge (oder entferne sie nötigenfalls) und biege behutsam mit der anderen Hand. Hier geht man am besten von der Voraussetzung aus, daß das Gehäuse der Uhr nicht in sich selbst verzogen ist und daß es auf einer planen Oberfläche stehen wird, und setzt das Werk »in Tritt« solange es eben steht. Wird die Uhr später wirklich an einem Platz stehen, der nicht absolut horizontal ist, wird man sie noch einmal etwas »auf Tritt« nachstellen müssen, was einem einseitigen Unterlegen des Gehäuses mit Karton, Pfennigen usw. vorzuziehen ist. Eine Plateau-Hemmung wird durch schiefes Stehen der Uhr natürlich nicht in Mitleidenschaft gezogen, weil der Regler nicht durch Schwerkraft, sondern durch die Spiralfeder in seiner Lage gehalten wird. Um die Hemmung einzustellen, muß man die Lage der Spirale in bezug auf die

Unruh verändern, denn es ist kaum sinnvoll, einfach den Stift, der die Spirale auf ihrem Kloben hält, zu entfernen und die Spirale herauszunehmen und wieder einzusetzen, da dies die Zeitmessung radikal verändern wird. Man wird Unruh und Spirale vom Plateau abnehmen und das Innere der Spirale durch Abheben der Spiralrolle und ihr versetztes Wiederaufdrükken korrigieren müssen. Zu diesem Zweck – das ist ein sehr riskantes Unternehmen! – lockere man, durch Einführen einer feinen Schraubenzieherschneide in den Schlitz der Spiralrolle, die Spirale an der Unruhwelle und drehe die Rolle leicht auf der Welle, ohne sie abzunehmen. Man befestige die Spirale wieder, bringe Unruh und Kloben wieder an und beobachte, ob sich die Paletten nun zentral zum Hemmungsrad befinden. Ist das nicht der Fall, muß der Prozeß unter weiteren Abänderungen wiederholt werden. Man wird das wahrscheinlich mehrere Male tun müssen, aber das ist wichtig, denn eine Hemmung mit Unruhreif, die außer Tritt ist, arbeitet tatsächlich nur mit äußerster Anstrengung, da die der Unruh durch die Ankergabel erteilten Impulse bestenfalls nur äußerst gering sind.

Ich möchte mich nicht über Gebühr darüber verbreiten, wie wichtig es ist, daß eine Uhr sich »in Tritt« befindet. Tatsache ist jedoch, daß dieser Punkt für den Bastler von ganz besonderer Bedeutung ist. Wird die Art seiner Besessenheit nämlich bekannt, so wird er häufig aufgefordert werden, sich über den hervorragenden oder den deplorablen Zustand der Uhren, die unsere Gesellschaft zur Ordnung anhalten, zu äußern. Ein sehr großer Prozentsatz dieser Uhren wird, ganz gleich was ihre Besitzer von ihnen halten, sich geradezu bemitleidenswert abquälen, und das nicht etwa, weil sie unheilbar krank wären, sondern einfach, weil sie »außer Tritt« sind. Man wird der – als hätte sie ein Holzbein– arrogant daherhinkenden »Großvater«-Uhr begegnen oder eingeladen werden, die ehrfürchtig geliebte französishe Uhr vornehmer Herkunft zu bewundern, der man schon von weitem ansehen kann, daß die deshalb außer Tritt ist, weil sich ihr rundes Werk durch wiederholtes Aufziehen von ungeschulter Hand in seinem Gehäuse verwunden hat. Manchmal kann man natürlich nichts für diese behinderten Tick-Tacks tun, ohne den stolzen Besitzer zu beleidigen. Man mag sich eine Viertelstunde lang mit einer besonders raffinierten Kranken abmühen (denn womöglich ist eine sehr feine Abstimmung notwendig. und man kann sich nur mit Mühe durch ihr Gehäuse bis in ihr Inneres vorarbeiten), sie richtig einstellen, um dann mit der Bemerkung abgefertigt zu werden, daß sie all die Jahre hindurch gegangen sei und daß ihr nichts fehlte. Aber das ändert nichts an der Tatsache, daß jeden Uhrenliebhaber der Herzschlag einer Uhr durch und durch bis in sein

Innerstes verfolgt – so lange, bis ihr Herz richtig schlägt. Der eingefleischte Bastler kann in die immer neuen Uhren, die seines Weges kommen, so vertieft sein, daß er keine Zeit mehr findet, seine vorhandene Sammlung in einwandfrei gereinigtem Zustand zu halten – aber eines wird er niemals zulassen: daß eine seiner Lieblinge außer Tritt gerät!

Einpassen des Werks in das Gehäuse

Ist die Hemmung so weit »in Tritt« gesetzt und erfolgt das Schlagen zuverlässig, kann das Werk in sein Gehäuse eingebaut werden. Sehr wahrscheinlich hat man das Gehäuse, während das Werk gereinigt und andere Arbeiten daran vorgenommen wurden, nachgesehen. Ist das nicht der Fall, muß es spätestens jetzt geschehen, denn der Allgemeinzustand und das Äußere des Gehäuses sind letztlich nicht nur für den Gesamteindruck ausschlaggebend, sondern das Werk muß unbedingt auch fest und eben verankert werden können.
Bodenstandwerke sind fast ausnahmslos auf kräftigen »Sitzbrettern« (»Schlitten«) montiert: zuweilen werden sie , wie besonders bei Prismenwerken der Fall, durch ihr Eigengewicht in ihrer Lage gehalten, häufiger jedoch sind sie mit an der Unterseite des Bretts fest verschraubten und über die Pfeiler gelegten, stabilen Haken befestigt. Die gleiche Art der Befestigung findet sich bei manchen älteren Stockuhren; allerdings ging man während des 18. Jhs. dazu über, die Werke an stabilen Messingklammern mit den seitlichen Innenwänden der Gehäuse zu verschrauben. Bei Gewichtuhren müssen Seil, Kette oder Darmsaite (alle drei seien der Einfachheit halber mit »Schnur« bezeichnet) durch Löcher im Schlitten hindurchgeführt werden. Nötigenfalls sind diese zu erweitern oder zu versetzen, damit die Schnur nicht am Schlitten scheuert; mit dem gleichen Ziel im Auge sind auch die Haken anzubringen. Nachdem man die Schnur durch die Löcher wieder nach oben geführt hat, befestige man ihre losen Enden oben auf dem Schlitten. Man knüpfe, je nach Größe der Löcher, einen dicken Knoten oder eine Schleife, bedenke aber dabei, daß diese Befestigungen einer erheblichen Belastung standhalten müssen. Auf lange Sicht ist es am sichersten, einen Haken aus starkem Stahldraht anzufertigen und ihn fest mit der Schnur zu verknüpfen, so daß er flach über dem Loch liegt. Dann hänge man die Gewichte der einzelnen Räderwerke provisorisch nebeneinander ein (oder ziehe an den Gewichtflaschenzügen) und ziehe, unter gleichmäßigem Herumführen der Schnur um das Federhaus, die Uhr auf. Man halte die Länge einer neuen Schnur vom

Montagepunkt bis zu der Stelle, wo das Gewicht den Boden berühren wird prüfend an das Gehäuse, um sie nötigenfalls zu kürzen; die Uhr kann allerhöchstens so lange gehen, bis das Gewicht den Boden berührt, und wenn mehr Schnur vorhanden ist, als das Federhaus aufnehmen kann, wird die Schnur sich verwickeln und die Kraftübertragung wird beeinträchtigt sein. Wird die Schnur dieses eine Mal gleichmäßig aufgewunden, so wird sie dies bei künftigem Aufziehen von selbst tun. Man ziehe die Flaschenzüge bis ganz zum Schlitten hinauf, um die Schnur in ihrer Lage auf dem Antriebsrad zu fixieren (das sollte auch jedesmal dann geschehen, wenn eine Bodenstanduhr ihren Platz wechseln muß) und verschraube das Werk mit seinen Haken auf dem Schlitten. Das ganze wird nun auf die »Schlittenführung« des Gehäuses gebracht und der Aufsatz ausprobiert; man will natürlich klaffende Lücken rings um das Zifferblatt herum vermeiden, andererseits darf aber auch der Minutenzeiger nicht am Glas scheuern, da er sonst die Uhr zum Stehen bringt. Der Umriss des Zifferblatts sollte sich exakt mit dem Glasausschnitt decken, denn ein einseitiger Spalt wirkt sehr unansehnlich. Nun reiche man in die Tiefen des Gehäuses und hänge die Gewiche mit ihren Flaschenzügen ein. Nötigenfalls ziehe man an den Strängen und löse behutsam die Gesperre aus, um die

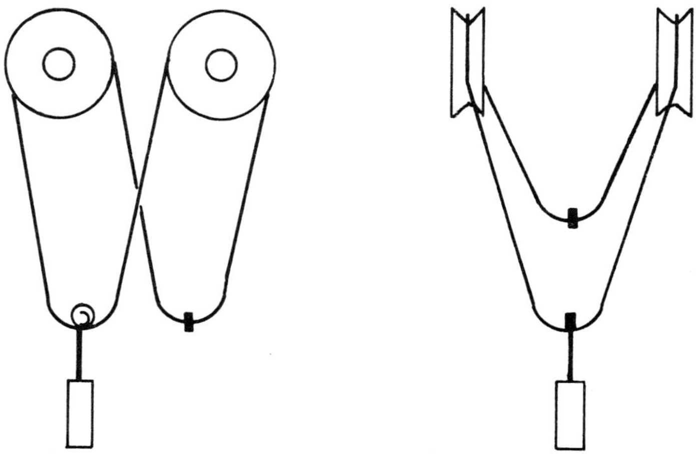

72 Anordnung des Flaschenzugs mit endloslaufender Schnur bei Bodenstanduhren

Flaschenzüge zugänglich zu machen. Man denke daran, daß das schwerere der beiden Gewichte für das Schlagwerk bestimmt ist. Sind Gehäuse und Schlittenführung völlig eben, sollte die Ankergabel in diesem Sta-

dium hin- und herzuschwingen beginnen. Schließlich bringe man das Pendel an, indem man es vorsichtig durch die Gabel (falls ihre Enden geschlossen sind) einführt und seine Feder zwischen die Pendelfederbacken hängt. Dabei müßte, vorausgesetzt das Gehäuse ist gerade ausgerichtet, die Uhr immer noch »in Tritt« sein. Wenn natürlich der Schlitten an einer Seite unterlegt werden muß, damit Zifferblatt und Glasausschnitt im Aufsatz sich decken, muß man mit Sicherheit den Aufsatz wieder abnehmen und den Tritt neu einstellen. Abschließend gebe man etwas Öl auf die Flaschenzüge und auf die Ankergabel dort, wo sie das Pendel berührt, und der Wiedereinbau ist damit beendet.
Der Einbau eines kettenangetriebenen 30-Stunden-Werks in sein Gehäuse unterscheidet sich hiervon nicht wesentlich; es ist lediglich darauf zu achten, daß die Kette in der richtigen Richtung über den Antriebsrollen liegt [Abb. 72], und vor dem Schließen des Verbindungsglieds der Kette bzw. vor dem Spleißen des Seils ist sicherzustellen, daß das Gegengewicht nicht etwa vergessen wurde, denn das ist sehr wichtig, sonst wird man in der Nacht durch ein Erdbeben aufgeweckt, weil das Seil abgerutscht und das Gewicht heruntergefallen ist. Das Pendel wird jetzt wahrscheinlich so fröhlich hin- und herschwingen, daß es die Seitenwände des Gehäuses berührt. Das kann zwar bei einer richtig eingestellten Hemmung in ihrem Original-Gehäuse nicht passieren, mag aber in anderen Fällen wohl vorkommen. Hier gibt es vier Lösungen, und man muß sie alle ausprobieren, um entscheiden zu können, welche von ihnen – oder welche Kombination von Lösungen – sich am wirksamsten erweist. Man kann die Hemmungstiefe flacher gestalten, eine steifere Pendelfeder einpassen, die Pendellinse schwerer machen oder ein leichteres Antriebsgewicht verwenden. Führt dies alles nicht zum Ziel, kann man im äußersten Notfall natürlich auch die Holzwände des Gehäuses aushöhlen, um der Pendellinse den nötigen Raum zu verschaffen; aber das ist ein sehr drastisches Vorgehen und keine wirkliche Lösung des Problems.

Aufstellen der Uhr

Das Gehäuse mitsamt dem Werk muß nun an den Ort gebracht werden, an dem es stehen soll, und die Hemmung für diesen seinen Platz – der vielleicht nicht völlig eben ist – auf Tritt nachgestellt werden. Zweifellos sollten Bodenstanduhren im Idealfall mit der Wand verankert werden. In einem modernen Haushalt erweist sich das jedoch nicht immer als praktisch und ist auch nicht unbedingt notwendig, wenn der Boden nicht erheblich unter der Wand abfällt. Wird die Uhr nicht verschraubt, muß sie hart an die Wand gerückt und die Vorderkante des Sockels muß mit kleinen Keilen unterlegt werden. Ist eine dicke Bodenleiste im Wege, kann diese Klippe durch Befestigen einer Latte gleicher Stärke auf der Rückwand des Gehäuses ziemlich weit über der Bodenleiste umschifft werden. Bei manchen älteren Uhren ist der Sockel aus diesem Grunde an den Seiten ausgeschnitten – offenbar wurden diese Gehäuse schon bei der Fertigung mit solchen Ausschnitten versehen – aber es wäre schade, an einem schönen alten Gehäuse, das diese Kerben nicht bereits hat, herumzusägen. Ebenso wichtig ist es, einen Wiener Regulator oder eine ähnliche Uhr mit so dicken Schrauben, wie die Halterungen es gestatten, fest mit der Wand zu verankern. Ich wollte einmal eine solche Uhr an einer Wand anbringen, die ich nicht auf die Dauer beschädigt sehen wollte, und ich versuchte deshalb, die Uhr zwischen zwei Türpfosten an einer auf diesen befestigten Kette aufzuhängen. Das war kein sehr glücklicher Einfall, denn während des Schlagens kam die ganze Uhr herunter; das Gehäuse mußte völlig erneuert werden, aber an der Uhr selbst war nur das Pendel beschädigt. Qualitativ hochwertige Uhren dieser Art haben oft in Klammern montierte Stellschrauben an den unteren Ecken des Gehäuses, durch die sich Unregelmäßigkeiten der Wand bei der Montage ausgleichen lassen. Die ruhende Hemmung arbeitet mit einer sehr kurzen Pendelamplitude und muß daher genau horizontal ausgerichtet und exakt in Tritt gesetzt sein. Daß eine Bodenstanduhr gut verankert bzw. feststehen sollte, hat nicht nur den Sinn, zu verhindern, daß sie umgestoßen wird, obgleich man auch das in Betracht ziehen muß. Aber der durch diese großen Pendellinsen erzeugte Luftzug und natürlich der Effekt der Gegenbewegung können die Gewichte ebenfalls zum Schwingen bringen, so daß die ganze Uhr derart aus dem Gleichgewicht gerät, daß sie die Zeit schlecht mißt, stehenbleibt oder noch Schlimmeres eintritt. Fortdauernder Ärger mit Gewichten, die die Pendellinse berühren, läßt sich durch (stromlinienförmiges) Abflachen der Linse beheben oder, in ganz schlimmen Fällen, durch Einbauen einer abschirmenden Trennwand zwischen Pendel und Gewichten bis auf halbe Höhe des Gehäuses.

Reparieren von Gehäusen

Die komplette Restaurierung eines alten Bodenstanduhr-Gehäuses ist Sache eines Kunsttischlers oder eines der wenigen Uhrmacher-Amateure, die über derartige Kunstfertigkeiten verfügen. Viele dieser Gehäuse werden zwar in einem erschreckenden Zustand in die Hände des Bastlers gelangen, aber ihre grundlegende Struktur läßt sich relativ leicht restaurieren; dabei ist nichts weiter als das Verkleben und Befestigen dicker Holzbretter im rechten Winkel zueinander erforderlich. Anzeichen von Holzwurmbefall müssen mit handelsüblicher Flüssigkeit oder Spray behandelt werden. Holzwurm bedeutet eine Gefahr für die Uhr, für sämtliche Möbel und für das ganze Haus. Den Schlittenführungen und der Rückwand des Gehäuses ist besondere Beachtung zu schenken. Eine verzogene Rückwand muß ersetzt oder, wenn sie in nicht allzu schlechtem Zustand ist und wenn das Pendel nicht dicht an ihr herunterhängt, durch Vernageln von starken Holzbrettern gerade gerichtet werden. Das gleiche gilt für eine infolge von Holzschwund in der Mitte gerissene Rückwand. Ersatzteile sollten aus abgelagertem und vorzugsweise aus Hartholz gefertigt werden. Diese Mühe lohnt sich, besonders wenn das Haus zentralgeheizt ist. Stark verzogene Schlittenführungen müssen mit Hilfe von Sandpapier oder einem Hobel gerade gerichtet werden, denn ein wackelig sitzendes Werk ist in jeder Beziehung untauglich.

Die Gehäuse von Prismenwerken sind noch einfacher. Sie sind gewöhnlich nicht besonders sorgfältig oberflächenbehandelt, und ihre Konstruktion ist viel eher robust als künstlerisch gekonnt. Der Bestand an Gehäusen scheint hinter den Vorrat an Werken zurückgeblieben zu sein – wahrscheinlich weil schöne Gehäuse von 8-Tage-Gang-Werken mit Beschlag belegt sind –, aber es ist nicht schwer, ein Gehäuse von ansprechenden Proportionen aus Nadel- oder Hartholz anzufertigen und es mit Profilleisten, die ungefähr der Herstellungszeit von Werk und Zifferblatt entsprechen, zu versehen. Eine gute, »antike« Politur läßt sich durch wiederholtes Auftragen einer Mischung aus – zuvor im Wasserbad geschmolzenem – Bienenwachs und Terpentin im Verhältnis 1 : 3 und Beimengen einer Beize der gewünschten Farbe erzielen. Eine dem Ebenholz ähnliche Farbe erreicht man durch Auftragen von drei Schichten schwarzer Tafelfarbe und anschließende Behandlung mit der oben beschriebenen Politur. Nach Erreichen der gewünschten Farbe und Oberfläche kann man das Ganze schließlich, aus praktischen Gründen, mit Polyurethanlack verschließen. Je nach Geschmack und Stilempfinden muß jedoch diese Endschicht eventuell mit sehr feinem Schleifpapier und Stahlwolle etwas abgestumpft werden, da Hochglanz nicht »echt« wirken mag; zudem ist Mattlack ebenfalls erhältlich. Ein solches Gehäuse wird das Werk schützen und läßt sich in einer Form und in einem Stil, die dem eigenen Geschmack entsprechen, oder auch nach einem Foto in Imitation eines alten

Gehäuses, das man besonders schön findet, im entsprechenden Größenzuschnitt anfertigen. Es wird seinen Zweck erfüllen, bis man ein geeigneteres Gehäuse aus der entsprechenden Stilepoche auftreiben kann. Da diese Werke robust gebaut und oft von interessant-klobigem Äußeren sind, kann man sie natürlich auch ohne Gehäuse belassen und auf soliden, mit der Wand verschraubten Trägern befestigen; sie werden dann von allen Seiten sichtbar sein, allerdings aber auch einer häufigen Reinigung bedürfen.

Schließlich muß gesagt werden, daß trotz aller Vorsichtsmaßnahmen Darmsaiten, Seile und Schnüre von Gewichtuhren reißen und Ketten zuweilen auf ihren Rollen rutschen können. Das Gewicht, das bei einer solchen Gelegenheit auf den Boden schlägt, ist nicht zu unterschätzen. Nur wenige dieser Gehäusesockel haben, wenn überhaupt, einen soliden Holzboden und es wäre nur vernünftig, den Sockelboden »für den Fall eines Falles« mit einem dicken Kissen oder einem Stück Schaumgummi auszupolstern. Nicht nur, um fachmännischem Können zu genügen und um der Zeitmessung gerecht zu werden, sondern gerade auch aus diesem Grunde sollte man sich einer sicheren Aufhängung vergewissern. Eine aus einem Meter Höhe herunterfallende Linse mit ihrem Sekundenpendel geht gut und gern drei Zentimeter tief in so manchen Holzboden hinein und wird dort durch die Regulierstäbe steif und aufrecht festgehalten. Durch das Ausbohren wird nicht nur der Parkettboden zerstört, sondern auch das Pendel verbogen.

Die Gehäuse federangetriebener Uhren sind für derartige Gefahren weniger anfällig, aber sie erreichen den Bastler oft in einem fürchterlichen Zustand; diese Gehäuse mit ihren feineren Werken müssen jedoch sehr viel besser gegen von außen eindringende Fremdkörper gesichert werden. Auch sind sie meist hochpoliert und einer stetigen Belastung durch das Aufziehen ausgesetzt. Klammern und sonstige Befestigungsvorrichtungen müssen unbedingt – nötigenfalls mit neuen Schrauben – in verdübelten und/oder frisch gebohrten Löchern verschraubt werden. Gesprungene Glaspaneele müssen, sowohl um den Schmutz vom Werk fernzuhalten als auch damit sie beim Schlagen nicht klirren oder quietschen, ersetzt und lose Paneele mit feinen Holzstreifen verkeilt oder mit etwas Kitt verkittet werden. Feuervergoldete Appliken werden mit Seifenwasser abgewaschen, sauber abgebürstet und, falls sie wertvoll sind, zum Neuvergolden fortgegeben. Sind sie nicht sehr kostbar, können sie mit Goldfarbe oder Goldwachs retuschiert oder lediglich lackiert werden. Löcher und Stoßstellen am Holz müssen ausgefüllt, gebeizt und poliert und Furniere nach vorsichtigem Ablösen mit einer Rasierklinge, wo immer möglich, neu verleimt werden. Kunstvollere Sägearbeiten (»fretwork«) – ob aus Metall oder Holz – sind häufig mit farbigen Seiden hinterlegt. Gewöhnlich entdeckt man, daß die Originalbespannung nicht nur schmutzig, sondern auch zerschlissen ist; sie durch neues (eventuell auch synthetisches) Material zu ersetzen wird den Gesamteindruck erheblich verbessern.

Einstellen von Glocken und Tonfedern

So mancher, womöglich gar fachmännisch restaurierten Uhr ist es versagt, beim Schlagen ihr Bestes zu geben. Manchmal möchte man fast glauben, der Glocken- oder Tonfederapparat sei eine freundliche Konzession der Uhr an Analphabeten, die das Zifferblatt nicht lesen können. Das Schlagwerk einer Uhr ist ein wesentlicher Teil ihrer selbst, obgleich es nur durch ihr zeitgebendes Element ausgelöst werden kann und ihm völlig unterworfen ist. Hämmer, die Glocken schlagen, dürfen sie nicht aus einem krummen Winkel heraus, sondern müssen sie tönend und so nahe wie möglich am Glockenrand schlagen – ganz gleich, ob dies von innen oder von außen geschieht. Die Glocken selbst müssen fest angeschraubt und in korrekter Entfernung von den – in herabgefallenem Zustand befindlichen – Hämmern angebracht werden. Nur wenige Laute klingen einem Uhrenliebhaber scheußlicher im Ohr als der eines zu nah an der Glocke oder Tonfeder sitzenden Hammers, der diese schrill ertönen läßt. Ein Uhrenhammer fällt in Wirklichkeit nicht auf die Glocke, sondern auf einen Anschlag, der in einem starken Stift oder einem Stück Metall bestehen oder der auch lediglich einer der Werkpfeiler sein kann. Durch sein plötzliches Angehaltenwerden wird der Hammerschaft veranlaßt, sich für einen Augenblick zu beugen, so daß der Kopf des Hammers die Glocke schlägt und dann sofort elegant wieder zurückschnellt. Ein starrer Hammer hingegen fällt auf eine steife Tonfeder. Man kann und sollte die Position der Glocke so einstellen, daß sie voll tönt, sie aber nicht so weit vom Hammer entfernen, daß sie nur noch einen quasi entschuldigenden Laut von sich gibt, oder sie so nah an ihn heranrücken, daß er sie öfter als einmal für jeden erforderlichen Schlag schlagen kann. Ebenso kann und sollte man – entweder durch Auswählen eines geeigneten Gewichts, durch Verändern der Tiefe des Windfangtriebs oder durch Vermindern oder Steigern des Hammerfederdrucks – die Schlaggeschwindigkeit einstellen. Bei einer alten englischen Uhr besteht die Hammerfeder gewöhnlich aus einem Stück Stahlband. Bei einer französischen Uhr ist sie ein in der vorderen Platine verschraubter dünner Stahldraht; man prüfe, ob dieser sich auch wirklich

hinter dem Hammeransatz befindet, der gewöhnlich mit einem kleinen eingefeilten Schlitz für die Feder versehen ist, und überprüfe die Feder am Andruck ebenfalls daraufhin, weil man mit diesem früher oder später Ärger bekommen wird, wenn die Feder ihn nicht korrekt betätigt.
Der Klang einer schlecht angebrachten Tonfeder kann womöglich noch mißtönender als der einer nicht richtig eingestellten Glocke sein. Die Art Tonfeder, die in einem Block am Ende eines im Gehäuse befestigten Pfostens verschraubt ist, muß so fest wie möglich sitzen. Ist die Mutter am Pfosten klein, ersetze man sie durch eine größere und unterlege eine ordentliche, maßgerechte Beilagscheibe. Man stelle sicher, daß das Pendel die Tonfeder nicht berühren kann. Es kommt zwar häufig vor, ist aber völlig unnötig, daß das Pendel leicht an der Tonfeder scheuert, wenn diese beim Schlagen vibriert. Vom Zerlegunsprozeß her wird man sich erinnern, daß die Tonfedern selbst einen ziemlich dünnen Laut von sich geben; Ton und Klangfülle des Schlags hängen von der Verwertung der Gehäuseresonanz ab, die jedoch nur genutzt werden kann, wenn die Tonfeder wirklich solide im Gehäuse montiert ist. Die Hämmer haben gewöhnlich dort, wo sie auf die Tonfeder treffen, einen weichen Knopf, der aus einem in den Hammenkopf eingetriebenen oder in ihm verklebten Lederblöckchen besteht. Ist das Leder vom vielen Schlagen hart geworden oder hat sich eine Fettschicht auf ihm gebildet, schabe man es mit Schmirgel sauber und steche es nötigenfalls überall mit einer spitzen Nadel an. Es sollte nicht flauschig sein, aber die Tonfeder kann auch nicht ihr Bestes geben, wenn sie von einem harten Klumpen geschlagen wird. Die meisten Tonfedern produzieren selbst in den besten Fällen keinen eindrucksvollen Klang; trotzdem lohnt es sich, für sie zu tun, was man vermag.

Aufstellen von Reiseuhren

All diese Einstellungen sind besonders wichtig bei Reiseuhren, bei denen die Tonfedern an einem Messingblock bzw. an Messingblöcken mit der hinteren Platine verschraubt sind. Die Hämmer werden durch Stahlstifte aufgehalten, und die bestmögliche Entfernung zwischen Hammerkopf und Tonfeder – die von der Elastizität und der Länge des Hammerschafts abhängt – muß durch Herumprobieren herausgefunden werden. Man vergewissere sich, daß diese kleinen Tonfedern nahe ihrem Montagepunkt und genau mitten auf den Draht geschlagen werden. Die Tonfedern sind fast stets gebläut, und sie wieder zu bläuen ist nicht leicht; der Klang würde nämlich leiden, wenn man sie aufwinden müßte, um sie zu reinigen, und übermäßige Hitze beim Bläuen hätte das gleiche Resultat zur Folge. Man widerstehe jedoch der Versuchung, eine Tonfeder mit einer Schicht Blauemail zu überziehen, denn ihr Klang wird dadurch zu einem dumpfen Ton; man kann sie zwar mit einem öligen Lappen abreiben, aber sie darf nicht vor Öl triefen!

Der Klang einer Reiseuhr mit Schlagwerk hängt weitgehend von dem Untergrund ab, auf dem sie steht. Ein solch kleines Metallgehäuse allein hat nicht viel Resonanz. Das bedeutet jedoch nicht, daß man irgendwelche lockeren Teile am Gehäuse dulden darf. Ganz besonders wird ein locker sitzendes Glaspaneel, was selbst bei den besten Reiseuhren häufig genug vorkommt, den Klang des Schlags ganz erheblich beeinträchtigen. Man verwende keinen Glaskitt, um den Sitz des Paneels zu korrigieren, denn dadurch wird das Glas verschmiert, und das Gehäuse wird für alle Zukunft nie mehr richtig zu reinigen sein. Locker sitzende Gläser lassen sich durch Karton- oder Korkstreifen, die zwischen Pfeiler und Paneelrand heruntergedrückt werden, fixieren.

Ein weiterer Punkt, der bei Reiseuhren beachtet werden muß, ist ein einwandfreier Sitz von Tür und Henkel. Die frühen massiven Messingtüren schließen gewöhnlich gut und sitzen fest, wohingegen die geläufigeren messinggefaßten Glaspaneel-Türen oft sehr schlecht sitzen und nicht einmal mit den Ecken abschließen. Da kann man nicht viel tun, es sei denn, man ist in der Lage, ein neues Türrahmenteil aus T-Profilmessing anzufertigen; immerhin mag es sich lohnen, die Stifte, in denen die Tür eingehängt ist, etwas zu biegen, so daß die Tür wieder einigermaßen gut sitzt und nicht an einer Seite ein breiter Spalt klafft. Die Messingrahmen dieser Gehäuse geben meist ein wenig nach, und wenn man die Pfeilerschrauben etwas lockert, läßt sich der Paßsitz durch ganz leichts Verschieben der Pfeiler eventuell verbessern. Das Glaspaneel oben über der Hemmung muß zwar fest sitzen, darf aber nicht so eng verschraubt werden, daß das Glas durch das Anziehen seiner Halteklammern springt oder absplittert. Hier läßt sich eine andere Kompromißlösung finden, da der Sitz des Glases teilweise auch durch die Federung des Henkels kontrolliert wird. Es muß so eingerichtet werden, daß der Henkel zwischen die Pfeiler einspringt, wenn die Befestigungsschrauben des Kopfstück-Paneels angezogen werden. Meiner Ansicht nach sieht ein auf dem Gehäuse liegender Henkel nicht schön aus und kann, falls er locker sitzt, überdies klappern. Die Federung sollte dergestalt sein, daß der Henkel von selbst aufrecht steht.

Aufstellen französischer Uhren

Das Marmorgehäuse einer billig erstandenen französischen Uhr gelangt im allgemeinen in sehr unansehnlichem Zustand in die Hände des Bastlers. Man behandle es auf keinen Fall mit Schleifmitteln, sondern wasche es gründlich in Seifenwasser und poliere es gut mit einer Mischung aus Bienenwachs und Terpentin. Dabei wird nur harte Handarbeit einen schönen Schimmer zustande bringen, aber wenn man diese Behandlung noch nie zuvor probiert hat, wird man über das Ergebnis staunen. Man kann das Gehäuse auch gründlich mit Metallpolitur abreiben, mit Testbenzin abwaschen und mit Klarlack überziehen. Die eingravierten Linien sind manchmal frei und unbehandelt belassen (in welchem Fall die Politur von innen abgekratzt werden muß), meist aber in Gold nachgezogen; Goldfarbe oder Goldwachs werden sie schön hervorheben. Risse und Spalten lassen sich mit – nötigenfalls eingefärbtem – Modelliergips oder Kunstharzfüllstoff ausfüllen.

Bei einer schön konstruierten französischen Uhr beherrscht das Zifferblatt – unabhängig von der noch so künstlerischen Gehäusearbeit – stets den Gesamteindruck, und ein sehr wichtiges Element dabei ist der Messing-Glasrand. Dieser muß einer sehr gründlichen Reinigung, möglicherweise mit der Drahtbürste, aber unbedingt mit Metallpolitur, unterzogen werden. Abschließend ist er mit einem Lackfilm zu überziehen, andernfalls er innerhalb kurzer Zeit wieder seine langweilig braune Farbe annehmen wird.

Man denke daran, daß die Montage einer französischen Uhr fast stets in einer Verklammerung besteht, wobei das Gehäuse zwischen dem vorderen und dem hinteren Glasrand verspannt ist. Man vergewissere sich, daß die Uhr eben steht und das Zifferblatt gerade ausgerichtet ist und ziehe dann die Verklammerung gut an, denn ihre Konstruktion macht diese Werke besonders empfindlich für die beim Aufziehen entstehende Belastung, und sie müssen exakt in Tritt gesetzt sein.

Das Ende vom Ganzen

Der Bastler hat nun eine besonders hübsche oder interessante Uhr erstanden und möglicherweise gereinigt und repariert. Vielleicht ist es, rein bastlerisch gesehen, seine erste, vielleicht auch nur eine unter vielen. Der Zweck, den sie erfüllen soll, wird von Fall zu Fall ein anderer sein: sie mag als Dekorationsstück dienen, sie mag ihrem Besitzer persönliche Befriedigung verschaffen, sie soll womöglich die Nachbarn vor Neid erblassen lassen oder sie wird vielleicht in der leisen Hoffnung – wenn nicht gar mit der eindeutigen Absicht – behalten werden, durch sie letztlich ein kleines Vermögen zu erwerben. Ich selbst besitze z. B. ein gute elektrische Kontrolluhr, die ein paar Sklaven in verschiedenen Räumen antreibt, auf deren Zifferblätter ich aber niemals schaue, sondern deren eigentliche Aufgabe darin besteht, ungebetene Gäste alle 30 Sekunden mit ihrem lauten »plank« aufzuscheuchen.
Was immer auch der wahre Zweck der Uhr sein mag, ihr vorgeblicher ist es, die Zeit anzuzeigen, und für eine Weile wird einem das auch sehr wichtig vorkommen. Ein paar Tage, vielleicht ein paar Wochen lang wird man in regelmäßigen Abständen ihr Zifferblatt befragen, um mit scharfem Auge kleinste Abweichungen durch einen Vergleich mit der eigenen Armbanduhr festzustellen, die jedoch auch kein allzu guter Zeitmesser sein mag. Dann wird man sich auf die höheren Ebenen der Präzision begeben und die Uhr nach der wohlklingenden Stimme des Telephons oder des Radio- bzw. Fernsehsprechers richten. Man wird immer wieder die Pendel-Regulierschraube oder den Rückerzeiger des Unruhreifs einstellen, vielleicht gar eine Tabelle anfertigen und neben die Uhr legen, um darauf die jeweils zuletzt vorgenommene Änderung einzutragen. Zunächst wird man zweifellos an der Hemmung herumspielen oder die Antriebsgewichte verändern. Aber nach einiger Zeit wird man – wie schon zahllose andere zuvor – feststellen, daß das Zifferblatt dieser Uhr von vornherein nicht sehr differenziert und im Hinblick auf höhere Ansprüche angelegt wurde, oder daß ein Herumdoktern an einem so alten Mechanismus der Schändung bestimmter, dem Alter innewohnender und von ihm untrennbarer Werte gleichkäme. Oder man beschließt, daß das Klima für unkompensierte Pendel ungeeignet ist und daß Zentralheizungen mechanische Exaktheit ohnehin ad absurdum führen.
Und so wird man nach und nach – zutiefst verärgert über die große Zahl derer, die törichterweise von einer Uhr erwarten, daß sie die richtige Zeit

angibt, anstatt das sehr viel größere Wunder zu würdigen, daß sie überhaupt geht – seine Maßstäbe entweder niedriger schrauben oder dem verführerischen Gedankengang erliegen, daß alle Uhren in Wirklichkeit nach anderen Uhren gerichtet werden und daß die letzte der Teufel holen soll. Die eigenwillige Alte in der Ecke darf in ihrer eigenen kleinen Welt recht haben – das erwarten wir ja schließlich von einer demokratischen Gesellschaft; eine Uhr hat ein Recht auf eine abweichende Meinung, so lange sie nicht versucht, ihre Ansicht der breiten Masse aufzuoktryieren, die die gegenteilige Überzeugung vertritt.

Desungeachtet wird die eigenwillige Alte, wenn sie auch mit der ganzen Macht ihrer tönenden Glockenstimme die Aufmerksamkeit auf sich zu ziehen sucht und gewissenhaft ihre Arbeit verrichtet, allmählich in bedingte Vergessenheit geraten. Ihre einstmals geliebten und im Vorübergehen jedesmal bewunderten Proportionen werden mit der Zeit zum alltäglichen Mobiliar gehören. Binnen kurzem wird das nächtliche Lärmen den Schlaf der »besseren Hälfte« nicht mehr zu stören vermögen und von der Alten wird, wie von allen anderen Familienmitgliedern, schließlich nur noch im Vorbeigehen Notiz genommen werden – bis sie erkrankt. Dann wird man sie untersuchen und behandeln, sie gründlich reinigen und ihre Wunden heilen. Aber nur in ganz seltenen Fällen wird man das mit der gleichen Begeisterung tun wie in der allerersten Zeit.

Außer in einer finanziellen Notlage ist dies wahrscheinlich das erste Mal, daß man – vielleicht nach wiederholten derartigen Eingriffen – nun sein Herz verhärtet und dem schuldhaften Gedanken an einen Wechsel Eintritt in sein Bewußtsein gewährt. Denn wenn schon eine Monat für Monat perfekt arbeitende Uhr nicht allen Ansprüchen genügt, tut es erst recht nicht eine andere, die trotz aller guten Betreuung noch immer unzuverlässig ist. Möglicherweise um das eigene Gewissen zu beruhigen, sehr wahrscheinlich aber um einen höheren Preis zu erzielen, wird man das inzwischen angelaufene Werk polieren, bis es wieder strahlt, die Abänderungen und Einstellungen vornehmen, die durchführbar sind, und sich eine Geschichte ausdenken, um andere von den überragenden Vorzügen der Uhr zu überzeugen. Spätestens dann wird der schmerzliche Verdacht bestätigt, den man insgeheim schon lange gehegt hatte, nämlich daß der ursprünglich bezahlte Preis von Anfang an leicht überhöht war aus Gründen, die einen potentiellen Käufer jetzt kaum mehr interessieren werden. Aber schließlich wird man dann, mit einigem Glück, am Ende doch kein Verlustgeschäft machen. Genauer gesagt, man weiß, daß einem über kurz oder lang der heute erzielte Ertrag eine frische Uhr mit all ihren kleinen Tücken und freudigen Überraschungen bescheren wird.

Fotonachweis

Britten, F.J., Old Clocks and Watches and their Makers, London, Reprint 1971 27
Historisches Museum, Wien 42
Kästner, München 32 (Foto: Gerhard Arand, München)
Koller, Galerie, Zürich 12, 15
Loomes, Brian, The White Dial Clock, Newton Abbot, 1974 26 (Foto: Brian Loomes, Harrogate)
Meyrick Neilson of Tetbury 24, 25
Österreichisches Museum für angewandte Kunst, Geymüllerschlössel, Wien 31 (Foto: Narbutt-Lieven, Wien)
Privatbesitz 28, 29, 30, 47
Rees, Abraham, Clocks Watches and Chronometers, Rutland, Vermont, Reprint 1970 2, 5, 6, 13, 18, 19, 22, 23, 34, 50, 53, 55, 57, 59
Ruef, Auktionshaus, München 41, 43, 44 (Foto: Himpsl, München)
Sellink, Dr. J. L., Dutch Antique Domestic Clocks, Leiden, 1973 36
Strike One, London 46
Terwilliger, Charles, The Horolovar Collection, A Comprehensive History and Catalogue of 400-Day Clocks (1880–1912), New York, 1962 45
Vogel, Horand, Düsseldorf 40
Weinmüller, Auktionshaus, München 16, 38 (Foto: Himpsl, München)